"十三五"国家重点图书出版规划项目

国家新闻出版改革发展项目

国家出版基金项目

中央本级重大增减支项目

贺兰山
植物资源图志

| 主 | 编 |

黄璐琦　李小伟

海峡出版发行集团　福建科学技术出版社
THE STRAITS PUBLISHING & DISTRIBUTING GROUP　FUJIAN SCIENCE & TECHNOLOGY PUBLISHING HOUSE

图书在版编目（CIP）数据

贺兰山植物资源图志 / 黄璐琦，李小伟主编 . —福州：福建
科学技术出版社，2017. 12
（中国中药资源大典）
ISBN 978-7-5335-5514-6

Ⅰ . ①贺…　Ⅱ . ①黄…②李…　Ⅲ . ①贺兰山—植物资源—
图集　Ⅳ . ① Q948. 524. 3-64

中国版本图书馆 CIP 数据核字（2017）第 308724 号

书　　名　**贺兰山植物资源图志**
　　　　　中国中药资源大典
主　　编　黄璐琦　李小伟
出版发行　福建科学技术出版社
社　　址　福州市东水路 76 号（邮编 350001）
网　　址　www.fjstp.com
经　　销　福建新华发行（集团）有限责任公司
印　　刷　中华商务联合印刷（广东）有限公司
开　　本　889 毫米 ×1194 毫米　1 / 16
印　　张　47
图　　文　752 码
版　　次　2017 年 12 月第 1 版
印　　次　2017 年 12 月第 1 次印刷
书　　号　ISBN 978-7-5335-5514-6
定　　价　680.00 元
书中如有印装质量问题，可直接向本社调换

编委会

主编

黄璐琦　李小伟

副主编

吕小旭　黄文广　王继飞
胡天华　朱　强　杨君珑

编写人员

李静尧　王　蕾　李新领
宁秀美　吕　甫

前　言

　　贺兰山位于宁夏北部，是宁夏三大林区之一，也是宁夏北部重要的生态屏障和植物资源集中分布区。该区植物区系成分复杂，植物种类丰富，部分为珍稀的第三纪古地中海干旱植物的后裔。因此，贺兰山是我国西北干旱区不可多得的生物资源宝库和生物多样性演化中心，是研究我国西北山地森林生态系统、植被更新与演替的理想区域。该区的药用植物资源也极其丰富，大部分属于蒙药、回药的范畴，这些药用植物为今后药用资源的开发利用提供了保障。

　　传统的植物鉴定工具书，对于大部分人尤其是缺乏植物分类学基础知识的人，使用起来都存在着较大的困难。随着贺兰山科学研究和旅游文化事业的不断发展，许多人迫切地需要一部能直观反映贺兰山植物资源现状的图书。因此，本团队借助全国第四次中药资源普查的契机，多次深入贺兰山腹地调查，尤其在2015年暑假期间，团队驻扎在贺兰山主峰，对主峰两侧的多个区域进行了细致认真的调查,拍摄了大量的植物照片,再对照片进行鉴定整理,

最终根据调查成果编写了本书。《贺兰山植物资源图志》收录了贺兰山维管植物 86 科 340 余属 600 余种（包括种下等级），每一种植物均配有原色照片，以展示形态特征，并介绍其植物形态、生境分布及价值等内容，其中涉及的药用资源品种，介绍了药用部位、功效等相关内容。相信《贺兰山植物资源图志》的出版能为贺兰山植物资源的科学研究、药用开发利用提供基础资料。在此，感谢名贵中药资源可持续利用能力建设项目的资助；感谢周繇、刘冰、白瑜、任飞、刘平、谭飞、赵生林等老师为本书提供的图片。

　　本书从标本的采集、照片的拍摄直到图志的编写，经历数载，倾注了编者的大量心血，但由于编者水平所限，疏漏与不足之处在所难免，恳请读者、同行批评指正。

编　者

2017.3.31

目录

总 论

各 论

总 论

自然地理条件

地理位置

　　贺兰山国家级自然保护区位于宁夏回族自治区和内蒙古自治区的交界，东与宁夏回族自治区接壤，西与内蒙古自治区毗邻，以分水岭为界，东坡为宁夏回族自治区管辖，西坡为内蒙古自治区管辖，其地跨东经 105°41′~106°41′，北纬 38°13′~39°30′，总面积 4100km²。整个山体北起阿拉善左旗楚鲁温其格，南止宁夏中卫县照壁山，南北走向，近略呈弧形，全长约 180km，东西宽 20~40km，相对高度 1500~2000m。主峰为俄博疙瘩，位于贺兰山最宽处的中段内蒙古境内，海拔为 3556.15m。

周骊　摄

地形地貌

　　贺兰山在地貌形态上呈现东仰西倾，东坡山势陡峻，断崖林立，山体险峻，而西坡山势相对较缓。根据地貌特征，可将山体分为 3 段：古拉本（西坡）—汝其沟（东坡）以北为北段，北缘与乌兰布和沙漠相邻，南北长约 70km，东西宽约 40km，多为剥蚀低山，海拔不超过 2000m，山势平缓，分化强烈，山丘有覆沙现象；古拉本—汝其沟以南至黄渠沟（西坡）—甘沟（东坡）为中段，南北长约 60km，东西宽 20~40km，是贺兰山的主体，主峰及 3000m 以上的山脊均分布于此，这里山体庞大，地势陡峻，峰峦起伏，峭岩危耸，沟谷下切很深；中段以南为南段，南北长约 80km，东西宽10~20km，以海拔 1500m 左右的低缓山丘为主。

气候

　　贺兰山地处西北内陆地区，屹立于干旱的草原和荒漠之中，具有典型的大陆性气候特征。冬季受强大的蒙古冷高压控制，时间长达 5 个月之久，天气多晴朗、干燥和严寒，盛行西北风。夏季炎热而短暂，秋季凉爽，无霜期短。

　　贺兰山具有显著的山地气候特征，随海拔梯度的上升，水、热气候条件有显著的差异。东麓的银川气象站(海拔 1110m)和西麓的巴彦浩特气象站(海拔 1560m)多年平均气温和降水量分别为 9.0℃与 190mm 和 7.7℃与 200mm。高山气象站（海拔 2902m）的多年平均气温和降水量分别为 −0.8℃和

429.8mm。而主峰（海拔 3556m）年均温为 –2.8℃，年降雨量可达 500mm。由此可见，贺兰山年平均气温随着海拔升高明显降低，但年降水量是随着海拔的升高而增加。

周繇 摄

土壤

贺兰山随海拔高度的升高，其水热条件发生规律性的更替，而相应所发育的土壤也各不相同。主要有 9 个土类，15 个亚类，31 个土属。

高山、亚高山草甸土：贺兰山高山灌丛、高山草甸植被下发育的土壤，分布在海拔 3000m 以上主峰附近，面积较小，地势陡峭，地表多有巨石。植被主要是山生柳（*Salix oritrepha*）、鬼箭锦鸡儿（*Caragana jubata*）的灌丛。

灰褐土：在温带半湿润气候条件下由森林、灌丛植被发育的一种土壤，主要分布在海拔 1900~3000m 的贺兰山中段山地的阴坡与半阴坡。植被主要是青海云杉（*Picea crassifolia*）林和油松（*Pinus tabulaeformis*）林及几种中生植物的灌丛。

栗钙土：在干草原植被下形成的，具有栗色腐殖质层、明显钙积层的地带性土壤，分布在海拔 1600~1900m（阴坡）和 2000m（阳坡）山坡或山麓。植被主要为西北针茅（*Stipa Sareptana* var. *krylovii*）、大针茅（*Stipa grandis*）和甘青针茅（*Stipa przewalskyi*）等典型草原群落。

棕钙土：草原向荒漠过渡的一种地带性土壤，在自然地理上包括荒漠草原和草原化荒漠两个植被亚带。贺兰山为山地棕钙土性质，由于基带为草原化荒漠带，故这里是半地带性土壤与地带性土壤地混合。主要分布在山前洪积扇地带，植被类型主要为珍珠猪毛菜（*Salsola passerina*）、红砂（*Reaumuria songarica*）草原化荒漠群落，也有针茅属（*Stipa*）荒漠草原群落。

灰钙土：荒漠草原植被下的地带性土壤，主要分布在海拔 1400~1900m 的山地至山麓一带。植被主要是红砂（*Reaumuria songarica*）、斑子麻黄（*Ephedra rhytidosperma*）等为主的草原荒漠。

新积土：在新的松散堆积物上成土时间很短、发育微弱的幼年土壤，在贺兰山主要分布于低山丘陵间、山前干河床或山前洪积扇上，地形较平坦。其上植物甚少，植被类型主要为旱榆（*Ulmus glaucescens*）疏林、甘蒙锦鸡儿（*Caragana opulens*）灌丛和斑子麻黄（*Ephedra rhytidosperma*）等群落。

石质土：接近地表面的土层小于10cm，基岩裸露面积大于30%，称之为石质土。石质土处在山地脊部、陡坡、丘陵的阳坡或半阳坡上，植被覆盖度极低，水土流失严重，并不断遭到外力作用，始终有成土过程，剖面分化极不明显。

粗骨土：发育在各类型基岩碎屑物上的幼年土壤。在贺兰山中段阳坡、半阳坡以及南北两端低山带，都有粗骨土的广泛分布。地上植被主要为旱榆（*Ulmus glaucescens*）疏林、杜松（*Juniperus rigida*）疏林及斑子麻黄（*Ephedra rhytidosperma*）和松叶猪毛菜（*Salsola laricifolia*）等荒漠群落。

灰漠土：发育在温带荒漠边缘的土壤，介于棕钙土和灰棕漠土之间。植被主要为沙冬青（*Ammopiptanthus mongolicus*）、霸王（*Sarcozygium xanthoxylon*）、四合木（*Tetraena mongolica*）和红砂（*Reaumuria songarica*）等荒漠群落。

总之，贺兰山土壤垂直分异明显，从基带至主峰，西坡大致是灰漠土—棕钙土—灰褐土—高山、亚高山草甸土；东坡为灰漠土—棕钙土—栗钙土—新积土—粗骨土—高山、亚高山草甸土。

植被

贺兰山地处我国草原带和荒漠带的分界处，植被类型复杂且多样，依据《中国植被》的分类原则、单位及系统，可划分为12个植被型，70多个群系。由于贺兰山山体巨大、南北走向，使得水热组合差异较大，因此，贺兰山植被存在着垂直分异、坡向分异和水平分异。按照坡向分异，阴坡依次为荒漠—荒漠草原—典型草原—温性针叶林—寒温性针叶林—高山灌丛、草甸；阳坡依次为荒漠—荒漠草原—典型草原—疏林、灌丛—亚高山灌丛—高山灌丛、草甸。

周繇 摄

植物地理分布

植物区系组成

根据文献和全国第四次中药资源普查植物标本统计，目前贺兰山野生维管植物有 361 属 793 种 2 个亚种和 28 个变种。其中蕨类植物 10 科 11 属 18 种；种子植物 78 科 350 属 775 种 2 个亚种和 28 个变种。种子植物中含裸子植物 3 科 5 属 9 种 1 个变种；被子植物 75 科 345 属 766 种 2 个亚种 27 个变种（见表 1 和表 2）。

表 1　贺兰山保护区植物区系组成

植物类群		科	属	种	变种 / 亚种
蕨类植物		10	11	18	—
裸子植物		3	5	9	1
被子植物	双子叶植物	64	274	580	26/2
	单子叶植物	11	71	186	1
合计		88	361	793	28/2

表 2　贺兰山保护区新分布植物

种名	拉丁名	分布
膜果麻黄	*Ephedra przewalskii* Stapf	贺兰山四合木保护区
红果龙葵	*Solanum alatum* Moench	苏峪口
斧翅沙芥	*Pugionium dolabratum* Maxim.	插旗口洪积扇
地构叶	*Speranskia tuberculata* (Bunge) Baill.	插旗口洪积扇
白花鳞叶龙胆	*Gentiana squarrosa* Ledeb. *f. albiflora* X. X. Lv et X. R. Zhao	哈拉乌沟
双果荠	*Megadenia pygmaea* Maxim	哈拉乌沟
急折百蕊草	*Thesium refractum* C. A. Mey.	插旗口沟

植物区系优势科、属组成分析

贺兰山植物区系排名前十的优势科依次是禾本科（Gramineae）、菊科（Compositae）、豆科（Leguminosae）、蔷薇科（Rosaceae）、毛茛科（Ranunculaceae）、藜科（Chenopodiaceae）、莎草科（Cyperaceae）、石竹科（Caryophyllaceae）、百合科（Liliaceae）和十字花科（Cruciferae），共计 10 科 181 属 489 种，占总科数的 11.36%，总属数的 50.14%，总种数的 61.66%（见表 3 和表 4）。由此可见，贺兰山植物区系植物主要集中于少数几个大科，这些优势科都是温带性质的科，表明该区以北温带植物区系为主，同时单种科 26 个，占总科数的 29.55%，占总种数的 3.28%，数量较多，说明贺兰山植物科的分布类型广泛，从科一级水平上说明了该区植物区系的多样性较高。

表3　贺兰山植物区系优势科属组成

科名	种数	种比例（%）	属名	种数	种比例（%）
禾本科（Gramineae）	107	13.49	蒿属（Artemisia）	24	3.03
菊科（Compositae）	103	12.99	黄芪属（Astragalus）	19	2.40
豆科（Leguminosae）	60	7.57	早熟禾属（Poa）	19	2.40
蔷薇科（Rosaceae）	46	5.80	薹草属（Carex）	15	1.89
毛茛科（Ranunculaceae）	36	4.54	委陵菜属（Potentilla）	13	1.64
藜科（Chnopodiaceae）	35	4.41	葱属（Allium）	13	1.64
莎草科（Cyperaceae）	28	3.53	棘豆属（Oxytropis）	11	1.39
石竹科（Caryophyllaceae）	27	3.40	针茅属（Stipa）	11	1.39
百合科（Liliaceae）	25	3.15	藜属（Chenopodium）	10	1.26
十字花科（Cruciferae）	22	2.77	蓼属（Persicaria）	9	1.13
合计	489	61.66	合计	144	18.16

表4　贺兰山植物区系科属数量统计

种数	科数	科比例（%）	种比例（%）	种数	属数	属比例（%）	种比例（%）
> 100	2	2.27	26.48	> 19	3	0.83	7.82
100 ≥ X > 1	60	68.18	70.24	18 ≥ X > 1	65	18.01	55.23
=1	26	29.55	3.28	=1	293	81.16	36.95

按属所含种数统计（见表3和表4），居前十的有蒿属（Artemisia）、黄芪属（Astragalus）、早熟禾属（Poa）、薹草属（Carex）、委陵菜属（Potentilla）、葱属（Allium）、棘豆属（Oxytropis）、针茅属（Stipa）、藜属（Chenopodium）、蓼属（Persicaria），这些有优势属10属144种，占总属数的2.77%，占总种数的18.16%。由表格统计结果可见，本区没有大型属，属均为少于25种，同时单种属293个，占总属数的81.16%，占总种数的36.95%，表明该区植物区系复杂。

种子植物属区系分析

在植物区系学上，属被认为是进化过程中分类学特征相对稳定、占有一定分布区的单位，随着地理环境的不同而有比较明显的地区差异。因此，属比科能更好地反映出植物系统发育过程中的进化分化情况和地区性特征。按照吴征镒发表的《中国种子植物属的分布区类型》划分，可将本区种子植物203属划分为13个分布类型（见表5），除缺少热带亚洲至热带，其他各分布型都存在，说明其地理成分比较复杂。

表 5 贺兰山种子植物属分布型

分布型	属数	比例（%）
1. 世界广布	49	14.00
2. 泛热带广布	26	7.43
3. 热带亚洲和热带美洲间断分布	1	0.29
4. 旧世界热带分布	2	0.57
4-1. 热带亚洲，非洲和大洋洲间断	1	0.29
5. 热带亚洲至热带大洋州分布	2	0.57
7. 热带亚洲（印度—马来西亚）分布	2	0.57
8. 北温带分布	52	14.85
8-2. 北极—高山	3	0.86
8-4. 北温带和南温带（全温带）间断	56	16.00
8-5. 欧亚和南美洲温带间断	12	3.43
9. 东亚和北美洲间断分布	7	2.00
9-1. 东亚和墨西哥间断	1	0.29
10. 旧世界温带分布	43	12.29
10-1. 地中海区、西亚和东亚间断	3	0.86
10-2. 地中海区和喜马拉雅间断	4	1.14
10-3. 欧亚和南非洲（有时也在人洋洲）间断	5	1.43
11. 温带亚洲分布	20	5.71
12. 地中海区、西亚至中亚分布	19	5.43
12-1. 地中海区至中亚和南非洲、大洋洲间断	4	1.14
12-2. 地中海区至中亚和墨西哥间断	1	0.29
12-3. 地中海区至温带、热带亚洲，大洋洲和南美洲间断	3	0.86
13. 中亚分布	7	2.00
13-1. 中亚东部（亚洲中部中）	11	3.14
13-2. 中亚至喜马拉雅	5	1.43
13-3. 西亚至喜马拉雅和西藏	1	0.28
14. 东亚（东喜马拉雅至日本）分布	6	1.71
15. 中国特有分布	4	1.14
合计	350	100

注：数据来自吴征镒《中国种子植物属的分布区类型》

■（1）世界广布

这一类型共有49属，占本区总属数的14.00%，代表有藜属（*Chenopodium*）、黄芪属（*Astragalus*）、碱蓬属（*Suaeda*）、独行菜属（*Lepidium*）、远志属（*Polygala*）、堇菜属（*Viola*）、补血草属（*Limonium*）、旋花属（*Convolvulus*）、黄芩属（*Scutellaria*）、茄属（*Solanum*）、蒿属（*Artemisia*）、苍耳属（*Xanthium*）、蓼属（*Persicaria*）、老鹳草属（*Geranium*）、苋属（*Amaranthus*）、繁缕属（*Stellaria*）、铁线莲属（*Clematis*）、鬼针草属（*Bidens*）、水麦冬属（*Triglochin*）、薹草属（*Carex*）、莎草属（*Cyperus*）、灯心草属（*Juncus*）、车前属（*Plantago*）等，主要是一些杂草和湿生、盐生、沼生植物。

■（2）泛热带分布

这一类型共有26属，占本区总属数的7.43%，代表属有大戟属（*Euphorbia*）、鹅绒藤属（*Cynanchum*）、菟丝子属（*Cuscuta*）、马齿苋属（*Portulaca*）、蒺藜属（*Tribulus*）、三芒草属（*Aristida*）、孔颖草属（*Bothriochloa*）、虎尾草属（*Chloris*）、隐子草属（*Cleistogenes*）、稗属（*Echinochloa*）、马唐属（*Digitaria*）、画眉草属（*Eragrostis*）、狼尾草属（*Pennisetum*）和狗尾草属（*Setaria*）等。

■（3）热带亚洲和热带美洲间断分布

这一类型共有1属，占本区总属数的0.29%，代表属有砂引草属（*Messerschmidia*）。

■（4）旧世界热带分布

这一类型共有2属，为天门冬属（*Asparagus*）和百蕊草属（*Thesium*）。

周繇 摄

■（5）热带亚洲至大洋洲分布

这一类型共有 2 属，为草沙蚕属（*Tripogon*）和臭椿属（*Ailanthus*）。

■（6）热带亚洲（印度—马来西亚）分布

这一类型共有 2 属，为苦荬菜属（*Ixeris*）和赤瓟属（*Thladiantha*）。表明本植物区系与热带、亚热带植物区系有一定联系。

■（7）北温带分布

这一类型共有 123 属，占本区总属数的 35.15%，在本区区系组成上占有重要地位。其中乔木属有云杉属（*Picea*）、松属（*Pinus*）、杨属（*Populus*）、桦木属（*Betula*）、榆属（*Ulmus*）、刺柏属（*Juniperus*）等，这些植物是本区森林群落的主要组成属，是针叶林、落叶阔叶林的优势种。灌木属有李属（*Prunus*）、柳属（*Salix*）、绣线菊属（*Spiraea*）、小檗属（*Berberis*）、山楂属（*Crataegus*）、蔷薇属（*Rosa*）、忍冬属（*Lonicera*）、茶藨子属（*Ribes*）、梾木属（*Swida*）、荚蒾属（*Viburnum*）等，这些植物是本区森林的主要灌木属，是该区灌丛的优势种。草本属有针茅属（*Stipa*）、委陵菜属（*Potentilla*）、黄芪属（*Astragalus*）、柴胡属（*Bupleurum*）、唐松草属（*Thalictrum*）、棘豆属（*Oxytropis*）、景天属（*Sedum*）、蒿属（*Artemisia*）、齿缘草属（*Eritrichium*）、马先蒿属（*Pedicularis*）、黄精属（*Polygonatum*）、火绒草属（*Leontopodium*）、白头翁属（*Pulsatilla*）、铁线莲属（*Clematis*）、岩黄芪属（*Hedysarum*）、葱属（*Allium*）、嵩草属（*Kobresia*）、单侧花属（*Orthilia*）、北极果属（*Arctous*）、红景天属（*Rhodiola*）等，这些植物是本区荒漠草原、典型草原、灌丛、草甸及林下草本层的主要组成属。上述表明北温带分布型在本区森林植物区系的核心地位。

■（8）东亚和北美洲间断分布

这一类型共有 8 属，占本区总属数的 2.29%。主要有野决明属（*Thermopsis*）、地蔷薇属
（*Chamaerhodos*）、胡枝子属（*Lespedeza*）、蛇葡萄属（*Ampelopsis*）、蛇床属（*Cnidium*）、短星
菊属（*Brachyactis*）和罗布麻属（*Apocynum*）等。

■（9）旧世界温带分布

这一类型共有 55 属，占本区总属数的 15.72%。木本属有栒子属（*Cotoneaster*）、丁香属（*Syringa*）、
柽柳属（*Tamarix*）常构成单优或多优灌丛。草本属有百里香属（*Thymus*）、青兰属（*Dracocephalum*）、
菊属（*Dendranthema*）、糙苏属（*Phlomis*）、荆芥属（*Nepeta*）、伪泥胡菜属（*Serratula*）、天仙子
属（*Hyoscyamus*）、鸦葱属（*Scorzonera*）、拟芸香属（*Haplophyllum*）、山莓草属（*Sibbaldia*）、
鸟巢兰属（*Neottia*）等，这些植物在草本层中起重要作用。

■（10）温带亚洲分布

这一类型共有 20 属，占本区总属数的 5.71%。木本属代表有锦鸡儿属（*Caragana*)。草本属代
表有狼毒属（*Stellera*)、米口袋属（*Gueldenstaedtia*）、狗娃花属（*Heteropappus*）、细柄茅属（*Ptilagrostis*）、
猬菊属（*Olgaea*）、驼绒藜属（*Ceratoides*）、裂叶荆芥属（*Schizonepeta*）等。该分布型以亚洲温带
的北部最为集中，并在喜马拉雅山地得到充分发展。

■（11）地中海区至中亚分布

这一类型共有 27 属，占本区总属数的 7.72%。主要有肉苁蓉属（*Cistanche*)、锁阳属（*Cynomorium*）、
假木贼属（*Anabasis*）、雀儿豆属（*Chesneya*）、角茴香属（*Hypecoum*）、糖芥属（*Erysimum*）、
顶羽菊属（*Acroptilon*）、骆驼蓬属（*Peganum*）、牻牛儿苗属（*Erodium*）等。

■（12）中亚分布

这一类型共有 24 属，占本区总属数的 6.86%。主要有紫菀木属（*Asterothamnus*）、脓疮草属
（*Panzeria*)、合头草属（*Sympegma*）、沙冬青属（*Ammopiptanthus*）、扁蓿豆属（*Melissitus*）、兔
唇花属（*Lagochilus*）、沙蓬属（*Agriophyllum*）、栉叶蒿属（*Neopallasia*）、角蒿属（*Incarvillea*）、
大蒜芥属（*Sisymbrium*）、短舌菊属（*Brachanthemum*）等。

■（13）东亚（东喜马拉雅至日本）分布

这一类型共有 6 属，占本区总属数的 1.71%。木本属有莸属（*Caryopteris*）、狗娃花属
（*Heteropappus*）、野丁香属（*Leptodermis*）、合耳菊属（*Synotis*）、地黄属（*Rehmannia*）和毛鳞
菊属（*Chaetoseris*）。

■（14）中国特有分布

这一类型共有 4 属，占本区总属数的 1.14%。有虎榛子属（*Ostryopsis*）、文冠果属（*Xanthoceras*）、
四合木属（*Tetraena*）和阴山荠属（*Yinshania*）。

植物区系特点

■（1）地理成分复杂，以温带成分为主

按照吴征镒发表的《中国种子植物属的分布区类型》统计，贺兰山国家级自然保护区属的分布类型有 14 个，表明植物区系地理成分复杂多样，在本区和植被中以温带分布型为主导，尤以北温带分布型占绝对优势，有 123 属。因此，贺兰山植物区系应属于温带性质，并由多种地理成分组成，联系较为广泛。总体上以温带分布区类型为主，东亚植物区系成分广泛渗透，并且具有古地中海及亚洲中部荒漠成分。

■（2）区系具有过渡性

贺兰山坐落于中国的西北部，是蒙古草原植物区系和亚洲中部荒漠植物区系的交汇处，东南面邻近华北黄土高原植物区系，西南面邻接青藏高原植物区系。因此来自蒙古高原、青藏高原、华北以及其他区系的植物成分在此汇集并且相互渗透，加上贺兰山山体巨大、高耸，造就了贺兰山地形复杂多变、垂直分异明显、生态类型多样的特点，为这些来自不同区系的植物提供了适宜生存的环境条件。这就出现了青藏高原成分出现在高耸的山体上；蒙古高原草原成分和亚洲中部荒漠植物区系出现在山麓低山草原带；由于低海拔干旱环境和高海拔寒冷环境都不适合华北成分，所以华北成分建群的植被类型较少。

■（3）特有种缺乏

贺兰山植物区系特有性不高，没有仅在贺兰山分布的特有属，有仅在中国分布的特有属 4 个，它们分别是中国华北特有属虎榛子属（*Ostryopsis*）、中国华北—东北特有属文冠果属（*Xanthoceras*）、中国西鄂尔多斯特有属四合木属（*Tetraena*）和中国华北—西南特有属阴山荠属（*Yinshania*），仅占总属数的 1.14%。由此可见，贺兰山植物区系特有性不高。这是由于贺兰山自然地理位置相对孤立、山体巨大且地形复杂所造成的，也进一步说明贺兰山是相对独立的自然单元。

■（4）珍稀濒危植物较为丰富

根据中国珍稀濒危植物信息系统，贺兰山植物区系有珍稀濒危植物 16 种，隶属于 9 科 14 属（见表 6），分别是：麻黄科斑子麻黄（*Ephedra rhytidosperma*）、木贼麻黄（*Ephedra equisetina*）和中麻黄（*Ephedra intermedia*）；蔷薇科蒙古扁桃（*Amygdalus mongolica*）；豆科沙冬青（*Ammopiptanthus mongolicus*）、野大豆（*Glycine soja*）、甘草（*Glycyrrhiza uralensis*）；兰科珊瑚兰（*Corallorhiza trifida*）、凹舌兰（*Coeloglossum viride*）、绶草（*Spiranthes sinensis*）和裂瓣角盘兰（*Herminium alaschanicum*）；蒺藜科四合木（*Tetraena mongolica*）；石竹科裸果木（*Gymnocarpos przewalskii*）；半日花科半日花（*Helianthemum songaricum*）；菊科革苞菊（*Tugarinovia mongolica*）；禾本科沙芦草（*Agropyron mongolicum*）。这些珍稀濒危植物生长环境不佳，随着全球气候变化和土地利用方式的改变，它们绝大多数都存在绝灭的风险，因此，对于贺兰山珍稀濒危植物进行有效的保护和开展基础研究工作是非常有必要的。研究内容主要包括这些珍稀濒危野生植物的分布范围、格局、种群大小、种群变化趋势、种群特性（是否为小种群）、栖息地类型和状况、导致濒危原因等，并在全

面调查研究的基础上，制定科学的保护策略。

表 6 贺兰山珍稀濒危保护植物名录

序号	种名	拉丁名	保护级别	特有性	IUCN
1	斑子麻黄	*Ephedra rhytidosperma* Pachom.	Ⅱ级	中国特有	EN
2	木贼麻黄	*Ephedra equisetina* Bunge	Ⅱ级		
3	中麻黄	*Ephedra intermedia* Schrenk	Ⅱ级		NT
4	裸果木	*Gymnocarpos przewalskii* Maxim.	Ⅰ级		LC
5	蒙古扁桃	*Amygdalus mongolica* （Maxim.)Ricker	Ⅱ级		VU
6	沙冬青	*Ammopiptanthus mongolicus*(Maxim. ex kom.) cheng f.	Ⅱ级		VU
7	野大豆	*Glycine soja* Sieb.	Ⅱ级	中国特有	
8	甘草	*Glycyrrhiza uralensis* Fisch.	Ⅱ级		
9	四合木	*Tetraena mongolica* Maxim.	Ⅰ级	中国特有	VU
10	半日花	*Helianthemum songaricum* Schrenk	Ⅱ级		EN
11	革苞菊	*Tugarinovia mongolica* Iljin	Ⅰ级		
12	沙芦草	*Agropyron mongolicum* Keng	Ⅱ级		
13	绶草	*Spiranthes sinensis*（Pers.） Ames Orch.	Ⅱ级		LC
14	珊瑚兰	*Corallorhiza trifida* Chat.	Ⅱ级		NT
15	凹舌兰	*Coeloglossum viride* (L.) Hartm.	Ⅱ级		
16	裂瓣角盘兰	*Herminium alaschanicum* Maxim.	Ⅱ级		NT

注：数据来自中国珍稀濒危植物信息系统。

药用植物资源

药用植物分类

贺兰山药用植物种类丰富，各种类的药用部位、性味、功效等差异巨大。因此，对药用植物进行合理的分类是科学利用的基础。

■（1）药用部位分类

贺兰山药用植物可根据药用部位分为全草、根及根茎、茎、叶、皮、花、果实、种子8类。全草类的药用植物总数最多，占57.00%，根及根茎类次之，占25.95%，再依次为茎、种子、叶、果实、花、皮，均占比例较少（见表7）。此外，贺兰山药用植物大多为草本植物，所以入药部位为全草、根及根茎者所占比例较大。加之气候环境较为恶劣，所以贺兰山缺乏以孢子、茎髓、树脂等入药部位较为特殊的药用植物。

表7　贺兰山药用植物按药用部位进行分类统计

药用部位	全草	根及根茎	茎	种子	叶	果实	花	皮
种数	224	102	37	30	26	22	19	18
占总种数比例（%）	57.00	25.95	9.41	7.63	6.62	5.60	4.83	4.58

■（2）性味分类

中药的性能，是指药物的性质和功能，也就是中药的药性。药性理论是以阴阳、脏腑、经络学说为依据，根据药物的各种性质及治疗作用总结出来的用药规律。它是对中药作用的基本性质和特征的高度概括，是中药理论的核心，主要包括四气、五味、升降浮沉、归经、毒性等。对于民间野生的药用植物，现阶段研究多集中在四气五味方面。四气五味，是指药物的性味，代表药物的药性和滋味两个方面。

四气，即指药物的寒、热、温、凉4种药性，又称四性。它反映了药物在影响人体阴阳盛衰、寒热变化方面的作用倾向，是说明药物作用性质的重要概念之一。此外，还有一些平性药，是指其寒热偏性不甚明显，药性平和，作用缓和的一类药。根据药用部位药性的不同，对贺兰山药用植物进行寒、温、凉、平、热的药性分类分析（见表8）。药性属寒的药用植物有28科62属84种，如葎草（*Humulus scandens*）、萹蓄（*Polygonum aviculare*）、孩儿参（*Pseudostellaria heterophylla*）、瞿麦（*Dianthus superbus*）、苦豆子（*Sophora alopecuroides*）、高山地榆（*Sanguisorba alpina*）、紫花地丁（*Viola philippica*）、车前（*Plantago asiatica*）等。药性属温的药用植物有33科60属75种，如木贼麻黄（*Ephedra equisetina*）、大麻（*Cannabis sativa*）、茴茴蒜（*Ranunculus chinensis*）、野大豆（*Glycine soja*）、远志（*Polygala tenuifolia*）、文冠果（*Xanthoceras sorbifolia*）、枣（*Ziziphus jujuba*）、锁阳（*Cynomorium songaricum*）、天仙子（*Hyoscyamus niger*）、列当（*Orobanche* coerulescens）、沙苁蓉（*Cistanche sinensis*）等。药性属凉的药用植物有 30 科 50 属 56 种，如节节草（*Equisetum ramosissimum*）、乳浆大戟（*Euphorbia esula*）、罗布麻（*Apocynum venetum*）、刺儿菜（*Cirsium segetum*）、山丹（*Lilium pumilum*）、凹舌兰（*Coeloglossum viride*）等。药性属平的药用植物有 37 科 55 属 69 种，如苦荞麦（*Fagopyrum tataricum*）、小藜（*Chenopodium ficifolium*）、麦蓝菜（*Vaccaria hispanica*）、菥蓂（*Thlaspi arvense*）、蒙古扁桃（*Amygdalus mongolica*）、甘草（*Glycyrrhiza uralensis*）、秦艽（*Gentiana macrophylla*）、菟丝子（*Cuscuta chinensis*）、赤瓟（*Thladiantha dubia*）、玉竹（*Polygonatum odoratum*）、黄精（*Polygonatum sibiricum*）等。贺兰山缺乏药性属热的药用植物，这可能与其地理环境及其气候特点有关。不同的药用部位具有不同的药性的药用植物有地黄（*Rehmannia glutinosa*）、野西瓜苗（*Hibiscus trionum*）、马蔺（*Iris lactea. var. chinensis*）等，还有因不同民族用药习惯不同而记载的药性不同的植物有长果婆婆纳（*Veronica ciliata*）、北水苦荬（*Veronica anagallis-aquatica*）、角蒿（*Incarvillea sinensis*）等。还有 110 余种药用植物的药性研究不明确，亟待后人的研究和开发。

表 8　贺兰山药用植物按药用部位的药性进行分类统计

药性	科		属		种	
	数量	占总科数（%）	数量	占总属数（%）	数量	占总种数（%）
寒	28	31.82	62	25.00	84	21.37
温	33	37.50	60	24.19	75	19.08
凉	30	34.09	50	20.16	56	14.25
平	37	42.05	55	22.18	69	17.56
热	0	0.00	0	0.00	0	0.00

五味，即辛、甘、酸、苦、咸 5 种药味。实际上药味不止五味，还有淡味和涩味，但它们仍归于五味之中。其中辛、甘、淡属阳；酸、苦、咸、涩属阴。五味的确定最初是根据药物的真实滋味，即通过口尝辨别出来的，但后来更多是根据药物的功效来确定。因此五味的实际意义，一是标示药物的真实滋味，二是提示药物作用的基本特征。部分植物的药用部位滋味平淡，或有涩味，相当一部分药用植物的药用部位具有 2 种或 3 种滋味。根据药用部位滋味的不同，对贺兰山药用植物进行药味分类分析（见表 9）。其中甘味的如银柴胡（*Stellaria dichotoma* var. *lanceolata*）、蒙桑（*Morus mongolica*）、芦苇（*Phragmites australis*）、玉竹（*Polygonatum odoratum*）、黄精（*Polygonatum sibiricum*）、甘草（*Glycyrrhiza uralensis*）、锁阳（*Cynomorium songaricum*）等。苦味的如华北白前（*Cynanchum mongolicum*）、甘肃黄芩（*Scutellaria rehderiana*）、茜草（*Rubia cordifolia*）、蓼子朴（*Inula salsoloides*）、黄花蒿（*Artemisia annua*）、掌叶橐吾（*Ligularia przewalskii*）等。酸味的如红纹马先蒿（*Pedicularis striata*）、马齿苋（*Portulaca oleracea*）、费菜（*Phedimus aizoon*）、拂子茅（*Calamagrostis epigeios*）等。辛味的如杜松（*Juniperus rigida*）、大麻（*Cannabis sativa*）、黄花铁线莲（*Clematis intricata*）、蔓首乌（*Fallopia convolvulus*）、高原毛茛（*Ranunculus tanguticus*）、短尾铁线莲（*Clematis brevicaudata*）、芹叶铁线莲（*Clematis aethusifolia*）等。咸味的如碱蓬（*Suaeda glauca*）。淡味的如蒙疆苓菊（*Jurinea mongolica*）、金色狗尾草（*Setaria pumila*）、小画眉草（*Eragrostis minor*）、

墙草（*Parietaria micrantha*）、猪毛菜（*Salsola collina*）、黄花补血草（*Limonium aureum*）、木本猪毛菜（*Salsola arbuscula*）、乳突拟耧斗菜（*Paraquilegia anemonoides*）、沼生柳叶菜（*Epilobium palustre*）等。涩味的如止血马唐（*Digitaria ischaemum*）。酸苦的如皱叶酸模（*Rumex crispus*）、瓦松（*Orostachys fimbriata*）、高山地榆（*Sanguisorba alpina*）、赤瓟（*Thladiantha dubia*）等。酸甘如白刺（*Nitraria tangutorum*）、沿沟草（*Catabrosa aquatica*）等。酸涩如北水苦荬（*Veronica anagallis-aquatica*）、箭叶蓼（*Polygonum sieboldii*）、舞鹤草（*Maianthemum bifolium*）等。苦甘的如葎草（*Humulus scandens*）、孩儿参（*Pseudostellaria heterophylla*）、女娄菜（*Silene aprica*）、大萼委陵菜（*Potentilla conferta*）、耧斗菜（*Aquilegia viridiflora*）、黄花铁线莲（*Clematis intricata*）、朝天委陵菜（*Potentilla supina*）等。苦辛的如红枝卷柏（*Selaginella sanguinolenta*）、西伯利亚蓼（*Polygonum sibiricum*）、圆柏（*Juniperus chinensis*）、木贼麻黄（*Ephedra equisetina*）、中麻黄（*Ephedra intermedia*）、黑弹树（*Celtis bungeana*）、麻叶荨麻（*Urtica cannabina*）等。苦咸的如砂蓝刺头（*Echinops gmelinii*）等。苦淡的如硬质早熟禾（*Poa sphondylodes*）、芨芨草（*Achnatherum splendens*）等。苦涩的如珠芽蓼（*Polygonum viviparum*）、栉叶蒿（*Neopallasia pectinata*）、宽叶独行菜（*Lepidium latifolium*）、灰栒子（*Cotoneaster acutifolius*）、米口袋（*Gueldenstaedtia verna*）、库页悬钩子（*Rubus sachalinensis*）、狭叶米口袋（*Gueldenstaedtia stenophylla*）等。甘辛的如二裂委陵菜（*Potentilla bifurca*）、葛缕子（*Carum carvi*）、菟丝子（*Cuscuta chinensis*）、柠条锦鸡儿（*Caragana korshinskii*）、迷果芹（*Sphallerocarpus gracilis*）、多枝柽柳（*Tamarix ramosissima*）等。甘咸的如小果白刺（*Nitraria sibirica*）、软紫草（*Arnebia euchroma*）、沙苁蓉（*Cistanche sinensis*）等。甘淡的如水葫芦苗（*Halerpestes cymbalaria*）、风花菜（*Rorippa globosa*）、婆婆纳（*Veronica polita*）、水葱（*Schoenoplectus tabernaemontani*）等。甘涩的如小花糖芥（*Erysimum cheiranthoides*）、天蓝苜蓿（*Medicago lupulina*）等。淡涩如银粉背蕨（*Aleuritopteris argentea*）。

表 9　贺兰山药用植物按药用部位的药味进行分类统计

药味	科		属		种	
	数量	占总科数（%）	数量	占总属数（%）	数量	占总种数（%）
酸	4	4.55	4	1.61	4	1.02
苦	32	36.36	60	24.19	79	20.10
甘	21	23.86	29	11.69	41	10.43
辛	13	14.77	17	6.85	20	5.09
咸	1	1.14	1	0.40	1	0.25
苦涩	2	2.27	2	0.81	2	0.51
苦咸	2	2.27	2	0.81	2	0.51
苦辛	29	32.95	36	14.52	43	10.94
苦酸	4	4.55	4	1.61	4	1.02
苦甘	10	11.36	13	5.24	18	4.58
甘酸	2	2.27	2	0.81	2	0.51

续表

药味	科		属		种	
	数量	占总科数（%）	数量	占总属数（%）	数量	占总种数（%）
甘辛	4	4.55	5	2.02	5	1.27
甘咸	3	3.41	3	1.21	3	0.76
甘淡	4	4.55	6	2.42	6	1.53
甘涩	2	2.27	2	0.81	2	0.51
甘酸	2	2.27	2	0.81	2	0.51
淡涩	1	1.14	1	0.40	1	0.25
酸涩	2	2.27	2	0.81	2	0.51
甘苦辛	2	2.27	2	0.81	2	0.51
甘苦涩	2	2.27	2	0.81	2	0.51
甘酸淡	1	1.14	1	0.40	1	0.25
甘苦酸	1	1.14	1	0.40	1	0.25
辛酸涩	1	1.14	1	0.40	1	0.25
甘辛咸	1	1.14	1	0.40	1	0.25
酸	4	4.55	4	1.61	4	1.02
苦	32	36.36	60	24.19	79	20.10

■（3）功效分类

中药功效是根据中医基础理论，参考民间药用习惯来确定的药用功效。根据已有数据，对贺兰山药用植物的药用功效分为以下几大类（见表10）。

表10 贺兰山药用植物按药用功效进行分类统计

功效	种数	比例（%）
凉血止血	103	26.21
清热解毒	75	19.08
化痰止咳平喘	60	15.27
祛风除湿利水	29	7.38
攻毒杀虫止痒	24	6.11
清肝明目	16	4.07
补益安神	12	3.05
舒筋活血散瘀	11	2.80
理气	9	2.29
解表	8	2.04
消食	1	0.25

凉血止血药：属寒凉，味多甘苦，入血分，能清泄血分之热而止血，适用于血热妄行所致的各种出血病证。本类药物虽有凉血之功，但清热作用不强，在治疗血热出血病证时，常需配清热凉血药物同用。若治血热夹瘀之出血，宜配化瘀止血药，或配伍少量的化瘀行气之品。急性出血较甚者，可配伍收敛止血药以加强止血之效。该类药物原则上不宜用于虚寒性出血。又因其寒凉易凉遏留瘀，故不宜过量久服。如拳参（*Polygonum bistorta*）、灰枸子（*Cotoneaster acutifolius*）、高山地榆（*Sanguisorba alpina*）、天蓝苜蓿（*Medicago lupulina*）、杉叶藻（*Hippuris vulgaris*）、蒙古芯芭（*Cymbaria mongolica*）、牛口刺（*Cirsium shansiense*）、飞廉（*Carduus nutans*）、蝟菊（*Olgaea lomonosowii*）、止血马唐（*Digitaria ischaemum*）、白草（*Pennisetum flaccidum*）、马蔺（*Iris lactea. var. chinensis*）。

清热解毒药：凡能清解热毒或火毒的药物，称为清热解毒药。这里所称的毒，为火热壅盛所致，有热毒和火毒之分。本类药物于清热泻火之中更长于解毒的作用。在临床用药时，应根据各种证候的不同表现及兼证，结合具体药物的特点，有针对地选择应用，并应根据病情的需要给以相应的配伍。如砂蓝刺头（*Echinops gmelinii*）、祁州漏卢（*Rhaponticum uniflorum*）、鸦葱（*Scorzonera austriaca*）、葎草（*Humulus scandens*）、簇生卷耳（*Cerastium fontanum* subsp. *triviale*）、白屈菜（*Chelidonium majus*）、野西瓜苗（*Hibiscus trionum*）、紫花地丁（*Viola philippica*）、甘肃黄芩（*Scutellaria rehderiana*）等。

化痰止咳平喘药：本类药物一般分为化痰药和止咳平喘药。在化痰药中，药性辛而燥者，多有燥湿化痰、温化寒痰的作用；药性甘苦微寒者，多有清化热痰、润燥化痰的作用。止咳平喘药中，由于药物性味的不同，分别具有宣肺、降肺、泻肺、清肺、润肺、敛肺止咳平喘的作用。如北京铁角蕨（*Asplenium pekinense*）、中华卷柏（*Selaginella sinensis*）、禾叶繁缕（*Stellaria graminea*）、垂果大蒜芥（*Sisymbrium heteromallum*）、蒙古扁桃（*Amygdalus mongolica*）、荆条（*Vitex negundo* var. *heterophylla*）、天南星（*Arisaema heterophyllum*）、火烧兰（*Epipactis helleborine*）、问荆（*Equisetum arvense*）、银粉背蕨（*Aleuritopteris argentea*）、油松（*Pinus tabuliformis*）、山杨（*Populus davidiana*）、白桦（*Betula platyphylla*）、类叶升麻（*Actaea asiatica*）、灰绿黄堇（*Corydalis adunca*）、阿拉善独行菜（*Lepidium alashanicum*）、播娘蒿（*Descurainia sophia*）、刺毛蔷薇（*Rosa farreri*）、甘草（*Glycyrrhiza uralensis*）、骆驼蓬（*Peganum harmala*）、多裂骆驼蓬（*Peganum multisectum*）、骆驼蒿（*Peganum nigellastrum*）、野西瓜苗（*Hibiscus trionum*）、硬阿魏（*Ferula bungeana*）、老瓜头（*Cynanchum komarovii*）、银灰旋花（*Convolvulus ammannii*）、白花枝子花（*Dracocephalum heterophyllum*）、百里香（*Thymus mongolicus*）、角蒿（*Incarvillea sinensis*）、小车前（*Plantago minuta*）、北方拉拉藤（*Galium boreale*）、阿尔泰狗娃花（*Heteropappus altaicus*）、大丁草（*Gerbera anandria*）、戈壁天门冬（*Asparagus gobicus*）、山丹（*Lilium pumilum*）、西藏洼瓣花（*Lloydia tibetica*）、荩草（*Arthraxon hispidus*）、茴茴蒜（*Ranunculus chinensis*）、宽叶独行菜（*Lepidium latifolium*）、曼陀罗（*Datura stramonium*）、旋覆花（*Inula japonica*）等。

祛风除湿利水药：以祛除风寒湿邪，治疗风湿痹证为主的药物，称为祛风湿药；能通利水道、渗泄水湿，治疗水湿内停为主的药物，称为利水渗湿药。祛风除湿药物多属辛香、温燥之品，易耗伤阴津，素体阴虚、病后体弱者以及孕妇均应慎用。如百里香（*Thymus mongolicus*）、长果婆婆纳（*Veronica ciliata*）、角蒿（*Incarvillea sinensis*）、西伯利亚蓼（*Polygonum sibiricum*）、水葫芦苗（*Halerpestes cymbalaria*）、蒙古绣线菊（*Spiraea mongolica*）、蒙古莸（*Caryopteris mongholica*）、蒙古芯芭（*Cymbaria mongolica*）、虎尾草（*Chloris virgata*）等。

攻毒杀虫止痒药：以攻毒疗疮、杀虫止痒为主要作用的药物，称为攻毒杀虫止痒药。本类药物多具有不同程度的毒性，所谓"攻毒"即有以毒制毒之意，无论外用或内服，均应严格掌握剂量及用法，不可过量或持续使用，以防发生毒副反应。如皱叶酸模（*Rumex crispus*）、灰绿藜（*Chenopodium glaucum*）、二裂委陵菜（*Potentilla bifurca*）、苦豆子（*Sophora alopecuroides*）、华北白前（*Cynanchum mongolicum*）、鹤虱（*Lappula myosotis*）、无毛牛尾蒿（*Artemisia dubia* var. *subdigitata*）、虎尾草（*Chloris virgata*）、蒙古韭（*Allium mongolicum*）等。

清肝明目药：以清肝泻火、解毒明目为主要作用的药物，称为清肝明目药。如节节草（*Equisetum ramosissimum*），中亚滨藜（*Atriplex centralasiatica*）、西伯利亚滨藜（*Atriplex sibirica*）、鄂尔多斯小蘗（*Bkansuensis Schneid.* in. Ost. Bot）、菥蓂（*Thlaspi arvense*）、小丛红景天（*Rhodiola dumulosa*）、斜茎黄芪（*Astragalus adsurgens*）、蒺藜（*Tribulus terrestris*）、海乳草（*Glaux maritima*）、欧洲菟丝子（*Cuscuta europaea*）、枸杞（*Lycium chinense*）、平车前（*Plantago depressa*）、金色狗尾草（*Setaria pumila*）、狗尾草（*Setaria viridis*）等。

补益安神药：以补益人体物质亏损、增强人体活动功能、提高抗病能力、消除虚弱证候为主要作用的药物，称为补益药；以安定神志为主要作用的药物，称为安神药。根据药性和主治病证的不同，补益药一般分补气药、补血药、补阴药和补阳药4类，补益药不可用于实证，否则可致"闭门留寇"而加重病情。补益药并非有益无害、多多益善，用之不当也会产生不良后果。补血药黏滞难消，补阴药甘寒滋腻，凡脾胃虚弱、湿浊中阻、腹胀便溏者，不宜使用。补阳药性多温燥，伤阴助火，阴虚火旺者不宜使用。安神药一般有镇惊安神、养血安神、补心安神及解郁安神等作用。使用安神药需根据不同的病因及病情变化适当配伍用药。如凹舌兰（*Coeloglossum viride*）、二色补血草（*Limonium bicolor*）、费菜（*Phedimus aizoon*）、小丛红景天（*Rhodiola dumulosa*）、白刺（*Nitraria tangutorum*）、远志（*Polygala tenuifolia*）、西伯利亚远志（*Polygala sibirica*）、酸枣（*Ziziphus jujube* var. *spinosa*）、天仙子（*Hyoscyamus niger*）、藓生马先蒿（*Pedicularis muscicola*）、山丹（*Lilium pumilum*）等。

舒筋活血散瘀药：凡以通畅血行、消除瘀血为主要作用的药物，称为舒筋活血散瘀药。本类药物味多辛、苦，主归肝、心经，入血分，善走散通行，活血化瘀，并通过活血化瘀，而产生多种作用，主要用于治疗瘀血阻滞所引起的各种病证。如红枝卷柏（*Selaginella sanguinolenta*）、天蓝苜蓿（*Medicago lupulina*）、巴天酸模（*Rumex patientia*）、瞿麦（*Dianthus superbus*）、双花堇菜（*Viola biflora*）、田旋花（*Convolvulus arvensis*）、益母草（*Leonurus japonicus*）、赤瓟（*Thladiantha dubia*）等。

理气药：以疏畅气机、消除气滞、平降气逆为主要作用的药物，称为理气药。本类药物大多味辛、苦，性温，气味芳香，辛行苦降温通、芳香疏泄，分别可调脾气、和胃气、舒肝气、理肺气，故有行气消胀、解郁止痛、破气散结、顺气宽胸、降气止呕、平呃、平喘等作用。如苦荞麦（*Fagopyrum tataricum*）、亚欧唐松草（*Thalictrum minus*）、黄刺玫（*Rosa xanthina*）、美蔷薇（*Rosa bella*）、刺毛蔷薇（*Rosa farreri*）、葛缕子（*Carum carvi*）、蒙古莸（*Caryopteris mongholica*）、婆婆纳（*Veronica polita*）等。

解表药：以发散表邪、解除表证为主要作用的药物，称为解表药。本类药物质轻升浮，辛散轻扬，能促进人体发汗或微发汗，使表邪透散于外，达到治疗表证，防止表邪内传，控制疾病传变的目的。解表药多为辛散轻扬之品，不能久煎，以免有效成分挥发而影响药效。如山卷耳（*Cerastium pusillum*）、毛樱桃（*Cerasus tomentosa*）、白刺（*Nitraria tangutorum*）、多裂叶荆芥（*Nepeta multifida*）、水棘针（*Amethystea caerulea*）、香青兰（*Dracocephalum moldavica*）、百里香（*Thymus mongolicus*）、穿叶眼子菜（*Potamogeton perfoliatus*）等。

消食药：以消化饮食、导行积滞为主要作用的药物，称为消食药。本类药物辛散行滞，甘平和中，有消化饮食、导行积滞、行气消胀、健运脾胃、增进食欲的功效。如蔓首乌（*Fallopia convolvulus*）、棉毛茛（*Ranunculus membranaceus*）、短尾铁线莲（*Clematis brevicaudata*）、小花糖芥（*Erysimum cheiranthoides*）、砂珍棘豆（*Oxytropis racemosa*）、柳叶鼠李（*Rhamnus erythroxylon*）、蒙古韭（*Allium mongolicum*）等。

各 论

蕨类植物门

Pteridophyta

石松科 Lycopodiaceae

石松属 | *Lycopodium* L.

1. 东北石松 *Lycopodium clavatum* L.

匍匐茎蔓生，分枝有叶疏生。直立茎高 15~30cm，具分枝；营养枝多回分叉，密生叶。叶针形，先端具白色芒状长尾尖，易脱落，表面中脉明显，全缘。孢子枝从第二、第三年营养枝上长出，叶疏生，高出营养枝。孢子囊穗常 2~6 个着生于孢子枝的上部，穗具柄，孢子叶卵状三角形，先端急尖，具尖尾，边缘具不规则的锯齿。孢子囊肾形，孢子同形，球状四面体形，具密网纹及小突起。

生于海拔 1400m 左右的干旱草地或灌丛中。稀见。

药用部位：全草。

药用功效：舒筋活血，祛风散寒，利尿，通经。

石松可提取蓝色染料。

（东北石松图片由周繇提供）

卷柏科 Selaginellaceae

卷柏属 *Selaginella* P. Beauv.

2. 红枝卷柏 *Selaginella sanguinolenta* (L.) Spring

丛生，茎细而坚实，圆柱形，多次二歧分枝，紫红色。叶交互对生，长卵形。孢子囊穗单生于小枝顶端，四棱柱形，孢子叶宽卵形，基部近圆形，先端急尖。孢子囊圆形，小孢子囊通常位于孢子囊穗上部，大孢子囊位于下部；孢子2型。

生于海拔1400~2500m的崖下岩石缝隙中。见于东坡苏峪口沟、大水沟、大口子、插旗口、三关口、小口子、黄旗沟、榆树沟；西坡南寺沟、北寺沟、哈拉乌沟。多见。

药用部位：全草。

药用功效：舒筋活血，健脾止泻。

3. 中华卷柏 *Selaginella sinensis* (Desv.) Spring

　　主茎圆柱形,禾秆色,多回分枝,各回分枝处生有细长根。叶互生,茎下部叶卵状椭圆形,具缘毛,贴伏于茎上,疏散,上部叶 2 型,4 列。孢子囊穗单生于小枝顶端,四棱柱形,孢子叶三角状卵形。大孢子囊通常少数,位于孢子囊穗下部,小孢子囊多数,位于孢子囊穗中上部。

　　生于海拔 1400~2300m 的阴坡石缝隙中。见于东坡苏峪口沟、小口子、大口子、插旗口、黄旗沟、榆树沟;西坡南寺沟、北寺沟、哈拉乌沟。多见。

　　药用部位:全草。

　　药用功效:清热利尿,清热化痰,止血,止泻。

　　中华卷柏是蒙药,不仅具有传统的清热解毒作用,还具有抗肿瘤、降血糖、抗病毒、调节免疫等多种功能,但贺兰山野外分布较少,要合理开发利用。

木贼科 Equisetaceae

木贼属　　*Equisetum* L.

4. 节节草　*Equisetum ramosissimum* Desf.

　　多年生硬质草本。根状茎匍匐，粗壮，黑色。地上茎直立，同形，灰绿色，分枝轮生，表面具纵棱脊 6~20 条，狭而粗糙，各具 1 行疣状突起，沟内具 1~4 行气孔带。叶鞘筒形，长为径的 2 倍，鞘齿短三角形，灰褐色，近膜质，具易脱落的膜质尖尾。孢子囊穗紧密，长圆形，具小尖头，无柄。

　　生于海拔 1100~1800m 的沟谷河溪湿地中。见于东坡苏峪口沟、汝箕沟、小口子；西坡巴彦浩特涝坝。少见。

　　药用部位：全草。

　　药用功效：明目退翳，清热利尿。与其他草药配伍外敷，可治化脓性骨髓炎。

5. 问荆　土麻黄　*Equisetum arvense* L.

　　多年生草本。根状茎黑褐色，具黑褐色小球茎。生殖枝春季由根状茎上生出，无叶绿素，带紫褐色，有 12~14 条不明显的棱脊。叶鞘漏斗状，鞘齿广披针形，棕褐色，鞘筒淡褐色，与鞘齿等长。孢子囊穗长椭圆形，钝头，有柄，孢子成熟后生殖枝枯萎。不育枝在孢子茎枯萎后生出，分枝轮生，棱脊上有横的波状隆起，沟内具 2~4 行气孔带；叶退化，下部连合成漏斗状的鞘，黑色，边缘膜质，灰白色。

　　生于沟谷溪边湿地，呈小片群聚。东、西坡中部各沟均有分布。少见。

　　药用部位：全草。

　　药用功效：清热利尿，止血，消肿，止咳。

　　问荆是回药、蒙药，对牲畜有毒，不可作饲料，现已开发出问荆制成的茶饮。

中国蕨科 Sinopteridaceae

粉背蕨属 *Aleuritopteris* Fee

6. **银粉背蕨** 通经草
Aleuritopteris argentea (Gmél.) Fée.

多年生小草本。根状茎短，直立，被鳞片，鳞片披针形，黑色具浅棕色狭边。叶簇生，叶片三角状五角形，三回羽状分裂；叶脉羽状，侧脉通常二叉，叶片上面绿色，下面被淡黄色或乳白色粉末；叶柄栗红色，有光泽，基部被鳞片，无毛。孢子囊群着生于细脉顶端，连续，囊群盖为变质叶边反折而成，膜质。

生于海拔 1400~2500m 的沟谷岩石缝中。见于东坡拜寺沟、苏峪口沟、大水沟；西坡哈拉乌沟、北寺沟。常见。

药用部位：全草。

药用功效：活血调经，补虚止咳。

银粉背蕨是蒙药，市场上常将其作为耐阴观赏蕨类来繁殖栽培。

蹄盖蕨科 Athyriaceae

| 羽节蕨属 | *Gymnocarpium* Newman |

7. 羽节蕨 *Gymnocarpium jessoense* (Koidz.) Koidz.

根状茎细长，横走，黑褐色。叶疏生，柄禾秆色，基部疏生鳞片；叶片三角状卵形，长宽几相等，三回羽状深裂至三回羽状，羽轴与叶轴以关节相连，连接处密生腺体。孢子囊群小，圆形或近圆形，着生于小脉上部，通常沿小羽轴两侧各有 1 行；无囊群盖。

生于海拔 2400~2600m 的山地云杉林下或渠溪边的石缝中，零星分布。仅见于东坡苏峪口沟、大口子。少见。

羽节蕨在园林中常用于观赏，观赏价值较高。

| 冷蕨属 | *Cystopteris* Bernh. |

8. 冷蕨 *Cystopteris fragilis* (L.) Bernh.

根状茎短，横走，被鳞片，鳞片宽披针形，棕色。叶近生或簇生，叶柄禾秆色或红棕色；叶片披针形至长圆状披针形，二回羽状；叶脉羽状，不明显。孢子囊群圆形，着生于叶脉中部；囊群盖卵圆形，膜质。

生于海拔 2200~2900m 的云杉林下岩缝中及沟谷阴坡岩石下。见于东坡镇木关沟；西坡北寺沟、哈拉乌沟、南寺雪岭子沟。多见。

药用部位：全草。

药用功效：和胃，解毒。

冷蕨是常见的野生观赏蕨类。

铁角蕨科 Aspleniaceae

铁角蕨属 *Asplenium* L.

9. 北京铁角蕨 *Asplenium pekinense* Hance

根状茎短，直立，顶部密生披针形鳞片。叶簇生，二回或三回羽状，羽轴和叶轴两侧均有狭翅，厚草质；基部羽片略缩短，中部羽片三角状矩圆形；末回羽片顶端有2~3个齿牙，每齿有1条脉；叶柄淡绿色，下部疏生纤维状小鳞片。孢子囊群每裂片1个，成熟时常布满叶背面；囊群盖矩圆形，全缘。

生于海拔1400~2100m的山坡石缝中。见于东坡插旗口沟、大水沟、苏峪口沟、小口子、黄旗沟、甘沟；西坡北寺沟、哈拉乌沟。少见。

药用部位：全草。

药用功效：化痰止咳，利膈，止血。

10. 西北铁角蕨 *Asplenium nesii* Christ

根状茎短而直立，先端密被鳞片，鳞片狭披针形，膜质，黑色，有虹色光泽，全缘。叶多数密集簇生，叶柄下部黑褐色，上部为禾秆色，有光泽，疏被黑褐色纤维状小鳞片；叶片披针形，二回羽状。叶脉两面均不明显。叶坚草质。孢子囊群椭圆形，深棕色；囊群盖椭圆形，灰棕色，薄膜质，全缘，开向羽轴或主脉。

生于海拔 2000~2500m 的山坡及沟谷石缝中。见于西坡哈拉乌沟、南寺沟、水磨沟。少见。

水龙骨科 Polypodiaceae

瓦韦属 *Lepisorus* (J. Sm.) Ching

11. 小五台瓦韦 *Lepisorus hsiawutaiensis* Ching et S. K. Wu

根状茎横走，密被卵状披针形深棕色鳞片，先端渐尖，具长毛状长尾，边缘具长的刺状突起，筛孔大，透明。叶近生，叶柄长禾秆色，基部被鳞片，向上光滑；叶片宽条状披针形；叶脉网状，内藏小脉单一或分叉，不明显。孢子囊群圆形，生于主脉和叶片边缘之间，幼时有黑色盾状隔丝覆盖。

生于海拔 1800~2400m 的山地沟谷阴湿石缝中。见于东坡苏峪口沟、插旗沟、贺兰沟；西坡哈拉乌沟、北寺沟。少见。

药用功效：清热解毒，止血，消肿。

小五台瓦韦是蒙药。

12. 有边瓦韦 *Lepisorus marginatus* Ching

根状茎横走，褐色，顶端密被卵形棕色鳞片，老时脱落。叶近生或远生，叶片披针形，软革质，先端渐尖，基部沿叶柄两侧下延成狭翅，多少呈波状，具软骨质狭边，干后常反卷，背面疏被贴伏的卵形褐色小鳞片；主脉两面隆起，侧脉不明显；叶柄禾秆色，光滑。孢子囊群小，圆形，位于主脉与边脉中间或稍靠近主脉。

生于海拔 2500m 左右的山地岩缝中。仅见于东坡大南沟。少见。

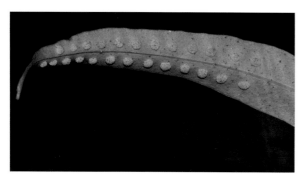

槲蕨科 Drynariaceae

槲蕨属	*Drynaria* (Bory) J. Sm.

13. 秦岭槲蕨 *Drynaria sinica* Diels

　　根状茎粗壮，肉质，横走，密被鳞片，鳞片线状披针形，边缘具睫毛，棕色。叶 2 型，不育叶小形，无柄，叶片椭圆形至狭卵形，枯棕色，羽状深裂，裂片披针形，能育叶近生或远生，具柄，叶柄向上沿两侧有狭翅；叶片长椭圆形，羽状深裂；裂片互生，椭圆状披针形，两面沿主脉被短毛；叶脉网状。孢子囊群圆形，着生于主脉两侧，各成 1 行。

　　生于海拔 1800~2500m 的山地草甸、阴坡岩石或树上。见于东坡黄旗沟、插旗沟；西坡峡子沟、哈拉乌北沟。少见。

　　药用部位：根状茎。

　　药用功效：活血，止血，愈伤。

裸子植物门

Gymnospermae

松科 Pinaceae

云杉属 *Picea* Dietr.

14. 青海云杉 *Picea crassifolia* Kom.

常绿乔木。树皮灰褐色，成块状脱落。小枝具明显隆起的叶枕，一年生枝淡绿黄色，2~3年生枝常呈粉红色。叶在枝上螺旋状着生，四棱状条形，四面有粉白色气孔线。球果圆柱形，单生枝端，幼时紫红色，成熟前种鳞背部绿色，上部边缘仍为紫红色，成熟后褐色；种鳞倒卵形，先端圆；苞鳞短小；种子斜倒卵圆形，种翅倒卵状，膜质，淡褐色。花期5月，球果9~10月成熟。

生于海拔2100~3100m的阴坡及半阴坡，成纯林或混交林，为贺兰山最主要建群树种。见于东、西坡中部各山体。常见。

青海云杉是造林及用材树种，其树形优美，是常见的庭院绿化树种。

松属　　　*Pinus* L.

15. 油松　红皮松
Pinus tabuliformis Carr.

常绿乔木。树皮灰褐色，裂成较厚的不规则鳞片状。一年生枝淡红褐色或淡灰黄色，无毛，针叶2针一束，边缘有细锯齿，两面具气孔线，横切面半圆形。叶鞘宿存。雄球花圆柱形，在新枝下部聚生成穗状。球果卵形，常宿存树上经数年不落；种鳞近矩圆状倒卵形，鳞盾肥厚，隆起，扁菱形或菱状多边形，横脊显著，鳞脐具刺。种子卵圆形，具披针形翅。花期5月，球果第二年10月成熟。

生于海拔1900~2300m的山地阴坡和半阴坡，是贺兰山主要建群树种之一。见于东坡中部各山体，向北不超过汝箕沟，向南不超过红石峡；西坡仅见于北寺沟、水磨沟。常见。

药用部位：松树节、松针、松油、花粉、球果。

药用功效：祛风散寒，止血燥湿，平喘止咳。

油松是回药、蒙药，其树干可割取树脂，提取松节油，种子可食用。油松是常见的园林绿化树种。

柏科 Cupressaceae

圆柏属   *Sabina* Mill.

16. 圆柏 ^{桧、柏树}
Sabina chinensis (L.) Ant.

常绿乔木。树冠塔形。树皮深灰褐色，纵向条裂。叶 2 型，具刺叶和鳞叶；幼树全为刺叶，3 叶交互轮生，表面微凹，具 2 条白色气孔线；老龄树全为鳞叶，鳞叶 3 个轮生，排列紧密，菱状卵形；壮龄树兼有刺叶和鳞叶。雌雄异株，雄球花椭圆形，雄蕊 5~7 对，常有 3~4 个花药。球果近圆球形，两年成熟，熟时暗褐色，被白粉，常具 2~3 粒种子。种子卵圆形，扁，有棱脊及少数树脂槽。

生于海拔 2400m 左右的山地半阳坡。仅见于西坡哈拉乌北沟和峡子沟。少见。

药用部位：枝叶。

药用功效：祛风散寒，活血消肿，利尿。

圆柏是蒙药，其树根、树干及枝叶可提取柏木油及柏木脑，种子可提取润滑油。圆柏是常见的园林绿化树种。

柏科

17. 叉子圆柏 ^{爬柏} *Sabina vulgaris* Ant.

匍匐灌木。枝皮灰褐色，呈薄片状剥落。枝稠密，一年生小枝的分枝均为圆柱形，叶2型，刺叶常生于幼树上，常交互对生，或兼有3叶交互轮生，排列紧密；鳞叶交互对生。球花单性，雌雄异株，雄球花椭圆形，雄蕊5~7对，各具2~4个花药。球果多为倒三角状球形，生于向下弯曲的小枝顶端，成熟前蓝绿色，成熟时褐色至黑色。种子卵圆形，稍扁，具纵脊与树脂槽。

生于海拔1800~2800m的山坡及沟谷，在云杉、油松林林缘或海拔2500m左右的山顶、半阳坡上形成灌丛。东、西坡中部均有分布。少见。

药用部位：枝叶。

药用功效：祛风湿，活血止痛。

叉子圆柏是蒙药，其耐旱性强，可作水土保持树种及固沙造林树种。叉子圆柏是西北地区园林重要树种。

| 刺柏属 | *Juniperus* L. |

18. 杜松 ^{刚松} *Juniperus rigida* Sieb. et Zucc.

常绿灌木或乔木。枝直展，褐灰色，纵裂；小枝下垂，幼枝三棱形。叶为刺叶，3叶轮生，条形，先端锐尖，基部有关节，不下延生长，质厚，坚硬，表面凹下成深槽，槽内有1条窄白粉带，背面具明显的纵脊。雄球花椭圆形或近球形；球果圆球形，成熟前紫褐色，成熟时淡褐色或蓝黑色，常被白粉。种子近卵形，顶端尖，有4条不明显的棱脊。

生于海拔1600~2500m的山坡、沟谷。多见。

药用部位：果实。

药用功效：利尿，发汗，驱风。

杜松是蒙药，其木材坚硬，耐腐力强，可作工艺品、家具、农具。杜松是耐寒观赏园林树木。

麻黄科 Ephedraceae

麻黄属   *Ephedra* Tourn. ex L.

19. 斑子麻黄 *Ephedra rhytidosperma* Pachom.

矮小灌木。植株近垫状。茎皮片状剥落，具短梗多瘤节的木质枝，绿色小枝在节上密集，假轮生呈辐射状排列。叶极小，膜质鞘状，中部以下合生，上部 2 裂；裂片宽三角形。雄球花在节上对生，无梗，具 2~3 对苞片，假花被倒卵圆形，雄蕊 5~8 枚；雌球花单生，具 2 对苞片，雌花 2 枚。种子 2 粒，1/3 露出苞片，黄棕色，背部中央及两侧边缘有明显突起的纵肋，肋间及腹面有横列碎片状细密突起。

生于海拔 1900m 以下的石质的山坡丘陵，能形成群落。见于东、西坡中部及南部山缘。常见。

药用部位：地上部分。

药用功效：镇咳，止喘。

斑子麻黄是蒙药，亦是我国特有的二级国家重点保护野生植物。

20. 木贼麻黄 _{山麻黄}
Ephedra equisetina Bunge

　　直立灌木。木质茎粗长，直立，小枝细，节间短，纵槽纹不明显，蓝绿色或灰绿色。叶 2 裂，大部合生，仅上部约 1/4 分离，裂片短三角形，先端钝。雄球花卵圆形，苞片 3~4 对，基部约 1/3 合生，假花被近圆形，雄蕊 6~8 枚；雌球花常 2 个对生节上，狭卵圆形，苞片 3 对，最上 1 对苞片约 2/3 合生，雌花 1~2 枚。雌球花成熟时肉质红色，具短梗。种子 1 粒，具明显的点状种脐与种阜。

　　生于海拔 1500~2400m 的山脊、干燥阳坡、沟谷、石缝中。东、西坡均有分布。多见。

　　药用部位：地上部分。

　　药用功效：镇咳，止喘，发汗。

　　木贼麻黄是回药、蒙药，亦是二级国家重点保护野生植物。木贼麻黄是提取麻黄碱的重要原料。

21. ## 中麻黄 ^{麻黄草}
Ephedra intermedia Schrenk ex Mey.

灌木。茎直立，粗壮，基部多分枝；小枝圆筒形，被白粉，呈灰绿色，叶 3 裂，常混生有 2 裂，下部 2/3 合生成鞘状，上部裂片钝三角形。雄球花无梗，数个密集于节上成团状，具 5~7 对交叉对生或 5~7 轮 3 片轮生的苞片，雄蕊 5~8 枚；雌球花 2~3 个成簇，具 3~5 对交叉对生或 3~5 轮 3 片轮生的苞片。雌球花成熟时肉质红色，种子不外露。

生于海拔 1400~1600m 的山地干河谷和山麓。见于麻黄沟、汝箕沟。少见。

药用部位：地上部分。

药用功效：发汗解表，宣肺平喘，利水消肿。

中麻黄是回药、蒙药，亦是二级国家重点保护野生植物。

22. 膜果麻黄 *Ephedra przewalskii* Stapf

灌木。木质茎，茎的上部具多数绿色分枝，老枝黄绿色，纵槽纹不甚明显；小枝绿色。叶通常3裂并有少数2裂混生，下部1/2~2/3合生，裂片三角形或长三角形，先端急尖或具渐尖的尖头。球花通常无梗，常多数密集成团状的复穗花序，对生或轮生于节上；雄球花淡褐色或褐黄色，近圆球形；苞片3~4轮，每轮3片，稀2片对生，膜质，黄色或淡黄绿色，雄蕊7~8枚；雌球花淡绿褐色或淡红褐色，苞片4~5轮，每轮3片。种子通常3粒，稀2粒，包于干燥膜质苞片内，暗褐红色，长卵圆形，顶端细窄成尖突状，表面常有细密纵皱纹。

仅见于贺兰山四合木保护区。此为新记录种。少见。

膜果麻黄有固沙作用，其茎枝可作燃料。

被子植物门

Angiospermae

杨柳科 Salicaceae

杨属   *Populus* L.

23. 山杨 白杨、小叶杨
Populus davidiana Dode

乔木。老干基部暗灰色，具沟裂；幼枝圆柱形，黄褐色，芽卵圆形，光滑。叶卵圆形，宽与长几相等，先端短锐尖，缘具波状浅钝齿或内弯的锯齿，表面绿色，背面淡绿色。雄花序长 5~9cm，花序轴疏被柔毛，苞片深裂，褐色，被长柔毛；雌花序长 3~8cm；子房圆锥形，花柱 2 个，每个再2 裂，红色。蒴果卵状圆锥形，绿色，无毛，2 瓣裂。花期 4~5 月，果期 5~6 月。

生于海拔 1500~2600m 的山地沟谷、阴坡、半阴坡，单独成林或与油松、云杉成混交林。东、西坡山体中部各沟均有分布。常见。

药用部位：根皮、枝及叶。

药用功效：清热止咳，驱虫，止带浊。

山杨是蒙药，其树皮含鞣质，可提取栲胶。山杨是防风固沙、涵养水源、保护生态环境的主要树种。

24. 青杨 *Populus cathayana* Rehd.

乔木。幼树树皮灰绿色，光滑，老时暗灰色，纵浅沟裂；芽椭圆状卵形，紫褐色，具黏质。果枝上的叶卵形，先端渐尖，基部圆形，缘具带腺点的圆钝细锯齿，上面亮绿色，背面绿白色；萌枝上的叶卵状长圆形。雄蕊苞片暗褐色，无毛，先端撕裂状条裂，花盘全缘；子房卵圆形，柱头 2~4 裂。蒴果卵圆形，3~4 瓣裂。花期 3~5 月，果期 5~7 月。

生于海拔 1900~2400m 的山地沟谷杂林中。见于东坡大水沟桦树泉、汝箕沟；西坡哈拉乌北沟。少见。

青杨是黄土高原地区防洪护岸和绿化造林树种。

柳属   *Salix L.*

25. 山生柳 *Salix oritrepha* C. K. Schneider

灌木。老枝灰黑色，小枝紫褐色，光滑。芽距圆状卵形，叶卵形，全缘，上面绿色，下面苍白色，被白粉；叶柄紫色。雄花苞片椭圆形，深棕色，微被短毛，雄蕊 2 枚，花丝中下部具长柔毛，具 1 腹腺和 1 背腺；雌花苞片椭圆形，被长绒毛，子房卵形，密被绒毛，花柱明显，柱头 2 裂，具

2 腺，腹腺 2~4 裂。蒴果密被灰白色短绒毛，具短柄，花期 6 月，果期 8~9 月。

　　生于海拔 2800~3300m 的亚高山地带，单独与鬼箭锦鸡儿形成高寒灌丛。东、西坡山脊平缓处均有分布。常见。

26. 中国黄花柳 *Salix sinica* (Hao) C.Wang et C. F. Fang

　　灌木或小乔木。小枝红褐色。叶形多变化，上面暗绿色，下面发白色，多全缘；叶柄有毛。花先叶开放；雄花序无梗，自上往下开花；雄蕊 2 枚，离生，花药长圆形，黄色；苞片深褐色，两面被白色长毛；仅 1 腺，腹生；雌花序短圆柱形，无梗，基部有 2 具绒毛的鳞片；子房狭圆锥形，花柱短，柱头 2 裂，苞片椭圆状披针形，深褐色，两面密被白色长毛；仅 1 腹腺。蒴果线状圆锥形，果柄与苞片几等长。花期 4 月下旬，果期 5 月下旬。

　　生于海拔 2000~2600m 的沟谷及林缘。见于东坡苏峪口沟、插旗沟、黄旗沟；西坡哈拉乌北沟。多见。

27.　**皂柳** *Salix wallichiana* Anders.

　　小乔木。小枝黑褐色，芽小，卵形。叶长椭圆形，上面深绿色，下面灰绿色，被伏贴的长柔毛；叶柄被短毛。雄花序苞片卵状长圆形，密被长柔毛，雄蕊 2 枚，花丝基部具疏柔毛，腹腺 1 个；雌花序苞片卵圆形，黑褐色，密被长柔毛；子房卵状长圆锥形，被绒毛，具短梗，柱头 2 个，具 1 个腹腺。蒴果被绒毛，2 瓣开裂。花期 4~5 月，果期 6~7 月。

生于海拔 2000~2200m 的山地沟谷、林缘及林下。见于东坡苏峪口沟、黄旗沟、插旗沟；西坡哈拉乌北沟、南寺沟、强岗岭。常见。

药用部位：根。

药用功效：驱风解热，除湿。

28. 乌柳 *Salix cheilophila* Schneid.

灌木或小乔木。枝灰褐色，芽椭圆形，褐色，被短柔毛。叶线状倒披针形，边缘反卷，具腺锯齿，表面绿色，被柔毛，背面灰白色，密被伏贴的长柔毛；叶柄被柔毛。雄花苞片倒卵状长圆形，雄蕊 2 枚，花丝无毛，腹腺 1 个，先端 2 裂；雌花苞片倒卵状长圆形，被毛；子房卵状长圆形，密被短毛，花柱短，柱头 2 个，腹腺 1 个，2 裂。蒴果黄色，疏被柔毛，2 瓣开裂。花期 4~5 月，果期 6~7 月。

生于海拔 2000~2300m 的山地沟谷、溪边。见于东坡插旗沟；西坡哈拉乌沟。少见。

药用部位：侧根及须根。

药用功效：清热泻火，顺气。

乌柳的枝条细长柔软可编筐，亦是耐旱、耐寒、耐风蚀沙埋、防风固沙的优良树种。

桦木科 Betulaceae

桦木属	*Betula* L.

29. 白桦 ^{桦树、桦木}
Betula platyphylla Suk.

落叶乔木。树皮白色，成厚革质层状剥落。小枝红褐色。冬芽圆锥形，叶三角状卵形，边缘具不规则的重锯齿，表面深绿色。果序圆柱形，单生叶腋，下垂；果苞中裂片短，先端尖，侧裂片横出，钝圆，稍下垂。小坚果倒卵状长圆形，果翅较小坚果为宽。花期 5~6 月，果期 8 月。

生于海拔 1800~2300m 的山地阴坡或沟谷中。见于东坡苏峪口、小口子、大口子、黄旗沟；西坡峡子沟、赵池沟。多见。

药用部位：树皮。

药用功效：清热利湿，祛痰止咳，解毒消肿。

白桦是回药，其叶可作黄色染料；树皮可提取纯焦油，用以治疗外伤及各种斑疹，配合药膏可治皮肤病。白桦也可作家具和建筑用材，还是美观的庭院观赏树种。

| 虎榛子属 | *Ostryopsis* Decne. |

30. 虎榛子 *Ostryopsis davidiana* Decne.

灌木。幼枝灰绿褐色，密生绒毛，老枝灰褐色，无毛。叶卵形，边缘具不规则的重锯齿，表面绿色，背面淡绿色，脉上及脉腋密生黄棕色的绒毛；叶柄长约 5mm，密生绒毛。雄花序生于前一年生枝条上，雌花序生于当年生枝顶端；总苞管状，外面密被黄褐色绒毛，成熟时沿一边开裂，先端常 3 裂。小坚果卵形，略扁，深褐色。花期 5 月，果期 7~8 月。

生于海拔 1800~2500m 的山地阴坡、半阴坡，可成灌丛群落。见于东坡苏峪口、大口子、黄旗沟、小口子、甘沟、大水沟；西坡峡子沟、赵池沟等。常见。

虎榛子的树皮及叶含鞣质，可提取栲胶；种子含油，供食用和制肥皂。

榆科 Ulmaceae

榆属	*Ulmus* L.

31. ## 旱榆 ^{灰榆}
Ulmus glaucescens Franch.

　　小乔木。小枝淡灰褐色，被毛，老枝灰白色，无毛。叶卵形，基部偏斜，边缘具单锯齿；叶柄被短毛。翅果较大，倒卵形，先端微凹，基部圆形或稍下延，无毛，种子位于翅果中央；果柄被短毛。花期 5 月，果期 6 月。

　　生于海拔 1300~2800m 的干燥石质阳坡或沟谷，在干河床两侧形成疏林，为贺兰山夏绿阔叶树种中分布最广的一种。东、西坡各山体均有分布。常见。

朴属　　　*Celtis* L.

32. 黑弹树 *Celtis bungeana* Bl.

乔木。树皮淡灰色，小枝褐色，叶卵形，边缘中部以上具钝锯齿，两面无毛或幼时背面疏生柔毛；叶柄无毛；托叶线形，早落。核果近球形，成熟时紫黑色；果梗细，果核白色，球形，平滑。花期 5 月，果期 6~9 月。

生于海拔 1300~1700m 的阳坡。仅见于东坡黄旗沟、插旗沟、贺兰沟、苏峪口沟。少见。

药用部位：树干。

药用功效：润肺，祛痰，平喘。

黑弹树的树枝及树皮可作造纸及人造棉的原料。

桑科 Moraceae

| 桑属 | *Morus* L. |

33. 蒙桑 *Morus mongolica* Schneid.

小乔木。树皮灰褐色，纵裂。小枝暗红色，老枝灰黑色；冬芽卵圆形，灰褐色。叶长椭圆状卵形，边缘具三角形单锯齿，齿尖有长刺芒。雄花花被暗黄色，外面及边缘被长柔毛，花药 2 室；雌花序短圆柱状，雌花柱头 2 裂。聚花果成熟时红色至紫黑色。花期 3~4 月，果期 4~5 月。

生于海拔 1400~1500m 的阳坡崖壁上。仅见于东坡黄旗沟、插旗沟。稀见。

药用部位：根皮。

药用功效：消炎利尿。

蒙桑是蒙药，其果实可酿酒；韧皮纤维是高级造纸原料。

葎草属 **Humulus L.**

34. 葎草 *Humulus scandens* (Lour.) Merr.

一年生草本。茎蔓生，茎及叶柄均具倒生刺。叶对生，叶片掌状 5~7 深裂，边缘具粗锯齿，叶片基部心形，背面沿脉及边缘具刚毛，有黄色腺点。雄花序圆锥状，花小，苞片卵状披针形，先端尖；花被片披针形，黄绿色；雄蕊与花被片近等长；雌花和苞片集成近圆形的穗状花序，叶腋生；苞片卵状披针形；花被片灰白色。瘦果扁球形，褐红色。花期 7~8 月，果期 9~10 月。

生于山麓沟边和路旁较湿润处。见于东坡中部山麓。少见。

药用部位：全草。

药用功效：清热解毒。

葎草的茎皮纤维强韧，可代麻用；种子可榨油，供工业用。葎草的饲用价值高，可作一年生牧草，其叶形优美，可用于绿化。

大麻属 *Cannabis* L.

35. 大麻 *Cannabis sativa* L.

一年生草本。茎直立,灰绿色,有纵棱,密生柔毛。叶互生或下部的对生,掌状复叶,有3~9个小叶片构成;小叶无柄,披针形,边缘具粗锯齿,表面深绿色,被糙毛,背面淡绿色,密被灰白色绒毛;叶柄被短绒毛。雄花黄绿色;雌花绿色。瘦果扁卵形,外包宿存的黄褐色苞片。花期8~9月,果期9~10月。

生于海拔1100~1300m的山口沟谷、河滩上。见于东坡马莲口、小口子、黄旗沟、苏峪口沟。少见。

药用部位: 全草。

药用功效: 根止崩漏;叶杀虫;种子滋养润燥,镇咳,镇痛,利尿;花通经。

大麻种子含油30.3%,可榨油供食用或工业用。

荨麻科 Urticaceae

荨麻属　　　　　*Urtica* L.

36. 麻叶荨麻 焮麻、蝎子草
Urtica cannabina L.

多年生草本。具匍匐根茎。茎直立，具纵棱，被螫毛，节上螫毛尤多。单叶对生，掌状 3 全裂，裂片羽状深裂，表面深绿色，背面浅绿色，叶脉显著隆起，脉上有螫毛；托叶卵状披针形，其主脉明显；叶柄被螫毛。花单性，花序聚伞状，被螫毛；雄花花被片 4 枚，雄蕊与花被片同数且对生；雌花花被片 4 枚。瘦果宽椭圆状卵形，稍扁。花期 6 月，果期 9 月。

生于海拔 1400~2300m 的山口、沟谷、居民点附近。东、西坡均有分布。常见。

药用部位：全草。

药用功效：祛风湿，凉血，定痉。茎皮可治虫、蛇咬伤之毒。

麻叶荨麻是回药、蒙药，其茎皮纤维可制绳索；叶是天然的植物蛋白原料，民间常食其嫩叶，也有较高的饲用价值。

37. 贺兰山荨麻 *Urtica helanshanica* W. Z. Di et W. B. Liao

多年生草本。全株被白色粗伏毛，节上常有螫毛。茎直立，具纵棱。叶卵形，边缘具 8~12 对大形粗锯齿，上面密布点状钟乳体，下面沿脉被白色粗伏毛及疏螫毛；雌雄同株，雄花序圆锥形，成对生茎下部叶腋，雌花序密穗状，成对生于茎上部叶腋；雄花花被片 4 枚；雌花花被片 4 深裂。瘦果椭圆形，稍扁平，黄棕色，表面具腺点和颗粒状分泌物。花期 6~7 月，果期 7~8 月。

生于海拔 1800~2000m 的阴坡沟谷中，中生植物。是贺兰山的特有种。见于东坡苏峪口樱桃沟；西坡哈拉乌北沟的叉沟、北寺沟。较少见。

药用部位：全草。

药用功效：祛风湿，凉血，定痉。茎皮可治虫、蛇咬伤之毒。

贺兰山荨麻是蒙药，其茎皮纤维可制绳索。

墙草属   *Parietaria* L.

---

38. 墙草 *Parietaria micrantha* Ledeb.

一年生草本。全株无螫毛。茎细，柔弱，多分枝。叶互生，卵形，全缘，两面疏被柔毛，上面密被细点状钟乳体；叶柄被柔毛。花杂性，在叶腋成聚伞花序，两性花生于花序下部，其余为雌花；

两性花花被 4 深裂；雄蕊 4 枚，与花被裂片对生；雌花花被筒状钟形，先端 4 浅裂，花后成膜质，宿存；子房椭圆形。瘦果稍扁平，有光泽，成熟后成黑色，略长于宿存花被。花期 7~8 月，果期 8~9 月。

生于海拔 1400~1600m 的沟谷阴坡泉溪边岩石缝中。仅见于东坡插旗沟、大水沟。少见。

药用部位：全草。

药用功效：拔脓消肿。

檀香科 *Santalaceae*

百蕊草属　*Thesium* L.

39. 急折百蕊草 九龙草、九仙草
Thesium refractum C. A. Mey.

多年生草本。高 20~40cm。根茎直，颇粗壮；茎有明显的纵沟。叶线形，顶端常钝，基部收狭不下延，无柄，两面粗糙，通常单脉。总状花序腋生或顶生；花白色，总花梗呈之字形曲折；苞片 1 枚，叶状，开展；小苞片 2 枚；花被筒状或阔漏斗状，上部 5 裂，裂片线状披针形；雄蕊 5 枚；子房柄很短，花柱圆柱状，不外伸。坚果椭圆状或卵形。花期 7 月，果期 9 月。

见于东坡插旗口沟。檀香科为贺兰山新记录科。稀见。

蓼科 Polygonaceae

| 大黄属 | *Rheum* L. |

40. **总序大黄** 蒙古大黄
Rheum racemiferum Maxim.

多年生草本。根肥厚，圆锥形，黑褐色。茎直立，中空。基生叶大，革质，宽卵形，边缘具波皱；托叶鞘宽卵形。圆锥花序顶生，苞片小，披针形，膜质，褐色；花小，白绿色；花被片6枚，排列为2轮，外轮3片较小。雄蕊9枚；子房三棱形，花柱3个，柱头膨大成马蹄形。小坚果宽卵形，具3棱，沿棱具翅，翅暗红色，顶端凹陷，基部心形，花被宿存。花期6月，果期7月。

生于海拔1600~2600m的石质山坡。东、西坡中段山地极为常见。常见。

药用部位：根及根状茎。

药用功效：清腑热，消肿，愈伤。

总序大黄是蒙药。

41. **矮大黄** *Rheum nanum* Siev. ex Pall.

多年生草本。根肥厚，圆锥形。茎由根茎顶部抽出，无茎生叶。基生叶具短柄，近圆形，先端圆钝，基部浅心形，叶缘具白色星状瘤，脉掌状。圆锥花序顶生，通常为 2 次分枝；苞片小，卵形，褐色，肉质状；花小，黄色，花被片 6 枚，排列成 2 轮，外轮 3 片较小；雄蕊 9 枚；子房三棱形；花柱 3 个，柱头头状。小坚果肾圆形，具 3 棱，沿棱具宽翅，顶部略凹，基部浅心形，花被宿存。花、果期 6~7 月。

生于北部荒漠化较强的石质丘陵坡地。见于西坡赛乌素；东坡龟头沟、汝箕沟。少见。

药用部位：根。

药用功效：清热缓泻，健胃安中。

（矮大黄图片由刘冰提供）

42. 单脉大黄 *Rheum uninerve* Maxim.

矮小草本。根肉质，肥厚，圆锥形。叶基生，叶片近革质，卵形，边缘具较弱的皱波及不整齐的波状齿，叶脉为掌状的羽状脉。圆锥花序自根状茎顶部抽出；苞片小，三角状卵形；花小，白色，花被片6枚，排成2轮，外轮3片较小；雄蕊9枚；子房三棱形，花柱3个，向下弯曲，柱头头状。小坚果宽椭圆形，沿棱具宽翅，顶端略凹陷沟。基部心形，花被宿存。花期6~7(8)月，果期8~9月。

生于石质山坡的岩缝中。见于龟头沟和汝箕沟。少见。

酸模属   *Rumex* L.

43. 皱叶酸模 羊蹄叶、土大黄
Rumex crispus L.

多年生草本。根肥厚，断面黄色。茎直立，单生，具纵沟纹，带红色。叶片长圆状披针形，两面无毛；托叶鞘膜质，常破裂脱落。花两性，多数花簇轮生；花序狭圆锥状；外轮花被片椭圆形，内轮花被片果时增大，宽卵形，具瘤状物，小瘤卵形，橘黄色；雄蕊6枚；柱头3个，画笔状。小坚果卵状三棱形，包藏于内花被片内。花期6月，果期7月。

生于海拔1200~2000m的山口、沟谷、河边湿地。见于东坡黄旗沟、苏峪口沟、插旗沟、大水沟；西坡哈拉乌北沟、北寺沟。多见。

药用部位：根、叶。

药用功效：解毒，清热，通便，杀虫，止血，镇静。

皱叶酸模是蒙药，其根含鞣质，可提制栲胶。

44. **巴天酸模** *Rumex patientia* L.

多年生草本。根粗壮，肥厚。茎直立，单一，具纵沟纹。基生叶和下部茎生叶长椭圆形，边缘具波状皱折；茎上部叶小而狭；托叶鞘膜质，管状。圆锥花序大形；花两性，花被片6枚，排列为

2 轮，内轮花被片果时增大，呈宽卵形，边缘具皱折或不明显的钝圆缺刻，仅有 1 片具小瘤，小瘤狭长卵形。小坚果卵状三棱形，角棱锐，褐色。花期 5 月，果期 6~7 月。

　　生于海拔 2200m 左右的山地林缘、沟谷湿地。见于东坡苏峪口沟。少见。

　　药用部位：根、叶。

　　药用功效：活血散瘀，止血，清热解毒，润肠通便。

　　巴天酸模是蒙药，其根含鞣质，可提制栲胶；种子可榨油，供工业用。

何首乌属	*Fallopia* Adans.

45. 蔓首乌 *Fallopia convolvulus* (L.) A. Love

　　一年生草本。茎缠绕。叶三角状卵形，叶柄细，具纵条棱，棱上具极细的钩刺；托叶鞘膜质，先端截形。花簇生叶腋，向上成具叶的短总状花序，含 2~4 朵花；花被淡绿色，边缘白色，果时稍增大，内面裂片 2 枚，卵圆形，外面裂片 3 枚，舟状，较内面裂片稍长，背部具极窄的翅；雄蕊 8 枚；花柱短，柱头 3 个，头状。小坚果卵形，具 3 棱，黑色，表面具小点，全部包藏于宿存花被内。花、果期 6~7 月。

生于海拔 1800~2300m 的沟谷、灌丛间。见于东坡黄旗沟、苏峪口沟、插旗沟；西坡哈拉乌沟、南寺沟、北寺沟。常见。

药用部位：全草。

药用功效：健脾消食。

蔓首乌是常见的田间杂草。

---

46. **木藤蓼** 鹿挂面
Fallopia aubertii (L. Henry) Holub

多年生草本或半灌木。茎缠绕。叶簇生或在花序下为互生；叶片长卵形；托叶鞘膜质，浅褐色，顶端截形，常破碎。圆锥花序大形，顶生；苞膜质，鞘状；花被白色，5 深裂，外面裂片 3 枚，背部具翅，内面裂片 2 枚；雄蕊 8 枚；花柱短，柱头 3 个，盾状。小坚果卵形，具 3 棱，黑褐色，包藏于宿存花被内；翅倒卵形，基部下延。花期 7 月，果期 8~9 月。

生于海拔 1500~2200m 的山地沟谷灌丛中。见于东坡三关口、大口子、小口子、黄旗沟、贺兰沟、苏峪口沟；西坡哈拉乌沟、赵池沟、北寺沟。常见。

药用部位：块根。

药用功效：清热解毒，调经止血，行气消积。

木藤蓼是蒙药，亦是花果兼赏的园林观赏藤木。

木蓼属 *Atraphaxis* L.

47. 圆叶木蓼 *Atraphaxis tortuosa* A. Los.

　　小灌木。皮灰褐色。叶革质，叶片近圆形、宽卵形或宽椭圆形，先端圆钝，具小尖头，基部近圆形，边缘具波状钝齿，沿脉及边缘有乳头状突起；具短柄，托叶鞘膜质，褐色。总状花序顶生，苞片膜质，褐色，基部卷折成漏斗状，每苞腋内具 3 朵花；花梗中部以上具关节，被乳头状突起；花小，粉红色或白色，花被 5 深裂，裂片倒卵形；雄蕊 3 枚，短于花被，花丝基部扩大；子房椭圆形，具 3 条棱，花柱 3 个，下部合生，柱头头状。小坚果三棱形，褐色。花期 6~7 月。

　　生于洪积扇或低山丘陵的砾石滩地。见于三关口和东坡小口子。少见。

蓼属 | *Persicaria* L.

48. ## 萹蓄 _{铁绣绣、立茎、鸭儿草}
Polygonum aviculare L.

一年生草本。茎丛生，绿色。叶具短柄，叶片长椭圆形，全缘；托叶鞘膜质，多裂。花常生叶腋，花被5裂，绿色，边缘白色或淡红色；雄蕊8枚；花柱3个，柱头头状。小坚果卵形，具3棱，黑色或褐色，表面具不明显的线纹状小点，稍露出于宿存的花被外。花期6~8月，果期7~9月。

生于海拔2500m以下的沟谷、溪边、路旁及居民点附近。东、西坡各沟都有分布。常见。

药用部位：全草。

药用功效：利尿，清湿热，消炎止泻，驱虫。

萹蓄是回药、蒙药。

49. 尼泊尔蓼 *Polygonum nepalense* Meisn.

　　一年生草本。茎直立或下部平卧。叶片卵形，表面无毛，背面密生黄色腺点，上部叶无柄并扩展成耳状；托叶鞘膜质，管形，先端截形，浅褐色。头状花序具叶状总苞；苞卵状椭圆形，边缘膜质，背部绿色，内含1朵花；花被紫红色4深裂；雄蕊5~6枚；花柱2个，柱头头状。小坚果扁卵形，两面凸，全包藏于宿存的花被内。花期7~8月，果期8~9月。

　　生于海拔2200~2800m的山地沟谷、水边湿地。见于东坡插旗沟；西坡哈拉乌北沟。少见。

50. 柔毛蓼 *Polygonum sparsipilosum* A. J. Li

一年生小草本。茎细弱，直立，紫红色，节上具倒生的白色柔毛。叶片三角状卵形，表面无毛，背面被稀疏长柔毛，叶缘具缘毛；托叶鞘膜质，淡褐色，上部2裂，近茎节处具倒生白色柔毛。花簇生枝端，具叶状总苞；花被白色，4深裂，裂片椭圆形；雄蕊7枚，2~5枚发育；花柱3枚，甚短，柱头头状。小坚果卵形，具3棱，黄褐色，先端露出于花被之外。花、果期7~9月。

生于海拔2400~2600m的沟谷、溪边或林下。见于西坡哈拉乌沟、照北沟、黄土梁。少见。

51. 西伯利亚蓼 剪刀股 *Polygonum sibiricum* Laxm.

多年生草本。根状茎细长。叶片矩圆状披针形，基部具一对小裂片而略呈戟形，并下延成叶柄，全缘，上面无毛，背面具腺点。圆锥花序顶生；苞漏斗状，顶端截形，内含5~6朵花；花被绿白色，

5深裂，裂片椭圆形，雄蕊7~8枚，与花被近等长；花柱3个，甚短，柱头头状。小坚果卵形，具3棱，黑色，有光泽，包藏于宿存花被内。花期6~7月，果期7~8月。

生于山口、溪边、水库、涝坝、盐渍化土壤上。东、西坡均有分布。常见。

药用部位：根茎。

药用功效：疏风清热，利水消肿。

西伯利亚蓼是蒙药，具有较好的抗盐碱化特性，常为田间杂草。

52. 酸模叶蓼 大马蓼
Polygonum lapathifolium L.

一年生草本。茎直立，带红色，具纵沟棱。叶片披针形，表面中部常有黑色斑点，主脉及叶缘具刺毛，背面具腺点；叶柄短，被刺毛；托叶鞘膜质，管状，先端截形，无毛。圆锥花序，花苞漏斗状；花被片淡绿色或粉红色，4深裂，被腺点；雄蕊6枚；花柱2个，向外弯曲。小坚果圆卵形，扁平，黑褐色，有光泽，苞藏于宿存花被内。花期6~8月，果期7~10月。

生于海拔1400~1800m的山麓沟渠、河边湿地。常见。

药用部位：全草。

药用功效：利湿解毒，散瘀消肿，止痒。

酸模叶蓼是蒙药，对重金属有很好的富集作用，可作为重金属污染土壤的修复植物。

53. 珠芽蓼 山谷子
Polygonum viviparum L.

多年生草本。根状茎粗短，肥厚，常具残存的老叶。茎直立紫红色。基生叶及茎下部叶具长柄，叶片革质，矩圆状长椭圆形；上部茎生叶渐小，无柄；托叶鞘膜质，先端斜形，无毛。穗状花序顶生，苞片膜质，宽卵形；珠芽圆卵形，褐色，常生于花穗下部；花被白色或粉红色，5 深裂；雄蕊 8 枚，露出于花被之外，花药暗紫色；花柱 3 个，柱头小，头状。小坚果卵形，具 3 棱，深褐色，有光泽。花期 6 月，果期 6~7 月。

生于海拔 2600m 以上的山地草甸、林缘、灌丛中。见于主峰和山脊两侧。常见。

药用部位：根状茎。

药用功效：清热解毒，散瘀止血。

珠芽蓼是回药、蒙药、藏药，可提制栲胶或酿酒，其茎叶嫩时还可作为饲料，供牲畜食用。珠芽蓼还可作为名贵中药材冬虫夏草的寄主幼虫的主要饲料。

54. 拳参 石生蓼
Polygonum bistorta L.

多年生草本。根状茎肥厚，皮黑褐色，断面白色，具多数须根及残存老叶。茎直立。基生叶及茎下部叶具长柄，叶片矩圆状披针形，边缘全缘；托叶鞘膜质，浅褐色，先端斜形；茎上部叶披针形，无柄，基部常抱茎。穗状花序圆柱状，顶生，苞片膜质，卵形，内含4朵花；花被白色或粉红色，5深裂，裂片椭圆形；雄蕊8枚；花柱3个。小坚果椭圆形，具3棱，褐色或黑褐色，常露出宿存花被外。花期6~7月，果期8~9月。

生于海拔2500m以上的山地林缘、灌丛及高山草甸。少见。

药用部位：根状茎。

药用功效：清热解毒，凉血止血，镇惊收敛。

拳参是蒙药，其根状茎含鞣质及淀粉，可提制栲胶和酿酒。

| 荞麦属 | ***Fagopyrum* Mill.** |

55. **苦荞麦** 野荞麦
Fagopyrum tataricum (L.) Gaertn.

一年生草本。茎直立，具细沟纹，绿色或微带紫色，小枝具乳头状突起。下部茎生叶具长柄，叶片宽三角形，全缘或微波状，两面沿叶脉具乳头状毛；上部茎生叶稍小，具短柄；托叶鞘三角形，膜质。总状花序腋生和顶生，细长，花簇疏松；花被白色或淡粉红色，裂片椭圆形，被稀疏柔毛，宿存。小坚果圆锥状卵形，灰棕色，具3条棱，上端角棱锐利，下端平钝或波状。花、果期6~9月。

生于海拔1200~1600m的沟谷。仅见于东坡黄旗沟。稀见。

药用部位：根。

药用功效：理气止痛，健脾利湿。

苦荞麦是蒙药，亦是药食两用的粮食作物。苦荞麦的种子供食用或作饲料，其营养丰富，具有很高的抗氧化作用。

藜科 Chenopodiaceae

假木贼属 *Anabasis* L.

56. 短叶假木贼 *Anabasis brevifolia* C. A. Mey.

半灌木。主根粗壮,黑褐色。茎灰褐色;
当年生枝淡绿色。叶线形,半圆柱状,先端具
短刺尖,基部合生成鞘状。花两性,1~3朵生
叶腋;小苞片2枚,卵形,内凹,先端稍肥厚,
边缘膜质;花被片5枚,卵形,果时背面具横
生翅,翅膜质,淡黄色或橘黄色。胞果卵形至
宽卵形,黄褐色。花期7~8月,果期9月。

生于北部山前石质山丘。见于东坡石炭井;
西坡巴彦浩特营盘山。稀见。

短叶假木贼是良等牧草。

57. 驼绒藜 *Ceratoides latens* (J. F. Gmel.) Reveal et Holmgren

灌木。老枝灰黄色，幼枝锈黄色，密生星状毛。叶宽线形，全缘，边缘反卷，主脉 1 条，显著，上面绿色，下面黄绿色，两面密被星状毛。雄花序短而紧密，雌花管椭圆形，花管裂片角状，长达花管的 1/3，外被 4 束长毛。胞果直立，被毛，花柱短，柱头 2 个。花期 5 月，果期 6~7 月。

生于海拔 1700~2000m 的山地阳坡与半阳坡。见于东坡苏峪口沟、小口子、甘沟；西坡峡子沟。多见。

驼绒藜是蒙药，其营养价值高，是品质优良的饲用植物。

轴藜属   *Axyris* L.

58. 杂配轴藜 *Axyris hybrida* L.

一年生草本。茎直立，被星状毛，后渐脱落。叶具短柄，叶片狭卵形，全缘，两面密被星状毛。雄花序穗状，花被片3枚，膜质，矩圆形，背面密被星状毛，后渐脱落，雄蕊3枚，伸出花被外；雌花无梗，通常成聚伞花序生叶腋，苞片披针形，背面密被星状毛；花被片3枚，背面密被星状毛。胞果椭圆状倒卵形，顶端具2个三角状的附属物。花、果期7~8月。

生于海拔1500~2300m的山地沟谷、灌丛、林缘。见于东坡贺兰沟、苏峪口沟、插旗沟、大水沟等；西坡北寺沟、哈拉乌沟、峡子沟、赵池沟等。多见。

沙蓬属	*Agriophyllum* Bieb

59. 沙蓬 ^{沙米}
Agriophyllum squarrosum (L.) Moq.

一年生草本。茎坚硬，淡绿色，全株密被分枝毛。叶无柄，披针形，背面密被分枝毛，后脱落。花序穗状，花两性，腋生；苞片卵形；花被片膜质；雄蕊 3 枚；子房扁圆形，被毛，柱头 2 个。胞果圆形，除基部外周围有翅，顶部具短喙，果喙深裂为 2 个扁平线状小喙，微向外弯，小喙先端外侧各具 1 枚小齿突。种子近圆形，光滑，扁平。花、果期 8~10 月。

生于山前干河床沙地。见于东坡石炭井横沟；西坡赛乌素。多见。

药用部位：种子。

药用功效：发表解热。

沙蓬是蒙药，其种子富含淀粉，可炒食，亦可制糖。沙蓬还可作为固沙先锋植物。

虫实属 *Corispermum* L.

60. 毛果绳虫实 *Corispermum tylocarpum* Hance

一年生草本。茎直立或斜升，圆柱状。叶条形，先端渐尖具小尖头，基部渐狭，1 脉。穗状花序顶生和侧生，细长，稀疏，圆柱形；苞片较狭，由条状披针形过渡成狭卵形，先端渐尖，基部圆楔形，1 脉，具白膜质边缘，除上部苞片较果稍宽外均较果窄。花被片 1 枚，稀 3 枚，近轴花被片宽椭圆形，先端全缘或齿啮状；雄蕊 3~5 枚，花丝为花被片长的 2 倍。果实密被瘤状或星状毛，倒卵状矩圆形，顶端急尖，稀近圆形，基部圆楔形，背面凸出其中央稍扁平，腹面扁平或稍凹入；果核狭倒卵形，平滑或具瘤状突起；果翅窄或几近于无翅，全缘或具不规则的细齿。花、果期 5~9 月。

生于东坡洪积扇沙质土壤。多见。

61. 蒙古虫实 *Corispermum mongolicum* Iljin

植株茎直立，圆柱形，被星状毛，基部多分枝。叶线形，先端急尖具小尖头，基部渐狭，疏被星状毛，1 脉。穗状花序，苞片线状披针形，具宽的膜质边缘，被星状毛，1 脉；花被片 1 枚，矩圆形，顶端具不规则的细齿；雄蕊 1~5 枚。果实宽椭圆形，背面隆起，具瘤状突起，腹面凹入，无毛；果喙短，喙尖为喙长的 1/2；翅极窄，几近无翅，全缘。花、果期 7~9 月。

生于山麓草原化荒漠群落中，为伴生种。仅见于西坡山前地带。常见。

合头草属（合头藜属） *Sympegma* Bunge

62. 合头草 合头藜、黑柴 *Sympegma regelii* Bunge

矮小灌木。茎直立，老枝多分枝，灰褐色，常条状剥裂，当年生枝灰绿色。叶互生，圆柱形，肉质。花两性，花簇下具 1 对苞状叶，基部合生；花被片 5 枚，草质，具膜质边缘，果时变硬且自背面近顶端横生翅，大小不等，黄褐色，具纵脉纹；雄蕊 5 枚；柱头 2 个。胞果侧扁圆球形，果皮淡黄色。花、果期 6~8 月。

生于北部荒漠化较强的石质低山丘陵。见于东坡石炭井及以北；西坡最北端。少见。

猪毛菜属 | *Salsola* L.

63. 珍珠猪毛菜 *Salsola passerina* Bunge

半灌木。植株密生丁字毛。根粗壮，木质。老枝灰黄色，木质，嫩枝草质，黄绿色。叶片锥形，先端渐尖，基部扩展，背面隆起，密被丁字毛。花序穗状，顶生；苞片卵形，肉质，被丁字毛，小苞片宽卵形，长于花被；花被片5枚，长卵形，果时背面中部横生翅，翅黄褐色；雄蕊5枚；柱头锥形。胞果扁球形。种子横生。花、果期6~10月。

生于山前土质山麓。主要分布在西坡山麓地带及山地北部，东坡零星分布。常见。

64. 松叶猪毛菜 *Salsola laricifolia* Turcz.

小灌木。多分枝。老枝黑褐色，有浅裂纹，嫩枝乳白色，有光泽。叶互生，老枝上叶簇生于短枝顶端，线形，肥厚，黄绿色。穗状花序，花单生于苞腋，苞片叶状，线形，小苞片宽卵形；花被片 5 枚，长卵形，果时自背面中下部生横翅，翅黄褐色；雄蕊 5 枚，花药矩圆形，顶端具附属物；柱头钻形。花、果期 5~9 月。

生于海拔 1600~2400m 的石质低山丘陵。东、西坡均有分布。常见。

65. 猪毛菜 ^{刺蓬}

65. 猪毛菜 刺蓬
Salsola collina Pall.

一年生草本。小枝坚硬。叶互生，线状圆柱形。花两性，在各枝顶端成穗状花序；苞片较叶短，卵状长圆形，具刺尖，边缘干膜质，小苞片2枚，狭披针形，具刺尖；花被片5枚，锥形，直立，背面上部生有不等形短翅，翅以上的花被片膜质，集中在中央；雄蕊5枚，柱头2裂，线形。胞果宽倒卵形，顶端截形。花期7~9月，果期8~10月。

生于山地沟谷的沙质土壤。东、西坡均有分布。常见。

药用部位：全草。

药用功效：降血压。

猪毛菜是回药、蒙药。

66. 刺沙蓬 *Salsola ruthenica* Iljin

　　一年生草本。茎直立，多自基部分枝，被短糙硬毛。叶互生，圆柱形，肉质，先端具白色硬刺尖。花序穗状，顶生；苞片长卵形，先端具刺尖，基部边缘膜质，小苞片卵形，先端具刺尖；花被片 5 枚，长卵形，膜质，果时背面中部生翅；雄蕊 5 枚，花药矩圆形，顶端无附属物；柱头 2 裂，丝状，长为花柱的 3~4 倍。胞果倒卵形，果皮膜质。种子横生，胚螺旋形。花期 7~9 月，果期 9~10 月。

　　生于山地沟谷的沙质土壤。东、西坡均有分布。常见。

　　药用部位：全草。

　　药用功效：平肝降压。

地肤属	*Kochia* Roth

67. 木地肤 *Kochia prostrata* (L.) Schrad.

半灌木。根粗壮，木质。茎短，呈丛生状，枝被白色柔毛。叶于短枝上簇生，狭线形。花两性和雌性，花无梗，不具苞；花被片 5 枚，密生柔毛，果时革质且在背面横生翅，翅干膜质，菱形，边缘具不规则的钝齿，具多数暗褐色扇状脉纹；雄蕊 5 枚，花丝线形；花柱短，柱头 2 个，具羽毛状突起。胞果扁球形，果皮近膜质，紫褐色。种子近圆形，黑褐色。花、果期 6~9 月。

生于海拔 1600~1900m 的山坡荒漠草原中。见于东坡苏峪口；西坡哈拉乌沟山前。少见。

木地肤生态幅度宽、抗旱耐寒、优质高产、营养丰富、适口性好，是荒漠和半荒漠地区不可多得的优良饲用植物。

68. **地肤** 扫帚菜
Kochia scoparia (L.) Schard.

　　一年生草本。茎直立，淡绿色或带红色。叶互生，披针形，先端渐尖，基部渐狭成柄，具3条脉，边缘具白色长缘毛。花单生或2朵生叶腋，于枝上排列成稀疏的穗状花序；花被片5枚，基部合生，黄绿色，背面近先端处有绿色隆脊及横生龙骨状突起，果时龙骨状突起发育成横生短翅。胞果扁球形，果皮膜质。种子卵形，黑褐色。花期6~9月，果期8~10月。

生于山麓冲沟、低地和居民点附近。东、西坡具有分布，东坡较多。常见。

药用部位：果实及全草。

药用功效：清湿热，利尿，祛风止痒。

地肤是回药、蒙药，其种子含油15%，可榨油供食用或工业用；嫩苗可食。

变种 **碱地肤** *Kochia scoparia* (L.) Schrad. var. *sieversiana* (Pall.) lilbr. ex Aschers et Graebn.

本变种与正种的区别在于花基部具密的束生锈色柔毛或白色柔毛。

生于山麓盐碱化冲沟、居民点附近。东、西坡均有分布，西坡较多。常见。

---

69. **黑翅地肤** *Kochia melanoptera* Bunge

一年生草本。茎直立，多分枝，具棱及色条，被柔毛。叶半圆柱形，几无柄。花两性，集生于枝条上部叶腋；花被片5枚，基部合生，被短柔毛；果时3枚花被片背部横生翅，翅具黑色脉纹，另 2 枚花被片背部形成角状突起；雄蕊 5 枚，花药矩圆形，花丝外伸；柱头 2 个。胞果扁球形，包于宿存的花被内。花、果期 7~10 月。

生于洪积扇草原化荒漠群落中。见于东坡大口子；西坡山前地带。少见。

| **碱蓬属** | ***Suaeda* Forsk. ex Scop.** |

70. 碱蓬 *Suaeda glauca* (Bunge) Bunge

一年生草本。茎直立，圆柱形。叶狭线状半圆柱形，灰绿色。花两性兼有雌性，两性花花被杯状，黄绿色；雌花花被近球形，花被裂片卵状三角形，先端钝，果时增厚，花被略呈五角星状，干后变黑色；雄蕊 5 枚，花药宽卵形，伸出花被外；柱头 2 个。胞果包藏于花被内；种子黑色，近圆形，表面具明显点纹。花、果期 9~10 月。

生于山麓湿润的盐碱洼地上。东、西坡均有分布。常见。

药用部位：全草。

药用功效：清热，消积。

碱蓬种子含油约 25%，可榨油供工业用。碱蓬在修复镉（Cd）污染的盐碱土壤方面有较好的应用前景。

71. 盐地碱蓬 *Suaeda salsa* (L.) Pall.

一年生草本。茎直立，圆柱状，黄褐色。叶条形，半圆柱状，无柄。团伞花序通常含3~5花，腋生，在分枝上排列成有间断的穗状花序；花两性；花被半球形；裂片卵形，果时背面稍增厚；柱头2个，通常带黑褐色，花柱不明显。胞果包于花被内。种子横生，双凸镜形或歪卵形。花、果期7~10月。

生于山麓盐碱湿地。见于东坡插旗口。少见。

沙冰藜属	*Bassia* All.

72. 雾冰藜 *Bassia dasyphylla* (Fisch. et Mey.) O. Kuntze

一年生草本。全株密被长软毛。叶互生，肉质，线状半圆柱形，密被长柔毛。花单生或2朵簇生叶腋，通常仅1朵发育；花被球状壶形，密被长柔毛，5浅裂，果时花被片背部生5个锥状刺，形成一平展的五角形状；雄蕊5枚，花丝线形，伸出花被外；子房卵形；花柱短，柱头2个。果

实卵形。种子横生，近圆形，光滑。花、果期
7~9 月。

　　生于山麓荒漠草原和草原化荒漠群落。东、
西坡均有分布。常见。

　　雾冰藜是粗等牧草。

盐生草属   *Halogeton* **C. A. Mey.**

73. 白茎盐生草 *Halogeton arachnoideus* Moq.

一年生草本。枝灰白色，幼时被蛛丝状毛，后脱落。叶肉质，圆柱形，叶腋簇生柔毛。花杂性，小苞片 2 枚，宽卵形，肉质；花被片 5 枚，宽披针形，果时背面近顶部横生膜质翅，半圆形，大小近相等；雄花无花被，雄蕊 5 枚，花丝线形，花药矩圆形；子房卵形；花柱短，柱头 2 个。胞果近圆形，背腹扁。种子圆形；胚螺旋形。花、果期 7~8 月。

生于山麓、干河床和浅山低山丘陵。见于东坡三关口、甘沟、石炭井；西坡巴彦浩特、峡子沟。常见。

白茎盐生草的植株烧灰可以取碱。

盐爪爪属 *Kalidium* Moq.

74. 细枝盐爪爪 *Kalidium gracile* Fenzl

小灌木。老枝灰黄色，无毛，幼枝灰黄绿色。叶互生，肉质，先端钝，紧贴于枝上。穗状花序顶生，每一鳞片状苞内着生1朵花；花被合生，顶端具4个膜质小齿，上部扁平成盾状；雄蕊2枚，伸出花被外；子房卵形；柱头2个，钻形。胞果卵形，果皮膜质，密被乳头状突起。种子卵圆形，两侧压扁，淡红褐色。花、果期7~8月。

生于山谷、山麓盐碱洼地。见于东坡石炭井；西坡巴彦浩特、古拉本等。多见。

75. **盐爪爪** 灰碱柴
Kalidium foliatum (Pall.) Moq.

　　小灌木。茎多分枝，枝互生，浅棕褐色。叶圆柱形，基部下延，半抱茎。穗状花序顶生；每一鳞片状苞片内着生3朵花；花被合生，上部扁平成盾状；雄蕊2枚；子房卵形，柱头2个，钻形。胞果圆形，红褐色。种子直立，圆形，密生乳头状小突起。花、果期7~8月。

　　生于山麓盐碱洼地。仅见于西坡巴彦浩特。少见。

　　盐爪爪是蒙药，亦是多年生含盐饲草。盐爪爪常作为生物防治土壤盐渍化的建群种，具有很强的耐盐能力。

76. 尖叶盐爪爪 *Kalidium cuspidatum* (Ung.-Sternb.) Grub.

　　小灌木。茎自基部分枝，斜升，老枝浅灰黄色，小枝黄绿色。叶片卵形，顶端急尖稍内弯，基部半抱茎，下延。穗状花序侧生于枝条上部。每一鳞片状苞片内着生 3 朵花。胞果圆形，种子圆形。花、果期 7~8 月。

　　生于山麓盐碱洼地。见于东坡石炭井；西坡巴彦浩特等。少见。

滨藜属 *Atriplex* **L.**

77. 中亚滨藜 *Atriplex centralasiatica* Iljin

　　一年生草本。茎直立，钝四棱形，分枝多而开展，密被白粉。叶互生，叶片菱状卵形，基部宽楔形，中部一对齿较大，呈裂片状，上面绿色，下面密被粉粒，银白色。花单性，雌雄同株，团伞花序叶腋生；雄花花被片 5 枚，雄蕊 5 枚，花丝扁平，基部连合；雌花无花被，具 2 枚苞片，果时增大，菱形，边缘具不等大的三角形齿牙。胞果扁平，宽卵形。种子扁平，棕色。花、果期 7~9 月。

　　生于山麓、沟谷冲刷沟和盐化低地。东、西坡均有分布。常见。

　　药用部位：果实。

　　药用功效：清肝明目，祛风活血，消肿。

　　中亚滨藜全株可作猪饲料，是良好的盐生植物。

78. 西伯利亚滨藜 *Atriplex sibirica* L.

一年生草本。茎直立，钝四棱形，被白粉。叶互生，具短柄；叶片菱状卵形，边缘具不整齐的波状钝齿牙，中下部的1对齿较大，呈裂片状，上面绿色，下面灰白色，密被粉。花单性，雌雄同株，簇生叶腋，在茎上部集成穗状花序；雄花花被片5枚，宽卵形，雄蕊5枚；雌花无花被，具2枚苞片，苞片连合成筒状，果时增大，表面具多数不规则的棘状突起。胞果扁平，卵形。花、果期6~9月。

生于山麓、沟谷冲刷沟和盐碱化低地。东、西坡均有分布。常见。

药用部位：果实。

药用功效：清肝明目，祛风消肿。

藜属　*Chenopodium* L.

79. 菊叶香藜 *Chenopodium foetidum* Schrad.

一年生草本。茎直立，被腺体及具节的毛。叶互生，具柄；叶片矩圆形，基部楔形，边缘羽状浅裂至深裂，两面被毛及颗粒状腺体，尤以背面沿脉较密。复二歧聚伞花序叶腋生；花两性，花被片5枚，卵状披针形，具狭膜质边缘，背面被腺体及刺状突起；雄蕊5枚，花丝扁平。胞果扁球形，不完全包被于花被内。种子横生，双凸镜状，有光泽；胚马蹄形。花、果期7~9月。

生于海拔 1400~2000m 的沟谷、居民点附近。见于东坡小口子、黄旗沟、苏峪口沟、甘沟、大水沟等；西坡哈拉乌北沟、峡子沟等。多见。

药用部位：全草。

药用功效：发散风寒，透疹，止痒。

菊叶香藜可以用来提取植物精油。

80. 刺藜 *Chenopodium aristatum* L.

一年生草本。无粉，秋后成紫红色。茎直立，具纵条棱，多分枝。叶线形，全缘，无毛，具 1 条脉。复二歧式聚伞花序，枝先端具芒刺；花两性，几无梗，单生芒刺枝腋内；花被片 5 枚，倒卵状椭圆形；雄蕊 5 枚；子房上下扁；花柱 2 个。胞果圆形，上下扁，果皮透明，与种子贴生。种子横生，黑褐色，光滑；胚环形。花、果期 6~9 月。

生于海拔 1300~2200m 的沟谷干河床。东、西坡均有分布。常见。

药用部位：全草。

药用功效：祛风止痒。

刺藜是回药。

81. 灰绿藜 *Chenopodium glaucum* L.

　　一年生草本。茎具纵条棱及绿色或紫红色色条。叶矩圆状卵形，边缘具缺刻状齿牙，上面无粉，背面密被粉，呈灰白色，中脉明显，黄绿色。花两性兼有雌性，花被片背面绿色，边缘膜质，内曲，无毛；雄蕊 1~2 枚，花丝不伸出花被外；柱头 2 个，极短。胞果顶端露出花被外，果皮膜质，黄白色。种子横生，扁球形。花、果期 5~10 月。

　　生于山麓盐化湿地。仅见于东坡山麓。少见。

　　药用部位：全草。

　　药用功效：清热，利湿，杀虫。

　　灰绿藜幼嫩植株可作猪饲料，亦可作野菜。

82. 杂配藜 *Chenopodium hybridum* L.

一年生草本。茎粗壮具纵条棱。叶片三角状卵形，质薄，先端渐尖，基部楔形，边缘不规则浅裂，裂片 2~3 对，两面无粉。花两性兼有雌性，数花簇生，排列成顶生和腋生的圆锥花序；花被片5 枚，狭卵形，先端钝，背面具纵隆脊，被粉，边缘膜质；雄蕊 5 枚，超出花被片。胞果双凸镜状，果皮膜质，具白色斑点。种子横生，黑色；胚环形。花、果期 6~7 月。

生于海拔 1500~2300m 的沟谷、灌丛、林缘。见于东坡贺兰沟、苏峪口沟、插旗沟、大水沟等；西坡北寺沟、哈拉乌沟、峡子沟等。多见。

药用部位：全草。

药用功效：调经止血。

杂配藜是蒙药。

83. 小藜 *Chenopodium serotinum* L.

一年生草本。叶互生，具柄；叶片卵状矩圆形，3浅裂，中裂片长，两侧边缘近平行，先端圆钝，基部楔形，边缘具不规则的波状齿牙，侧裂片位于近基部，全缘或具2浅裂齿，上面无粉，下面稍被粉。花两性；花被片5枚，宽卵形，背部绿色，边缘膜质，被粉；雄蕊5枚，开花时伸出；柱头2个，丝形。胞果包被在花被内，果皮膜质。种子圆形，上下扁，双凸镜状，黑色；胚环形。花、果期6~8月。

生于山前路旁、沟谷河滩。东、西坡均有分布，主要分布于东坡。常见。

药用部位：全草。

药用功效：祛湿，解毒。

84. 尖头叶藜 *Chenopodium acuminatum* Willd.

一年生草本。茎直立具纵条棱及绿色色条，多分枝，被粉。叶片宽卵形，基部宽楔形，全缘，具半透明的狭环边，上面绿色，无粉，下面灰白色，密被粉，后渐少。花两性，花序轴被透明粗毛；花被片 5 枚，卵状长圆形，边缘膜质，被粉粒，果时包被果实，背部增厚呈五角星状；雄蕊 5 枚。胞果扁球形。种子横生，黑色，有光泽。花、果期 6~9 月。

生于海拔 1400~2300m 的山地沟谷和居民点附近。东、西坡均有分布。常见。

85. 小白藜 *Chenopodium iljinii* Golosk.

一年生草本。全株被粉。叶片三角状卵形，基部宽楔形，3浅裂，侧裂片在基部，或全缘，上面疏被白粉或无粉，背面密被白粉。花簇生于枝顶及叶腋的小枝上集成短穗状花序；花被片5枚，宽卵形，背面密被粉；雄蕊5枚，花丝超出花被外；子房扁球形；柱头2个。胞果上下扁，包于花被内。种子双凸镜形，有时为扁卵形，黑色，有光泽；胚环形。花、果期7~8月。

生于浅山地开阔河谷和山麓。东、西坡均有分布。多见。

86. **藜** 灰藜、灰菜
Chenopodium album L.

一年生草本。茎粗壮，具纵条棱及紫红色色条。叶片卵形，边缘具不规则的波状齿或上部叶全缘，上面无粉，背面灰白色或带紫红色，被粉。花两性，数朵簇生，排列成顶生和腋生的穗状花序；花被片 5 枚，宽卵形，被粉；雄蕊 5 枚，伸出花被外；柱头 2 个。胞果包于花被内。种子上下扁，圆形，黑色，表面具浅沟纹。花、果期 6~8 月。

生于海拔 1500~2300m 的山麓、沟谷、居民点附近。东、西坡均有分布。常见。

药用部位：全草。

药用功效：止泻痢，止痒。

藜是蒙药，其幼苗可作蔬菜食用；茎叶可作饲料。

苋科 Amaranthaceae

苋属 *Amaranthus* L.

87. 反枝苋 *Amaranthus retroflexus* L.

一年生草本。茎直立，淡绿色，密被短柔毛。叶卵形，具小刺尖，上面绿色，下面灰绿色，两面被柔毛，下面毛稍密；叶柄腹面具沟槽，被柔毛。圆锥花序密集，小苞片及苞片锥形，边缘膜质，背面有绿色突起；花被片5枚，矩圆形，具小刺尖，膜质；雄蕊5枚；花柱3个。胞果宽倒卵形，环状盖裂。种子扁球形，黑色，有光泽。花、果期7~9月。

生于山麓、沟谷及居民点附近。东、西坡均有分布。常见。

药用部位：全草。

药用功效：清热解毒，利尿止痛，止痢。

反枝苋是回药、蒙药，其嫩茎叶可作蔬菜食用。反枝苋是常见的田间杂草。

马齿苋科 Portulacaceae

马齿苋属   *Portulaca* L.

88. **马齿苋** 胖娃娃菜、马齿草
Portulaca oleracea L.

　　一年生肉质小草本。全体无毛，茎淡绿色或带红紫色。叶互生，叶片肥厚多汁，倒卵形，全缘；叶柄粗短。花小，黄色，常 3~5 朵簇生枝端，总苞片 4 枚，叶状，近轮生；萼片 2 枚，盔形，左右压扁，先端急尖，背部具翅状隆脊；花瓣 5 片，倒卵状长圆形，先端微凹；花柱比雄蕊稍长，柱头 4~6 裂，线形。蒴果卵球形，盖裂，具多数种子。花期 6~8 月，果期 7~9 月。

　　生于山麓、沟谷等水分条件较好地段。东、西坡均有分布。常见。

　　药用部位：全草。

　　药用功效：清热解毒，消炎，止渴，利尿。

　　马齿苋是回药、蒙药，其浸出液对抑制马铃薯晚疫病菌孢子和小麦叶锈病菌夏孢子发芽效果良好。马齿苋的嫩茎叶可食。

石竹科 Caryophyllaceae

拟漆姑属   *Spergularia* (Pers.) J. et C.Presl

89. **拟漆姑** *Spergularia salina* J. et C. Presl Fl Cech.

　　一年生草本。根须状，茎铺散，具明显的节。叶线形，稍肉质，具突尖，全缘，无柄；托叶膜质，三角状卵形，合生。花单生叶腋；萼片长卵形，先端钝，边缘宽膜质；花瓣卵状椭圆形，白色或淡粉红色；雄蕊 5 枚；子房卵形；花柱 3 个。蒴果卵形，3 瓣裂。种子多数，三角状卵形，褐色，多数无翅，少数具宽膜质翅。花期 5~6 月，果期 6~7 月。

　　生于海拔 2000m 以下的沟谷、盐碱化湿地。见于东坡大水沟；西坡哈拉乌北沟。少见。

孩儿参属 *Pseudostellaria* Pax

90. **石生孩儿参** *Pseudostellaria rupestris* (Turcz.) Pax

多年生草本。块根球状。茎直立。叶片披针形。开花受精花顶生或腋生；花梗无毛或被短柔毛；萼片长圆状披针形，边缘白色，膜质，沿脉被疏毛；花瓣白色，长圆形，比萼片约长 1/3，全缘；雄蕊 10 枚，与花瓣近等长；花柱 3 个。闭花受精花小形，生于茎下部叶腋。蒴果卵圆形；种子小，褐色，表面具锚状刺凸。花期 5~6 月，果期 7~9 月。

生于海拔 2700~3400m 的云杉林下、林缘及高山草甸。仅见于西坡哈拉乌北沟、水磨沟。稀见。

91. **孩儿参** *Pseudostellaria heterophylla* (Miq.) Pax

多年生草本。块根长纺锤形。茎单生，细弱，具分枝，下部近四棱形，具2列纵行短毛。茎中部以下通常具3~5对叶，狭长倒披针形至狭长圆形，向上的叶渐变大，茎顶部常2对叶相集，花期成长圆状披针形至卵状披针形，先端突尖，基部圆楔形，边缘具疏睫毛。茎上部开花受精的花较大，通常1~3朵腋生或成简单的聚伞花序；花梗细长；萼片5枚，狭披针形，背面被毛，边缘膜质；花瓣5片，白色，与萼片等长，顶端2微齿裂或近全缘；雄蕊10枚，花药暗紫色；子房卵形，花柱3个；闭花受精的花生于植株下部叶腋，具短梗；萼片4枚，通常无花瓣；雄蕊2枚；子房卵形。蒴果卵形或近球形；种子肾形，具瘤状突起。花期6~7月，果期7~8月。

生于海拔2300~2500m的高山草甸或林下。仅见于西坡哈拉乌北沟。稀见。

药用部位：块根。

药用功效：益气生津，健脾。

（孩儿参图片由周繇提供）

92. 矮小孩儿参 *Pseudostellaria maximowicziana* (Franch. et Sav.) Pax

多年生草本。块根近球形或纺锤形，常单生。茎单生直立，被2列柔毛。叶片宽卵形，被柔毛。开花受精花单生枝端，萼片4枚，披针形；花瓣5片，白色，匙形；雄蕊10枚，短于花瓣；花柱2~3个。闭花受精花稍小；萼片4片，狭披针形，被白色柔毛。蒴果卵圆形，4瓣裂；种子具棘凸。花期5~6月，果期7~8月。

生于海拔2300m左右的山地林下。仅见于西坡哈拉乌北沟。稀见。

药用部位：块根。

药用功效：益气生津，健脾。

无心菜属 | *Arenaria* L.

93. 点地梅状老牛筋 *Arenaria androsacae* Grubov

多年生垫状草本。根粗。茎多分枝。叶片线状钻形，顶端具刺尖。花1~3朵，呈聚伞状；苞片卵状披针形，边缘具宽白色干膜质；花序与花梗密被腺柔毛；萼片5枚，卵状披针形，具1脉；花瓣5片，白色，长圆状倒卵形，长于萼片；花盘具5枚腺体；雄蕊10枚，花丝与萼片近等长；子房卵圆形；花柱3个。蒴果卵圆形，稍长于宿存萼，3瓣裂，裂瓣顶端再2裂。花、果期7~9月。

生于海拔2700~3200m的碎石质山坡。东、西坡均有分布。少见。

94. 美丽老牛筋 美丽蚤缀
Arenaria formosa Fisch. ex Ser.

多年生草本。密丛生，主根较硬，木质化。茎直立，基部密集枯萎的褐色老叶残基，中、上部被白色腺柔毛。叶片线形，基部连合成短鞘。花1~3朵，呈聚伞状；苞片卵状披针形；萼片5枚，

卵状披针形；花瓣 5 片，白色，倒卵形；花盘具 5 个腺体，生于与萼片对生的花丝基部，圆形，淡褐色；雄蕊 10 枚，5 长，5 短，花丝中间具 1 脉，花药椭圆形，淡黄色；子房倒卵形；花柱 3 个，柱头棒状。花期 7~8 月。

　　生于海拔 2200~2600m 的石质山坡。见于中部山脊两侧。少见。

| 卷耳属 | *Cerastium* L. |

95. 山卷耳 *Cerastium pusillum* Ser.

　　多年生草本。须根纤细。茎丛生，上升，密被柔毛。茎下部叶匙状，被长柔毛；茎上部叶长圆形，两面均密被白色柔毛。聚伞花序顶生，具 2~7 朵花；苞片草质；花梗细，密被腺柔毛；萼片 5 枚，披针状长圆形，下面密被柔毛，顶端两侧宽膜质，有时带紫色；花瓣 5 片，白色，长圆形；花柱 5 个，线形。蒴果长圆形，10 齿裂；种子褐色，扁圆形，具疣状凸起。花期 7~8 月，果期 8~9 月。

　　生于海拔 2800~3200m 的高山草甸。见于主峰及中部山脊。少见。

96. 卷耳 *Cerastium arvense* L.

多年生丛生草本。根状茎细长，浅黄白色。茎直立，纤细，绿色，常带紫红色，下部密生长刺毛，上部混生腺毛。叶长圆状披针形，具缘毛。聚伞花序顶生；苞和小苞披针形，叶质，被柔毛，边缘膜质，先端具紫色斑纹；萼片5枚，长圆状披针形，紫色；花瓣倒卵形，先端2裂，白色；雄蕊10枚；子房圆球形；花柱5个，线形。蒴果长圆柱形，先端10齿裂，种子多数。种子肾形，略扁，具疣状突起。花期7~8月，果期9月。

生于海拔2000~3000m的山地沟谷、溪边湿地。见于东坡苏峪口沟、黄旗沟；西坡哈拉乌沟、水磨沟、南寺沟、雪岭子等。多见。

药用部位：全草。

药用功效：清热解表，降压，解毒。

卷耳外用治乳腺炎、疔疮。

繁缕属	*Stellaria* L.

97. 二柱繁缕 *Stellaria bistylata* Y. Z. Zhao

多年生草本。茎多数，散生，二歧或单歧分枝，被短柔毛。叶椭圆形，具狭骨质边缘。二歧聚伞花序生茎顶，具多花；苞片与叶同形；萼片长倒卵形，先端锐尖，边缘宽膜质；花瓣白色，宽倒卵形，顶端浅2裂，雄蕊10枚，花丝向基部渐变宽，对萼的5枚较长，且基部具腺体；子房倒卵形，

1室；花柱2个。蒴果倒卵形，顶端4齿裂。花、果期6~9月。

  生于海拔2000~2800m的沟谷石缝或林缘。见于东坡小口子、黄旗沟、贺兰沟、苏峪口沟；西坡哈拉乌北沟、岔沟等。常见。

98. **银柴胡** *Stellaria dichotoma* L. var. *lanceolata* Bunge

  多年生草本。主根圆柱形，茎直立，节明显，上部二叉状分歧，密被短毛或腺毛。叶对生；披针形。花单生，白色；萼片5枚，绿色，披针形；花瓣5片，较萼片为短，先端2深裂，裂片长圆形；

雄蕊 10 枚；雌蕊 1 枚；花柱 3 个，细长，蒴果近球形。花期 6~7 月，果期 8~9 月。

　　生于海拔 1400~2100m 的浅山宽谷河滩上。见于东坡大水沟、石炭井；西坡哈拉乌北沟。稀见。

　　药用部位：根。

　　药用功效：清热凉血。

　　银柴胡是回药。

99. 短瓣繁缕 *Stellaria brachypetala* Bunge

多年生草本。全株近无毛。茎直立，有时铺散，基部分枝。叶无柄，叶片卵状披针形至披针形，顶端渐尖，基部楔形，两面无毛，有时叶腋生出不育短枝。聚伞花序具花 1~3 朵，有时 6~10 朵；苞片草质，边缘膜质；花梗长约 1cm；萼片 5 枚，卵状披针形，顶端渐尖，边缘膜质；花瓣 5 片，短于萼片，白色，2 深裂、裂片线形；雄蕊 10 枚，花丝短；子房卵形，具 3 花柱。蒴果卵圆形，长 5~7mm；种子圆卵形，表面具皱纹状凸起。花期 6~8 月，果期 8~9 月。

生于海拔 1400~2900m 的山地。见于小口子、大口子和哈拉乌沟。少见。

薄蒴草属	*Lepyrodiclis* Fenzl

100. 薄蒴草 *Lepyrodiclis holosteoides* (C. A. Mey.) Fenzl ex Fisch.

一年生草本。全体被腺毛，根纤细，茎多分枝，嫩枝具长柔毛。叶线形，表面被柔毛，沿中脉尤密，全缘。疏散圆锥状聚伞花序顶生；苞和小苞叶质，披针形，萼片 5 枚，线状披针形；花瓣 5 片，白色，宽倒卵形，先端全缘或微凹；雄蕊 10 枚；子房卵形；花柱 2 个。蒴果卵形，2 瓣裂。种子扁平，红褐色，具突起。花期 6~7 月，果期 7~8 月。

生于海拔 1800~2000m 的沟谷溪边。仅见于西坡南寺沟、雪岭子沟。稀见。

药用部位：全草。

药用功效：利肺，托疮。

薄蒴草是农田常见杂草。

女娄菜属 *Melandrium* Roehl.

101. **瘤翅女娄菜** *Melandrium verrucosi-alatum* Y. Z. Zhao et Ma f.

多年生草本。直根粗壮。茎直立，密被倒生短柔毛。上部叶无柄，下部叶具长柄，距圆状披针形。花着生于茎枝顶端；花萼钟形，外具 10 条紫褐色脉纹，先端 5 钝裂，花瓣 5 片，瓣片紫色，先端 2 中裂，瓣爪白色，副花冠小，为 2 枚鳞片；雄蕊 10 枚；子房距圆形；花柱 5 枚。蒴果距圆形，顶端 10 枚齿裂。种子肾形，褐色，表面突起条纹状，边缘具宽翅，翅上具瘤状突起。花期 7 月，果期 7~8 月。

生于海拔 2300~3200m 的山地沟谷、林缘和高山草甸。中生植物。见于西坡哈拉乌北沟。稀见。瘤翅女娄菜是贺兰山特有种。

| 麦瓶草属 | *Silene* L. |

102. 毛萼麦瓶草
匍生蝇子草
Sliene repens Patr.

多年生草本。根茎细长，茎丛生，被柔毛。叶线形，全缘，两面被短柔毛。聚伞状圆锥花序顶生；苞片叶状，披针形，被短毛；花萼筒形，具 10 条脉，密被短柔毛，萼齿宽卵形，先端钝，边缘宽膜质；花瓣先端 2 裂，基部具长爪，喉部具 2 枚鳞片，白色、淡黄白色或淡绿白色；雄蕊 10 枚；子房卵圆形；花柱 3 个。蒴果卵状长圆形。种子圆肾形，黑褐色，表面具线状隆起。

生于海拔 1800~2900m 的沟谷、草甸和林缘。东、西坡均有分布。多见。

103. 山蚂蚱草 ^{旱麦瓶草}
Silene jenisseensis Willd.

多年生草本。直根粗长，黄褐色。茎直立，密被倒生短毛，向上渐无毛。基生叶倒披针形，茎生叶线状披针形。聚伞花序总状，花轮生；苞片卵状披针形，花萼钟形，具10条脉，萼齿三角形；花瓣白色，先端2深裂，基部渐狭成爪，喉部具2枚鳞片；雄蕊10枚，子房长卵形；花柱3个。蒴果宽卵形，顶端6齿裂；种子肾形，被条状细微突起。花期7~8月，果期8~9月。

生于海拔1800~2500m的林缘、灌丛或石质山坡。东、西坡均有分布。多见。

药用部位：全草。

药用功效：清热凉血。

104. 宁夏蝇子草 ^{宁夏麦瓶草} *Silene ningxiaensis* C. L. Tang

多年生草本。茎直立，丛生。基生叶丛生，线形，茎生叶疏散，较小。花序总状，苞片卵状披针形，有缘毛；萼筒棍棒形，具 10 条纵脉，花后上部膨大，萼齿三角形；花瓣淡黄色，狭披针形，2 深裂或裂至 2/3，裂片长圆形；雄蕊外露；花柱 3 个。蒴果卵形，顶端 6 齿裂；种子肾形，灰褐色，表面具网眼状突起。花、果期 7~9 月。

生于海拔 1800~3100m 的山地林缘、灌丛或高山草甸。东、西坡均有分布。少见。

105. 女娄菜 ^{罐罐花} *Silene aprica* Turczaninow ex Fischer et C. A. Meyer

一年生或二年生草本。主根细长。茎直立，密被短柔毛。叶线状披针形，全缘，两面密被短毛；无柄或基生叶具短柄。聚伞花序，苞片披针形，花萼筒形，具 10 条脉纹，先端 5 齿裂，边缘常呈紫色；花瓣倒披针形，顶端 2 浅裂，基部渐狭成爪，喉部具 2 枚鳞片；雄蕊 10 枚；子房卵状长椭圆形，柱头 3 个。蒴果卵状椭圆形，先端 6 齿裂。种子圆肾形，表面具疣状突起。花期 6~7 月，果期 7~8 月。

生于海拔 1800~2400m 的沟谷。见于东坡小口子、大口子、苏峪口沟、黄旗沟；西坡哈拉乌北沟、南寺雪岭子沟。常见。

药用部位：全草。

药用功效：健脾，利尿，通乳。

女娄菜是蒙药。

石头花属　　*Gypsophila* L.

106. 头状石头花 *Gypsophila capituliflora* Rupr.

多年生草本。茎直立，无毛。叶线形，肉质。聚伞花序顶生，密集；苞片披针形，膜质，具缘毛；花萼钟形，萼齿长为萼筒的一半，边缘膜质；花瓣淡紫红色；雄蕊与花瓣近等长；子房卵球形；花柱丝状。蒴果长圆形，稍长于宿存花萼。

生于海拔 1400~2500m 的石质山坡。见于东坡黄旗沟、苏峪口沟、汝箕沟；西坡哈拉乌北沟、岔沟、强岗岭、南寺沟等。常见。

头状石头花有免疫调节、抗肥胖、抗脂肪肝等多种药理作用，也可作为观赏植物。

| 石竹属 | *Dianthus* L. |

107. 瞿麦 *Dianthus superbus* L.

多年生草本。茎丛生。叶线形，基部成短鞘状抱茎，全缘。苞片倒卵形，花萼长圆筒形，粉绿色或淡紫红色，具多数脉纹，无毛，顶端5裂，裂齿矩圆状披针形；花瓣淡紫红色，先端细裂为流苏状，基部具细长爪，喉部具须毛；雄蕊10枚；花柱2个，线形。蒴果狭圆筒形，先端4齿裂。种子扁卵形，边缘具翅。花期7~8月，果期8~9月。

生于海拔1900~3200m的沟谷、林缘和灌丛。东、西坡中段均有分布。常见。

药用部位：地上部分。

药用功效：利尿通淋，活血通经。

瞿麦是回药、蒙药，也可作农药。瞿麦是庭园观赏植物。

麦蓝菜属 *Vaccaria* Medic.

108. **麦蓝菜** 王不留行
Vaccaria hispanica (Mill.) Rauschert

一年生草本。全株无毛。茎直立，圆筒形，中空。叶无柄，卵状披针形，全缘。伞房状聚伞花序顶生；苞片叶质，较小，披针形，边缘膜质，萼卵圆形，具5条狭翅状绿色脉棱，先端5齿裂，裂齿三角形；花瓣淡红色，狭倒卵形，先端具不整齐的齿裂，基部具长爪；雄蕊10枚；子房长卵圆形；花柱2个。蒴果卵形，顶端4裂。种子球形，黑色，表面具疣状突起。花期5~6月，果期6~7月。

生于海拔2900m左右的沟谷溪边。仅见于西坡黄土梁。少见。

药用部位：种子。

药用功效：活血通经，下乳消肿，利尿通淋。

麦蓝菜是蒙药，其种子含淀粉，可制醋酿酒，还可榨油供工业用。

裸果木属　*Gymnocarpos* Forssk.

109. **裸果木** *Gymnocarpos przewalskii* Maxim.

亚灌木。茎曲折，多分枝；树皮灰褐色，剥裂。单叶对生，稍肉质，线形，具短尖头；托叶膜质，透明，鳞片状。聚伞花序腋生；苞片白色透明，膜质；萼片5枚，倒披针形，花萼下部连合；花瓣无；外轮雄蕊无花药，内轮雄蕊花丝细；子房近球形。瘦果包于宿存萼内；种子长圆形，褐色。花期5~7月，果期8月。

生于海拔1000~2500m的荒漠区的干河床、戈壁滩、砾石山坡。见于西坡以及东坡大窑沟。少见。

裸果木是二级国家重点保护野生植物，是世界稀有的物种，为古地中海植物区系残遗植物。裸果木是骆驼牧草和固沙植物。

毛茛科 Ranunculaceae

类叶升麻属 *Actaea* L.

110. 类叶升麻 *Actaea asiatica* Hara

多年生草本。根状茎粗壮，具多数须根。茎直立，具纵沟棱，上部疏被短柔毛。茎下部叶三回三出复叶，小叶宽卵形，顶端小叶 3 浅裂，侧生小叶 2~3 浅裂或不裂；顶生小叶具柄，侧生小叶无柄；茎上部叶为二回三出复叶。总状花序，萼片 4 枚，白色，倒卵形，早落；雄蕊多数，花丝丝状；心皮 1 个，卵形；无花柱，柱头膨大成圆盘状。浆果球形，黑色。花期 5~6 月，果期 7~8 月。

生于海拔 2500m 左右的林缘。见于东坡苏峪口沟兔儿坑；西坡哈拉乌北沟边渠子。少见。

药用部位：全草。

药用功效：祛风止咳，清热解毒。

蓝堇草属 *Leptopyrum* Reichb.

111. 蓝堇草 *Leptopyrum fumarioides* (L.) Reichb.

一年生草本。直根细长，黄褐色。茎具纵沟棱。基生叶二回三出复叶，叶片卵形，3 全裂；顶生小叶片具柄，叶柄基部扩展成鞘，叶鞘两侧具 2 个锥形叶耳；茎上部叶柄极短，全部扩展成鞘。

单歧聚伞花序；萼片 5 枚，花瓣状，狭卵形；蜜叶二唇形，下唇短，上唇全缘；雄蕊多数；心皮 5~20 个。蓇葖果线状长圆形，宿存花柱伸直。花、果期 6~7 月。

生于海拔 2200~2500m 的浅山草地、沟谷水边。仅见于西坡哈拉乌北沟、照北山和水磨沟。稀见。

药用部位：全草。

药用功效：发散风寒，活血。

蓝堇草是北方的早春花卉。

| 拟楼斗菜属 | *Paraquilegia* Drumm. et Hutch. |

112. 乳突拟楼斗菜 *Paraquilegia anemonoides* (Willd.) Engl. ex Ulbr

多年生草本。根茎粗壮，宿存多数纤维状枯叶柄。叶全部基生，具长柄，叶二回三出复叶，小叶片三角状宽卵形，3 深裂达基部，中裂片倒卵形，3 浅裂至中裂，侧裂片斜卵形，不等 2~3 浅裂；

花单生；苞片 2 枚，披针形，基部扩展成膜质叶鞘抱茎；萼片 5 枚，浅紫红色，卵形，先端圆钝，无毛；花瓣 5 片，黄色，倒卵形，基部囊状，顶端 2 裂；雄蕊多数；心皮 5~7 个。蓇葖果直立，具横网脉。花、果期 7~8 月。

生于海拔 2800~3400m 的山地岩石缝。见于主峰下。少见。

药用部位：全草。

药用功效：祛风湿，止痛。

乳突拟楼斗菜是藏药。

楼斗菜属   *Aquilegia* L.

113. **楼斗菜** 漏斗菜
Aquilegia viridiflora Pall.

多年生草本。根粗壮，圆柱形。茎直立，具纵沟棱，被短柔毛和腺毛。基生叶为三出复叶，小叶卵形，顶生小叶 3 全裂，中全裂片宽倒卵形；茎生叶与基生叶相似，具短柄或无柄。单歧聚伞花序，萼片 5 枚，黄绿色，卵形；花瓣 5 片，黄绿色，倒三角状矩圆形，基部延伸成距，稍内弯；雄蕊多数；心皮5个，线状披针形，密被腺毛或柔毛；花柱细长。蓇葖果直立，宿存花柱与果近等长。花期6月，果期7月。

生于海拔1500~2500m的沟谷岩壁石缝中。见于东坡小口子、黄旗沟、苏峪口沟、大水沟等；西坡哈拉乌沟、古拉本沟、南寺沟。常见。

药用部位：全草。

药用功效：调经止血。

耧斗菜是蒙药，可食用。

银莲花属 *Anemone* L.

114. 卵裂银莲花 *Anemone narcissiflora* L. var. *sibirica* (L.) Tamura

多年生草本。根茎直立。基生叶片近圆形，3全裂，中全裂片菱状倒卵形，两面疏被长柔毛。苞片3~4枚，3深裂；花1~3片，被柔毛；萼片5~6枚，白色，倒卵形，外面被柔毛；雄蕊多数，花药椭圆形，先端钝；心皮多数，无毛。瘦果扁平，椭圆形，无毛，宿存花柱直立。花期6月，果期7月。

生于海拔2000~2800m的山地沟谷、岩壁和阴坡石缝中。见于东坡苏峪口沟、贺兰沟、大水沟、插旗沟；西坡哈拉乌沟、水磨沟。常见。

115.　展毛银莲花 *Anemone demissa* Hook.

多年生草本。根状茎粗短，直立，基部残存纤维状枯叶柄。基生叶5~15片，3全裂，中全裂片菱状倒卵形，3深裂，侧裂片倒卵形，不等3深裂，表面绿色，背面淡绿色，疏被柔毛。花茎1~2个，疏被长柔毛；苞片3枚，3深裂，裂片长椭圆形，背面被长柔毛；萼片5~6枚，蓝紫色，倒卵状椭圆形；雄蕊花丝线形。瘦果扁平，椭圆形。花期6月，果期7月。

生于海拔3000~3400m的亚高山石缝中。见于主峰下和山脊两侧。少见。

药用部位：根茎。

药用功效：和解退热，燥湿敛疮。

116. 疏齿银莲花 *Anemone obtusiloba* D. Don subsp. *ovalifolia* Bruhl

多年生草本。根状茎粗短。基生叶片卵形，3 全裂，中全裂片菱状倒卵形，先端 3 深裂，侧全裂片近圆形，不等 3 浅裂，两面被伏柔毛；全裂片无柄，叶柄长 3~6cm，被伸展的长柔毛。花茎 4~7 个，高 6~10cm，被伸展长柔毛；苞片 3 枚，无柄，3 深裂；花单生，萼片 5 枚，白色，背面带紫色，倒卵形；雄蕊多数；心皮多数，密被长柔毛。花期 6~7 月。

生于海拔 2800m 左右的高山草甸岩石缝及灌丛中。仅见于西坡哈拉乌北沟主峰下。少见。

药用部位：全草。

药用功效：补血，暖体，消积。

白头翁属 *Pulsatilla* **Adans.**

117. **细叶白头翁** 毛姑朵花
Pulsatilla turczaninovii Kryl. et Serg.

多年生草本。直根粗壮，植株基部具纤维状残存干枯叶柄。叶基生，具长柄，叶片轮廓卵形，二至三回羽状分裂。花葶被长柔毛；总苞钟形，基部连合成筒，苞片细裂，末回裂片线形，里面无毛，外面被长柔毛；萼片6枚，蓝紫色，长椭圆形，外面密被伏毛；雄蕊多数。瘦果长椭圆形，密被长柔毛，宿存花柱被长柔毛。花、果期5~6月。

生于海拔2000m左右的山地半阳坡草原及灌丛。见于东坡苏峪口沟、大水沟；西坡峡子沟。稀见。

药用部位：根。

药用功效：清热解毒，凉血止痢，消炎退肿。

细叶白头翁是蒙药。

唐松草属 *Thalictrum* L.

118. 高山唐松草 *Thalictrum alpinum* L.

　　多年生小草本。全部无毛。叶均基生，为二回羽状三出复叶；小叶薄革质，有短柄或无柄，圆菱形、菱状宽倒卵形或倒卵形，基部圆形或宽楔形，3浅裂，浅裂片全缘，脉不明显。花葶1~2条，不分枝；花序总状；苞片小，狭卵形；花梗向下弯曲；萼片4枚，脱落，椭圆形；雄蕊7~10枚，花药狭长圆形，顶端有短尖头，花丝丝形；心皮3~5个，柱头约与子房等长，箭头状。瘦果无柄或有不明显的柄，狭椭圆形，稍扁，有8条粗纵肋。花期7~8月。

　　生于海拔3000m以上的高山草甸、灌丛。见于主峰下及山脊两侧。少见。

　　高山唐松草是蒙药。

（高山唐松草图片由白瑜提供）

119. 细唐松草 *Thalictrum tenue* Franch.

多年生草本。茎丛生，直立，具纵沟棱。茎中下部叶为三至四回羽状复叶，小叶椭圆形，全缘，上面蓝绿色，下面灰绿色。花单生叶腋或单歧聚伞花序生叶腋，组成顶生圆锥花序；萼片 4 枚，黄绿色，椭圆形；雄蕊多数，花丝丝状。瘦果斜倒卵形，扁平，沿背缝线和腹缝线各具狭翅，具果梗。花期 6~8 月，果期 8~9 月。

生于海拔 1400~2000m 的浅山石质山坡。见于东坡小口子、黄旗沟、拜寺沟、贺兰沟、苏峪口沟；西坡峡子沟等。多见。

细唐松草是蒙药。

120. 腺毛唐松草
 香唐松草
 Thalictrum foetidum L.

多年生草本。茎直立，圆柱形，常紫红色，上部密生白色短柔毛。叶二至三回羽状复叶，小叶片宽倒卵形，3浅裂，上面绿色，被白色短柔毛，背面灰绿色，被白色短柔毛与腺毛。圆锥花序顶生和腋生；萼片5枚，卵形，黄绿色带紫红色；雄蕊多数，花丝丝状，花药线形，先端具尖头；心皮4~9个，子房无柄；花柱短，柱头三角形。瘦果纺锤形，具纵棱脊，被短腺毛，宿存。花期6月，果期7月。

生于海拔1400~2300m的山地沟谷或阴坡。见于东坡小口子、黄旗沟、苏峪口沟、大水沟；西坡哈拉乌沟、峡子沟、赵池沟等。多见。

药用部位：根及根状茎。

药用功效：清热燥湿，解毒。

腺毛唐松草是蒙药。

121. 东亚唐松草 *Thalictrum minus* L. var. *hypdeucum* (Sieb. et Zucc.) Miq.

多年生草本。茎直立，具纵沟棱。二至三回羽状复叶，小叶倒卵形，先端 3 浅裂，叶脉在背面明显隆起；叶柄短或无柄，基部扩展成鞘状。圆锥花序顶生；萼片 4 枚，淡黄色，倒卵状长椭圆形，先端钝，成撕裂状；雄蕊多数，花丝丝状，花药线形，先端具短尖。瘦果椭圆形，具纵棱脊，无毛，果喙箭头状。花期 7~8 月，果期 8~9 月。

生于海拔 1700~2500m 的山坡、林缘和灌丛。见于东坡苏峪口沟、黄旗沟、大水沟、甘沟；西坡哈拉乌沟、南寺沟、峡子沟。多见。

药用部位：根

药用功效：清热解毒

东亚唐松草是蒙药。

水毛茛属 *Batrachium* S. F. Cray

122. 毛柄水毛茛 *Batrachium trichophyllum* (Chaix ex Villars) Bosch.

沉水草本。茎细长柔弱，具分枝。叶近半圆形，无毛，三至四回 2~3 裂，末回裂片细丝状；叶柄短，基部成宽的膜状鞘，被伏毛。花对叶单生，萼片 5 枚，狭椭圆形，反折，边缘膜质；花瓣 5 片，白色，宽倒卵形，下部具短爪，蜜槽点穴状；雄蕊约 15 枚；心皮多数，具短花柱，被毛。瘦果狭卵形，具横皱纹。花期 6~7 月，果期 7~8 月。

生于海拔 1500m 左右的河谷溪流。仅见于东坡插旗沟。稀见。

碱毛茛属 *Halerpestes* Green

123. 长叶碱毛茛 *Halerpestes ruthenica* (Jacq.) Ovcz.

多年生草本。须根多数簇生。匍匐茎节上生根和叶。叶全部基生，叶片卵状梯形，先端具 3 个圆钝裂齿；叶柄基部扩展成鞘。花葶自叶丛中抽出；苞片线状披针形，成鞘状抱茎；萼片 5 枚，狭

卵形，无毛；花瓣黄色，6~12 片，狭倒卵形，
蜜腺点状；雄蕊多数，花丝线形。瘦果扁，斜
倒卵形，两面具纵肋，无毛，果喙弯曲。花期
5~6 月，果期 7 月。

　　生于沟谷溪边草甸。见于西坡哈拉乌沟。
稀见。

　　药用部位：全草。

　　药用功效：清热解毒，利咽，温中止痛。

　　长叶碱毛茛是蒙药。

124. 水葫芦苗 圆叶碱毛茛
Halerpestes cymbalaria (Pursh.) Green

多年生草本。须根多数，具细长匍匐茎，节上生根和叶。叶基生，叶片圆形，边缘具 3~7 个圆钝齿裂，两面无毛；叶柄基部扩展成鞘。花葶 1~4 个由基部抽出；苞片线形，基部扩展成鞘状抱茎；萼片 5 枚，卵形；花瓣 5 片，黄色，狭椭圆形，基部具爪，蜜腺点状；雄蕊多数。瘦果小，斜倒卵形，扁平而稍膨起，具纵肋，喙极短呈点状。花期 5~7 月，果期 6~8 月。

生于沟谷溪边草甸。见于西坡哈拉乌沟。稀见。

药用部位：全草。

药用功效：利水消肿，祛风除湿。

水葫芦苗是蒙药。

毛茛属   *Ranunculus* L.

---

125. **茴茴蒜** 鸭脚板
Ranunculus chinensis Bunge

一年生草本。须根细长，多数簇生。茎直立，中空，具纵棱，密生糙毛。基生叶与茎下部叶具长柄，叶为三出复叶。花顶生和腋生；萼片 5 枚，狭卵形，边缘膜质，背部被长柔毛；花瓣 5 片，黄色，倒卵状椭圆形。聚合瘦果圆柱形，花托密生短毛；瘦果扁平，宽卵形，边缘具翅，喙极短，呈三角形，无毛。花、果期 5~9 月。

生于沟谷溪边。见于东坡贺兰沟、苏峪口沟、汝箕沟；西坡巴彦浩特。少见。

药用部位：全草。

药用功效：消炎退肿，平喘，截疟。

茴茴蒜是回药。

---

126. **圆叶毛茛**   *Ranunculus indivisus* (Maxim.) Hand.-Mazz.

多年生草本。须根基部较厚，茎较粗壮，中空。基生叶的叶片圆形，边缘有 6~10 个粗浅圆齿；叶柄基部有膜质叶鞘，老后撕裂成纤维状残存。下部叶与基生叶相似；上部叶无柄，有膜质宽鞘抱茎。花单生，萼片椭圆形，外面密生柔毛；花瓣 5 片，倒卵形，蜜槽点状。聚合果长圆形，瘦果卵球形，稍扁，有背腹纵肋，喙直伸或稍弯。花、果期 7~8 月。

生于海拔 2400m 左右的沟谷石缝中。仅见于西坡哈拉乌北沟。少见。

127. **掌裂毛茛** *Ranunculus rigescens* Turcz. ex Ovcz.

　　多年生草本。多数须根。茎直立，无毛或生柔毛，常自下部分枝，基部残存枯叶柄。基生叶 2 型，有些叶片卵圆形，边缘有 5~11 个深齿裂，中央裂齿较大，全缘或有小齿，质地较厚，近无毛；有的叶片掌状深裂，裂片宽披针形，多全缘；叶柄无毛或生柔毛，基部有膜质长鞘。茎生叶 3~5 全裂，裂片线形，全缘，有时侧裂片 2~3 深裂，顶端有钝点，无毛或生柔毛，有短柄至无柄。花较多，单生于茎顶和多数腋生分枝的顶端；萼片卵圆形，外面生柔毛；花瓣 5~7 片，倒卵形，有时顶端有凹缺，基部有窄爪，蜜槽呈杯状袋穴；花药长圆形；花托在果期伸长增大呈圆柱形，密生短毛。聚合果长圆形；瘦果卵球形，稍扁。花、果期 5~7 月。

　　生于海拔 2000~2600m 的沟谷草甸。见于西坡哈拉乌北沟。少见。

（掌裂毛茛图片由刘冰提供）

128. 栉裂毛茛 *Ranunculus pectinatilobus* W. T. Wang

多年生草本。根状茎短，簇生多数须根。茎密被白色柔毛，基部残存枯叶柄。叶基生，叶柄被白色柔毛，叶片圆卵形，具多裂，侧裂片 4 对，栉齿状排列，上面无毛，下面密被白色柔毛；茎生叶 3~5 全裂，裂片条状披针形，下面密被白色柔毛；萼片 5 枚，椭圆状卵形，花瓣 5 片，倒卵形，黄色；花托长圆形，被短毛。聚合果卵球形；瘦果卵球形，稍扁，具纵肋，无毛，喙直伸或稍弯。花期 6~7 月，果期 7~8 月。

生于海拔 2400~2800m 的沟谷草甸。中生植物。仅见于西坡哈拉乌北沟、水磨沟。少见。

129. 高原毛茛 *Ranunculus tanguticus* (Maxim.) Ovcz.

　　多年生草本。须根基部稍粗呈纺锤形，棕褐色。茎直立或斜升，多分枝，细弱，疏被柔毛。基生叶及茎下部叶具长柄，疏被柔毛；三出复叶，小叶片三角状倒卵形，二至三回全裂或深裂，裂片线形，两面被柔毛；小叶具柄；上部叶裂片狭线形。花单生茎顶或分枝的顶端，花梗密被柔毛，上部具 2 枚线状小苞片；萼片 5 枚，椭圆形，边缘膜质，背面被柔毛；花瓣 5 片，黄色，椭圆形，基部具短爪，蜜腺点状；雄蕊 20~25 枚，花药椭圆形。瘦果倒卵球形，稍扁，无毛，喙稍弯或直。花期 6 月，果期 7 月。

　　生于海拔 2400~2600m 的高山草甸及沟边湿地。仅见于西坡哈拉乌北沟。少见。

　　药用部位：全草。

　　药用功效：清热解毒。

　　高原毛茛是蒙药。

（高原毛茛图片由任飞提供）

铁线莲属　　*Clematis* L.

130. 灌木铁线莲　*Clematis fruticosa* Turcz.

直立灌木。枝条黑色，具纵沟棱，常纵向条裂。单叶对生或在短枝上簇生，叶片长椭圆形，边缘具少数裂片状尖锯齿，基部 2 裂片较大。花单生叶腋或成含 3 朵花的聚伞花序；总苞片叶状，

椭圆状披针形，总花梗及花梗密被短柔毛；萼片 4 枚，椭圆形，常具 1 角状尖，全缘，背部中间黄褐色，无毛，边缘黄色，近边缘密生绒毛，里面无毛；雄蕊花丝披针形。瘦果卵形，密被长柔毛，宿存花柱被黄白色长毛。花期 7~8 月，果期 8~9 月。

生于海拔 1400~2000m 的石质山坡。见于东坡汝箕沟、龟头沟、大水沟、甘沟；西坡峡子沟、赵池沟。多见。

131. **小叶铁线莲** *Clematis nannophylla* Maxim.

　　直立小灌木，高 30~100cm。枝红褐色，有棱，密贴伏短柔毛。单叶对生或数叶簇生，叶片轮廓近卵形，羽状全裂，有裂片 2~3 或 4 对，或裂片又作 2~3 裂，裂片或小裂片为椭圆形至宽倒楔形或披针形，有不等 2~3 缺刻状小齿牙或全缘，无毛或有短柔毛。花单生或聚伞花序有 3 花；萼片 4 枚，斜上展呈钟状，黄色，长椭圆形至倒卵形，外面有短柔毛，边缘密生绒毛，内面有短柔毛至近无毛；雄蕊无毛，花丝披针形，长于花药。瘦果椭圆形，有柔毛，宿存花柱长约 2cm，有黄色绢状毛。花期 7~9 月。

　　生于海拔 1400~1800m 的石质山坡，见于三关口。少见。

132. **短尾铁线莲** 林地铁线莲
Clematis brevicaudata DC.

　　草质藤本。茎紫褐色，具纵沟棱。二回羽状复叶，小叶片卵形；叶轴疏被短柔毛，小叶柄无毛。圆锥状聚伞花序，具多数花，总花梗与花梗均被短柔毛；萼片 4 枚，白色，狭倒卵形，外面密被短柔毛，里面无毛；花丝线形，无毛。瘦果狭卵形，具短梗，密生短柔毛，宿存花柱密生白色长柔毛。花期 7~8 月，果期 8~9 月。

　　生于海拔 1800~2400m 的沟谷灌丛。东、西坡均有分布。常见。

　　药用部位：茎藤。

　　药用功效：清热利尿，通乳，消食，通便。

　　短尾铁线莲是蒙药、藏药。

133. 西伯利亚铁线莲 *Clematis sibirica* (L.) Mill.

亚灌木。根棕黄色，茎圆柱形。二回三出复叶，小叶片或裂片 9 枚，卵状椭圆形，纸质，两侧的小叶片常偏斜。单花，与二叶同自芽中伸出，花基部有密柔毛，花钟状下垂，萼片 4 枚，淡黄色，长方椭圆形，质薄，脉纹明显，外面有稀疏短柔毛，内面无毛；退化雄蕊花瓣状，条形，花丝扁平，被短柔毛；子房被短柔毛；花柱被绢状毛。瘦果倒卵形，微被毛，宿存花柱有黄色柔毛。花期 6~7 月，果期 7~8 月。

生于海拔 2000~2300m 的林缘和沟谷灌丛。仅见于西坡哈拉乌北沟。

134. **半钟铁线莲** *Clematis ochotensis* (Pall.) Poir.

木质藤本。茎圆柱形，光滑无毛，淡棕色至紫红色。三出复叶至二回三出复叶；小叶片 3~9 枚，窄卵状披针形至卵状椭圆形，顶端钝尖，基部楔形至近于圆形，常全缘，上部边缘有粗齿牙，侧生的小叶常偏斜，主脉上微被柔毛，其余无毛；小叶柄短；叶柄被稀疏曲柔毛。花单生于当年，生枝顶，钟状，淡蓝色，长方椭圆形至狭倒卵形，两面近于无毛，外面边缘密被白色绒毛；退化雄蕊成匙状条形，长约为萼片之半或更短，顶端圆形，外面边缘被白色绒毛，内面无毛；雄蕊短于退化雄蕊，花丝线形而中部较宽，边缘被毛，花药内向着生；心皮 30~50 个，被柔毛。瘦果倒卵形。花期 5~6 月，果期 7~8 月。

生于海拔 2000~2300m 的林缘和沟谷灌丛。仅见于西坡哈拉乌北沟。

（半钟铁线莲图片由刘冰提供）

135. 长瓣铁线莲 大瓣铁线莲
Clematis macropetala Ledeb.

木质藤本。枝暗紫褐色。二回三出复叶，小叶片卵状披针形，常偏斜，边缘中部具不整齐的裂片状锯齿；托叶长椭圆形，先端3深裂，带紫红色，密被长柔毛。花单生于当年生短枝顶端，花萼钟形，萼片4枚，蓝色或淡蓝紫色，狭卵形，两面被短柔毛，边缘毛较密；退化雄蕊花瓣状，披针形，外面  密被绒毛；雄蕊花丝线形，外面及边缘具短柔毛；心皮倒卵形，密被柔毛。瘦果卵状披针形，宿存花柱被黄白色长柔毛。花期5~6月，果期6~7月。

生于海拔1400~2600m的沟谷灌丛和林缘。见于东坡黄旗沟、贺兰沟、苏峪口沟、插旗沟、大水沟；西坡哈拉乌北沟、南寺沟、强岗岭等。

长瓣铁线莲是蒙药。

变种 **白花长瓣铁线莲** *Clematis macropetala* Ledeb. var. *albiflora* (Maxim.) Hand.-Mazz.

本变种与正种的区别为花白色而较大，萼片先端稍钝，背面密被柔毛，内面无毛。

产于宁夏贺兰山，生于林缘或松林下。

白花长瓣铁线莲是蒙药。

136. 芹叶铁线莲 ^{细叶铁线莲}
Clematis aethusifolia Turcz.

藤本或直立草本。茎禾秆色，具纵沟棱，疏被细柔毛。叶二至三回羽状复叶，末回裂片线形。聚伞花序叶腋生，具 1~3 朵花，花萼钟形，下垂，萼片 4 枚，淡黄色，矩圆状长椭圆形，背面被绒毛，里面无毛；花丝扁平带状，上部被柔毛，花药长椭圆形，药隔微被柔毛，子房扁平，被短毛；花柱密被长柔毛。瘦果椭圆形，红棕色，被柔毛，宿存花柱呈 "S" 形弯曲，被白色长柔毛。花期 6~9 月，果期 8~10 月。

生于海拔 1700~2500m 的山坡灌丛、林缘及沟谷两侧。见于东坡苏峪口沟、黄旗沟、插旗沟、小口子；西坡哈拉乌北沟、锡叶沟、南寺沟、峡子沟。常见。

药用部位：全草。

药用功效：祛风除湿，活血止痛。

芹叶铁线莲是蒙药。

137. 黄花铁线莲 ^{狗豆蔓}
Clematis intricata Bunge

草质藤本。茎纤细，具纵沟棱，禾秆色或带紫色，无毛。叶一至二回羽状复叶，小叶具柄，2~3 全裂。聚伞花序叶腋生；花萼钟形，黄色，萼片 4 枚，狭卵形，外面无毛，仅边缘密被绒毛，里面无毛；

花丝扁平带状，边缘具短毛，无毛；子房椭圆形，密被短柔毛。瘦果卵形，被柔毛，宿存花柱长弯曲，被长柔毛。花期 7~8 月。果期 8~9 月。

生于海拔 1400~2000m 的山坡沟谷、河滩及居民点附近。见于东坡黄旗沟、苏峪口沟等；西坡北寺沟、南寺沟。常见。

药用部位：全草。

药用功效：祛风除湿，解毒，止痛。

黄花铁线莲是回药、蒙药。

138. **甘青铁线莲** 唐古特铁线莲
Clematis tangutica (Maxim.) Korsh.

木质藤本。茎禾秆色，具纵沟棱，被柔毛。一回羽状复叶，具 5~7 个小叶，小叶基部常 2~3 裂。花单生叶腋或为聚伞花序，具 3 朵花；萼片 4 枚，椭圆形，黄色，背面被柔毛，边缘密被绒毛，里面无毛；花丝扁平带状，下部边缘具柔毛，花药无毛；子房密生柔毛。瘦果狭卵形，密被柔毛，宿存花柱密被长柔毛。花期 6~9 月，果期 9~10 月。

　　生于海拔 1400~2600m 的沟谷河滩砾石堆。仅见于东坡苏峪口沟。稀见。

　　药用部位：全草。

　　药用功效：健胃消积，解毒化湿。

　　甘青铁线莲是蒙药、藏药。

翠雀属	*Delphinium* L.

139. 白蓝翠雀花 *Delphinium albocoeruleum* Maxim.

多年生草本。具直根，黑褐色。茎直立，疏被短柔毛。基生叶及茎下部叶具长柄，叶片轮廓五角形，3 深裂，中裂片菱形，中部再 3 裂，侧裂片不等 2 裂。伞形花序具少数花，花梗密被柔毛；小苞片线形，萼片 5 枚，蓝紫色，宽卵形；退化雄蕊 2 枚，瓣片 2 浅裂，中部具黄色髯毛；蜜叶 2 枚，黑褐色，先端不裂；雄蕊多数，花丝倒披针形，被毛；心皮 3 个，上部被短柔毛。花期 7~8 月。

生于海拔 1800~2800m 的林缘、草甸及灌丛。见于东坡小口子、黄旗沟、拜寺沟、苏峪口沟、大水沟；西坡哈拉乌沟、南寺沟、雪岭子沟。常见。

药用部位：全草。

药用功效：清热燥湿。

白蓝翠雀花是蒙药。

140. 软毛翠雀花 *Delphinium mollipilum* W. T. Wang

多年生草本。茎具分枝，圆柱形，上部稍具棱，疏被柔毛。基生叶具长柄，茎生叶向上叶柄渐短，被柔毛。叶片轮廓肾形，3 全裂，中全裂片 2 回条裂，侧裂片 2 深裂。花序伞房状，被柔毛；小苞片线形，着生于花梗中部以上；萼片 5 枚，蓝色，椭圆形，外面被柔毛；退化雄蕊具爪，瓣片卵圆形，中部具黄色髯毛，蜜叶先端不裂；雄蕊多数，花丝无毛；心皮 3 个，无毛。花期 7~8 月。

生于海拔 1400~2500m 的山坡林缘、灌丛及草甸。东、西坡均有分布。常见。

小檗科 Berberidaceae

小檗属   *Berberis* L.

141. **西伯利亚小檗** _{刺叶小檗}
Berberis sibirica Pall.

　　落叶灌木。幼枝红褐色，具纵条棱，散生黑色疣点，老枝灰黄色，树皮常片状剥落；刺常5分叉。叶形多变化，椭圆形，边缘疏生细刺状粗锯齿，每边具齿不超过10枚，两面绿色，背面网脉明显，边缘稍反卷，无毛；叶柄圆柱形，与叶片相连处具关节。花期5~7月，果期8~9月。

　　生于海拔1600~2000m的山地半阳、半阴坡及沟谷中。见于东坡甘沟、黄旗沟、苏峪口沟、汝箕沟；西坡少见。多见。

　　药用部位：根皮和茎皮。

　　药用功效：清热解毒，止泻，止血，明目。

　　西伯利亚小檗是蒙药。

（西伯利亚小檗图片由刘冰提供）

142. 鄂尔多斯小檗 *Berberis caroli* Schneid.

　　落叶灌木。幼枝黄褐色，具明显的纵条棱，老枝灰褐色，被黑色疣点；刺单一或三分叉。叶质厚，倒卵形，边缘疏生刺状细锯齿或全缘，上面深绿色，背面黄绿色，两面网脉明显，近无柄。花序为短总状花序；花黄色，小苞片长卵形，外轮萼片椭圆形，内轮萼片宽倒卵形，花瓣卵形；花药与花丝近等长；子房圆柱体形；无花柱，柱头头状，含2粒胚珠。花期6月。

　　生于海拔1400~2000m的浅山和沟谷灌丛。东、西坡均有少量分布。少见。

　　药用部位：根皮和茎皮。

　　药用功效：清热解毒，止泻，止血，明目。

　　鄂尔多斯小檗是蒙药，其根皮和根也作黄色染料。

143. 置疑小檗 *Berberis dubia* Schneid.

灌木。幼枝紫红色，具纵条棱；刺单一或三分叉。叶狭倒卵形，先端钝，具小刺尖，全缘或具少数刺状细锯齿，每边锯齿约 4 枚，两面网脉明显，无毛。总状花序，花黄色，外轮萼片倒卵形，内轮萼片宽倒卵形；花瓣卵状椭圆形，先端微 2 裂，腺体狭倒卵形；子房椭圆柱体形，含 2 粒胚珠。花期 6 月。

生于海拔 1500~2600m 的山坡林缘和灌丛。见于东坡黄旗沟、苏峪口沟、插旗沟、大水沟；西坡哈拉乌北沟、水磨沟、峡子沟、北寺沟、南寺沟、赵池沟等。常见。

罂粟科 Papaveraceae

白屈菜属　　*Chelidonium* L.

144.　白屈菜　*Chelidonium majus* L.

多年生草本。含黄色乳汁。主根粗壮，茎直立，多分枝，被短柔毛。叶互生，羽状全裂，裂片卵形，上面绿色，下面粉白色，疏被短柔毛。伞形花序，萼片 2 枚，椭圆形，早落；花瓣 4 片，倒卵形，黄色；雄蕊多数；子房圆柱形；花柱短，柱头头状。蒴果线状圆柱形，种子间稍收缩，无毛。花期 6~7 月，果期 8 月。

生于海拔 1400~1800m 的沟谷河床。见于东坡苏峪口沟、黄旗沟、甘沟；西坡峡子沟。少见。

药用部位：全草。

药用功效：镇惊息风，定喘，清热解毒。

白屈菜是蒙药，其根能破瘀止痛；带根全草能消肿止痛，解毒，也可制农药。白屈菜中的白屈菜碱、白屈菜红碱和血根碱具有多种生物活性作用。

角茴香属　*Hypecoum* L.

145. **角茴香** 野茴香
Hypecoum erectum L.

　　一年生草本。根圆柱形，棕黄色。茎多数由基部抽出，灰绿色，上部分枝。基生叶呈莲座状，二至三回羽状全裂，最终裂片细线形。花淡黄色；萼片长卵形，先端锐尖，外面 2 片花瓣宽倒卵形，先端稍 3 裂，内侧 2 片较窄，狭倒卵形，先端 3 裂；雄蕊与花瓣近等长；子房线形；柱头 2 裂。蒴果线形，成熟时 2 瓣开裂。花、果期 5~7 月。

　　生于海拔 2900m 左右的山顶湿地。仅见于西坡高山气象站。稀见。

　　药用部位：根及全草。

　　药用功效：泻火，解热，镇咳。

　　角茴香是蒙药。

紫堇属 *Corydalis* Vent.

146. **贺兰山延胡索** *Corydalis alaschanica* (Maxim.) Peshk.

多年生草本。根肥大，肉质，圆锥形，表面深褐色，断面白色。茎淡褐色，稍肉质，基部具数个浅褐色膜质叶鞘。叶具长柄，三出复叶。总状花序顶生；苞片卵形，萼片小，膜质，早落；花冠蓝紫色，上面花瓣倒卵形，先端具小尖头，下面的花瓣倒卵状披针形，先端具小尖头；子房卵状长椭圆形；柱头 2 裂，呈冠状膨大。蒴果长椭圆形，下垂。花期 5~7 月，果期 7~8 月。

生于海拔 2500~2800m 的山坡沟谷石缝阴湿处。见于东坡黄旗沟、贺兰沟；西坡哈拉乌北沟、水磨沟。多见。

147. 灰绿黄堇 *Corydalis adunca* Maxim.

多年生草本。全株被白粉。主根粗壮，深褐色。叶二回羽状全裂。总状花序顶生；苞片披针形，距先端圆，萼片卵形，先端锐尖，早落；上面花瓣倒卵形，先端具尖头，下面花瓣稍狭，先端具小尖头，内侧 2 片花瓣狭倒卵形，先端稍连合，基部具爪；子房线形；柱头 2 裂，周围具数个鸡冠状突起。蒴果宽线形，自下而上两瓣开裂。花期 6~7 月，果期 8~9 月。

生于海拔 1400~2300m 的浅山石质山坡石缝中。东、西坡均有较多分布。常见。

药用部位：块根。

药用功效：清肺止咳，清肝利胆，止痛。

灰绿黄堇是藏药。

148. **蛇果紫堇** *Corydalis ophiocarpa* Hook. f. et Thoms.

多年生草本。茎直立，稍肉质，淡黄色。叶具柄，柄两侧具翅，叶二回羽状全裂。总状花序生枝顶；苞片披针形，萼片小，膜质，具齿牙，早落；花冠黄色，距长为花冠的1/4，末端圆形。蒴果线形，波状扭曲呈蛇状。种子球形，黑色，具光泽。花期 6 月，果期 7~8 月。

生于海拔 1600~2000m 的山地沟谷石质山坡上。见于东坡大水沟；西坡哈拉乌北沟、古拉木。少见。

十字花科 Cruciferae

双果荠属 *Megadenia* Maxim.

149. 双果荠 *Megadenia pygmaea* Maxim.

一年生草本。叶心状圆形，顶端圆钝，基部心形，全缘。花直径约 1mm；萼片宽卵形，边缘白色；花瓣白色，匙状倒卵形。短角果横卵形。种子球形，褐色。花期 6 月，果期 7 月。

生于林缘。见于哈拉乌沟北沟，为贺兰山新记录植物。稀见。

沙芥属 *Pugionium* Gaertn

150. 宽翅沙芥 *Pugionium dolabratum* Maxim.

一年生草本。茎直立，圆柱形。叶肉质，基生叶与茎下部叶具柄，叶片为不规则的二回羽状深裂或全裂。总状花序顶生，或为圆锥状；花瓣线状披针形，浅紫色；四强雄蕊；雌蕊极短；子房扁，无柄；无花柱，柱头具多数乳头状突起。短角果具翅。花期 6~7 月，果期 7~8 月。

生于山前洪积扇。见于东坡插旗口山前洪积扇，为贺兰山新记录植物。稀见。

药用部位：全草和根。

药用功效：全草能行气止痛，消食，解毒；根能止咳，清肺热。

宽翅沙芥嫩叶可食用。宽翅沙芥是固沙植物。

葶菜属 *Rorippa* Scop.

151. 沼生葶菜 ^{风花菜}
Rorippa islandica (Oed.) Borb.

二年生草本。茎直立。叶提琴状羽状深裂。总状花序顶生；萼片直立，长圆形；花瓣黄色，倒卵形，与萼片等长。短角果圆柱状长椭圆形，两端钝圆；种子 2 列，近卵形，稍扁，淡褐色。花期 6~8 月，果期 7~9 月。

生于海拔 1400~2000m 的沟谷溪边。见于东坡沟小口子、苏峪口、插旗沟、大水沟；西坡哈拉乌北沟。多见。

药用部位：全草。

药用功效：清热利尿，解毒，消肿。

沼生葶菜的种子含干性油，含油量 31.37%，供食用，亦可供制肥皂、油漆、油墨及润滑油。沼生葶菜的嫩草可食用。

菥蓂属	*Thlaspi* L.

152. 菥蓂 *Thlaspi arvense* L.

一年生草本。全株无毛。茎淡绿色，具纵条棱。基生叶椭圆形，早枯萎；茎生叶倒披针形，基部箭形，抱茎。总状花序，萼片斜升，卵形，边缘白色膜质；花瓣白色，矩圆形，先端圆形或微凹，基部具爪。短角果圆形，周围有翅，先端凹缺，扁平。花期 5~6 月，果期 6~7 月。

生于海拔 1500~2000m 的山地草甸和沟谷。见于东坡中部山麓；西坡哈拉乌北沟。少见。

药用部位：全草及种子。

药用功效：全草能清热解毒，消肿排脓；种子能利肝明目。

菥蓂是藏药，其种子含油量 28%~34%，出油率 22.5%，可制肥皂、润滑油等，亦可食用。

独行菜属 *Lepidium* L.

153. 阿拉善独行菜 *Lepidium alashanicum* S. L. Yang

一年生或二年生草本。茎有疏生棒状腺毛。叶线形上面疏生腺毛，下面无毛。总状花序顶生，花小，萼片绿色，椭圆形，边缘白色膜质，外面疏生柔毛；无花瓣；雄蕊6枚。短角果卵形，扁平，一面稍凸，有1中脉，顶端微缺，具不明显的窄边，近无花柱；果梗细，具棒状腺毛；种子长圆形，棕色。花、果期6~8月。

生于浅山丘陵河滩和路旁。仅见于西坡哈拉乌沟、宗别立、北寺沟。少见。

药用部位：种子。

药用功效：清热利湿，止血。

阿拉善独行菜是蒙药。

154. 独行菜 小辣辣、北葶苈子
Lepidium apetalum Willd.

　　一年生或二年生草本。主根细长，圆柱形，黄褐色。茎淡绿色，被棒状腺毛，多分枝。基生叶平铺地面，羽状浅裂，茎生叶狭披针形。总状花序，萼片卵圆形，边缘白色膜质；花瓣白色，长圆形；雄蕊 2 枚，位于子房两侧，与萼片等长。短角果扁平，近圆形，具狭翅，2 室，每室含 1 粒种子；果梗向外弯曲，被棒状腺毛。花期 4~5 月，果期 5~6 月。

　　生于沟谷、盐化滩地和居民点附近。东、西坡山麓均有分布。常见。

　　药用部位：种子。

　　药用功效：泻肺平喘，祛痰止咳，行水消肿。

　　独行菜是回药、蒙药。

155 宽叶独行菜 大辣辣、羊辣辣
Lepidium latifolium L.

　　多年生草本。根茎粗壮，浅棕色。茎淡绿色，具纵条纹。基生叶具柄，椭圆形；茎生叶无柄，椭圆状披针形。总状花序组成圆锥花序状，萼片卵形，边缘白色膜质，无毛；花瓣倒卵形，白色或基部紫红色；雄蕊 6 枚。短角果椭圆形，扁平，无毛，柱头宿存；果梗细，无毛。花期 5~7 月，果期 8~9 月。

　　生于山麓冲沟、盐碱地和居民点附近。东、西坡山麓均有分布。少见。

　　药用部位：种子。

　　药用功效：泻肺平喘，行水消肿。

　　宽叶独行菜是回药、蒙药。

阴山荠属　*Yinshania* Y. C. Ma et Y. Z. Zhao

156. 阴山荠　*Yinshania acutangula* (O. E. Schulz) Y. H. Zhang

一年生草本。茎直立，上部分枝，具纵棱。叶片卵形，羽状裂。花序伞房状，萼片长圆状椭圆形，顶端圆形，具微齿；花瓣白色，倒卵形，顶端圆形，基部楔形成短爪；子房被单毛，胚珠 16 枚。短角果披针状椭圆形；种子每室 1 行，种子卵形，棕褐色。花期 7~9 月。

生于海拔 1300~1600m 的山坡沟谷溪边和灌丛中。仅见于东坡小口子、贺兰沟、大水沟、插旗口。多见。

葶苈属	*Draba L.*

157. 光果葶苈 *Draba nemorosa* var. *leiocarpa* Lindbl.

一年生或二年生草本。茎直立，淡绿色，上部无毛，下部被单毛、叉状毛和星状毛。基生叶莲座状，倒卵状长圆形；茎生叶互生，无柄，卵形，两面被毛。总状花序顶生，萼片椭圆形，边缘白色；花瓣倒卵形，黄色，先端微凹。果序极伸长，水平伸展；短角果矩圆形，光滑无毛。花期 5~6 月，果期 6~7 月。

生于海拔 2000~2800m 的山坡沟谷、灌丛、林缘、草甸。东、西坡均有分布。少见。

药用部位：种子。

药用功效：清热祛痰，定喘，利尿。

光果葶苈的种子含油量约 26%，可供工业用。

158. **喜山葶苈** *Draba oreades* Schrenk

　　多年生草本。根茎分枝多，下部留有鳞片状枯叶，上部叶丛生成莲座状，叶长圆形，下面和叶缘有毛。花茎密生毛。总状花序，萼片长卵形，背面有单毛；花瓣黄色，倒卵形。短角果短宽卵形，基部圆钝，无毛，果瓣不平。种子卵圆形，褐色。花期 6~8 月。

　　生于海拔 3000m 以上的高山灌丛、草甸和石缝中。见于主峰下和山脊两侧。多见。

　　药用部位：全草。

　　药用功效：助消化，消炎。

　　喜山葶苈是藏药。

159. **蒙古葶苈** *Draba mongolica* Turcz.

多年生丛生草本。根茎分枝多，分枝茎下部宿存纤维状枯叶，上部簇生莲座状叶，茎被灰白色毛。莲座状茎生叶披针形；茎生叶长卵形。总状花序，萼片椭圆形；花瓣白色，长倒卵形；雄蕊短卵形；子房长椭圆形，无毛。短角果卵形；果梗呈近于直角开展或贴近花序轴；种子黄棕色。花期 6~7 月。

生于海拔 2200~3400m 的山地沟谷溪边、高山草甸或石缝中。见于主峰下和哈拉乌北沟。稀见。

燥原荠属　　*Ptilotrichum* C. A. Mey.

160. 燥原荠 *Ptilotrichum canescens* (DC.) C. A. Mey.

　　半灌木状小草本。主根圆柱形。茎多自基部分枝，基部木质化，密被灰色星状毛。叶稠密，无柄，线形，两面被灰色星状毛。总状花序顶生，萼片直立，椭圆形，具膜质边缘，背面被星状毛；花瓣倒卵形，白色，先端圆，基部具爪。短角果椭圆状卵形，密被星状毛，花柱宿存，每室含 1 粒种子。花、果期 6~9 月。

　　生于海拔 1400~1800m 的浅山丘陵山坡。东、西坡均有分布。常见。

离子芥属　　*Chorispora* R. Br. et DC.

161. **离子草**　*Chorispora tenella* (Pall.) DC.

　　一年生草本。主根圆柱状，浅棕色。茎浅绿色，疏被头状腺毛。基生叶狭长椭圆形，羽状浅裂；茎生叶椭圆状披针形，边缘具波状齿。总状花序顶生；萼片直立，狭长椭圆形，边缘膜质，绿色或上部紫色，背面上部被长柔毛，外侧 2 片基部稍膨大成囊状；花瓣倒卵状披针形，上部紫色；雄蕊离生。长角果圆柱形，先端具长喙，疏被腺毛，不裂，具横节。花期 5~6 月，果期 6~7 月。

　　仅见于东坡山麓冲沟湿润处及农田。少见。

　　离子草的嫩株可食。

棒果芥属 *Sterigmostemum* M. Bieb.

162. 紫花棒果芥 *Sterigmostemum matthioloides* (Franch.) Botsch.

多年生草本。全株密被星状毛。茎直立，灰绿色，圆柱形。基生叶莲座状，具柄，披针形，不规则羽状分裂；茎生叶边缘不规则羽状浅裂。总状花序，萼片直立，长椭圆形，具狭膜质边缘，背部密生星状毛和腺毛；花瓣紫红色，倒卵状披针形；子房椭圆形，密被星状毛，柱头头状。长角果圆柱状，密被星状毛和腺毛，花柱宿存。花期 5~6 月，果期 6~7 月。

生于海拔 1400~1900m 的低山冲沟和沙砾地。见于东坡贺兰沟、苏峪口沟；西坡哈拉乌沟、水磨沟。多见。

大蒜芥属	*Sisymbrium* L.

163. 垂果大蒜芥 *Sisymbrium heteromallum* C. A. Mey.

一年生或二年生草本。茎圆柱形，具纵条棱。茎生叶和基生叶均为大头羽状深裂。茎上部叶披针形，羽状浅裂或全缘。总状花序顶生，萼片线形；花瓣黄色，倒卵状披针形；雄蕊离生，与花瓣近等长；子房圆柱形，花柱短，柱头头状。长角果线形，中脉明显；种子1列。花期5~6月，果期6~7月。

生于海拔1300~2200m的山地沟谷和灌丛中。见于东坡甘沟、小口子、黄旗沟、苏峪口沟、大水沟；西坡哈拉乌北沟、北寺沟、南寺沟、乱柴沟等。常见。

药用部位：全草和种子。

药用功效：止咳化痰，清热解毒。

垂果大蒜芥的种子可作辛辣调味品，代芥末用。

花旗杆属	*Dontostemon* **Andrz. et. Ledeb.**

164. 小花花旗杆 *Dontostemon micranthus* C. A. Mey.

一年生或二年生草本。茎直立，被
卷曲柔毛或单毛。叶线形，两面疏被毛。
总状花序顶生，萼片线形，具白色膜质
边缘，背面被单毛；花瓣淡紫色或白色，
近匙形；长雄蕊稍短于花瓣，短雄蕊基
部具蜜腺。长角果圆柱形，无毛，喙极
短，先端头状。花、果期 6~8 月。

生于海拔 1200~1800m 的浅山沟谷、
溪边湿地。仅见于东坡甘沟、小口子、
苏峪口沟、大水沟。多见。

异蕊芥属	*Dimorphostemon* **Kitag.**

165. 异蕊芥 *Dimorphostemon pinnatus* (Piers.) Kitag.

二年生直立草本。植株具腺毛及单毛。叶互生，长椭圆形，两面均被黄色腺毛及白色长单毛。
总状花序顶生，萼片宽椭圆形，内轮 2 枚基部略呈囊状；花瓣白色或淡紫红色，倒卵状楔形；长雄
蕊花丝顶部一侧具齿或顶端向下逐渐扩大，扁平。长角果圆柱形，具腺毛；种子每室 1 行，椭圆形，
褐色；子叶背倚胚根。花、果期 5~9 月。

生于海拔 2700~3000m 的山坡。见于东坡苏峪口沟；西坡高山气象站、黄土梁。

播娘蒿属   *Descurainia* Webb. et Berth.

166. **播娘蒿** _{南葶苈子}
Descurainia sophia (L.) Webb. ex Prantl

一年生或二年生草本。茎直立，具纵条棱，密被灰白色分叉状短毛。叶二至三回羽裂，最终裂片线形，两面密被分叉状短毛。总状花序顶生；萼片直立，长椭圆形，背面疏被分叉状柔毛；花瓣淡黄色，匙形，与萼片等长；子房圆柱形；柱头头状。长角果细圆柱形，无毛；种子 1 列。花期 5~6 月，果期 6~7 月。

生于海拔 1200~1500m 的浅山沟谷或居民点附近。仅见于东坡山麓地带。少见。

药用部位：种子。

药用功效：行气，利尿消肿，止咳平喘，祛痰。

播娘蒿是蒙药，其种子含油约 44%，可制肥皂、油漆；亦可食用。播娘蒿全草可制农药，对棉蚜、菜青虫等有杀灭作用。

糖芥属　　*Erysimum* L.

167. **小花糖芥** 桂竹糖芥
Erysimum cheiranthoides L.

　　一年生或二年生草本。茎圆柱形，有时下部紫红色，密被丁字毛。叶线形两面密被 3 叉状毛。总状花序顶生；萼片直立，外侧 2 片长椭圆形，内侧 2 片较狭，先端内弯，背面被 3 叉状毛；花瓣倒卵形，黄色；雄蕊离生；子房圆柱形；柱头头状，疏被 3 叉状毛。长角果线形，具纵棱，被 3 叉状毛。花期 6~7 月，果期 7~8 月。

　　生于海拔 1800~2300m 的山地沟谷溪边湿地、阴坡石缝中。见于东坡插旗沟、大水沟；西坡哈拉乌北沟、水磨沟。多见。

　　药用部位：全草和种子。

　　药用功效：强心利尿，和胃消食。

　　小花糖芥是蒙药，其种子含油 20%~40%，可榨油供工业用。

| 念珠芥属 | *Torularia* (Coss.) O. E. Schulz |

168. 蚓果芥 *Torularia humilis* (C. A. Mey.) O. E. Schulz

多年生草本。直根圆柱形，深褐色。茎具纵棱，密被叉状毛，下部常紫色。叶倒披针形，两面被分叉毛，花时枯萎。总状花序顶生；萼片直立，椭圆形，背面被叉状毛；花瓣倒卵形，白色或淡紫色，先端截形，基部渐狭成爪。长角果线形，密被分叉状毛，呈念珠状。花、果期5~8月。

生于浅山沟谷、河滩及石缝。见于东坡甘沟、苏峪口沟、插旗沟、大水沟、汝箕沟；西坡哈拉乌沟、水磨沟、古拉本、峡子沟等。常见。

药用部位：全草。

药用功效：解毒，消食。

蚓果芥是藏药。

南芥属　*Arabis* L.

169. **贺兰山南芥** *Arabis alaschanica* Maxim.

多年生草本。直根圆柱形，棕褐色。叶基生，莲座状，狭倒卵形，叶缘密被刺毛状缘毛。花葶自基部抽出，总状花序顶生，开花时呈伞房状，花后伸长；萼片卵状椭圆形，花瓣倒卵状长椭圆形，白色或淡紫红色；雄蕊离生；子房线形；花柱长，柱头头状，无毛。长角果线形，果瓣中脉明显。花期 5~6 月，果期 6~7 月。

生于海拔 1900~2800m 的云杉林缘的岩石缝中。见于东坡黄旗沟、苏峪口沟、插旗沟、大水沟；西坡哈拉乌沟、北寺沟、南寺沟、黄土梁、赵池沟等。常见。

药用部位：全草。

药用功效：缓急解毒，退热。

170. 硬毛南芥 *Arabis hirsuta* (L.) Scop.

一年生草本。茎直立单一,圆柱形,基部常紫红色,密被分枝毛及单硬毛。叶长椭圆形,抱茎。总状花序顶生和腋生;萼片直立,卵状披针形,外面的 2 片基部成囊状;花瓣倒卵状披针形,先端圆,白色;子房圆柱形;柱头头状,2 裂,无毛。长角果线形,直立,无毛,果瓣具 1 中脉。花期 5~6 月,果期 6~7 月。

生于海拔 2000~2500m 的山地沟谷湿地。见于东坡插旗沟、大水沟;西坡哈拉乌北沟、北寺沟、南寺沟、黄土梁、赵池沟等。常见。

171. 垂果南芥 ^{野白菜}

171. 垂果南芥 野白菜
Arabis pendula L.

二年生草本。主根圆柱状。茎圆柱形，密被单硬毛。叶长椭圆形，基部心形，抱茎，两面密被分叉毛和单毛；下部叶具短柄，被分枝毛和单毛。总状花序顶生和腋生；萼片直立，椭圆形，边缘膜质，背面密被星状毛；花瓣匙形；子房圆柱形；花柱短，柱头头状。长角果线形，无毛。花期6~7月，果期7~8月。

生于海拔2000~2500m的山地沟谷、灌丛中或阴坡石缝中。见于东坡黄旗沟、小口子、苏峪口沟；西坡哈拉乌沟、照北沟、黄土梁等。常见。

药用部位：果实。

药用功效：清热解毒，消肿。

垂果南芥是蒙药。

景天科 Crassulaceae

| 瓦松属 | *Orostachys* Fisch. |

172. 瓦松 石莲花、瓦花
Orostachys fimbriatus (Turcz.) Berger

　　二年生草本。全株无毛，茎直立，单生。基生叶莲座状，匙状线形，先端具白色软骨质的缝状刺；茎生叶散生，无柄，线形，先端具突尖头。总状花序紧密；萼片5枚，卵状长圆形；花瓣5片，披针形，先端具突尖头，淡红色，具红色斑点；雄蕊10枚，花药心形，带黑色；鳞片5枚，近方形。种子多数，卵形。花期7~8月，果期9月。

　　生于海拔1400~2300m的沟谷河滩和石质山坡。见于东坡小口子、黄旗沟、苏峪口沟、插旗沟、大水沟；西坡哈拉乌沟、水磨沟、香池子沟、南寺沟等。常见。

　　药用部位：全草。

　　药用功效：止血，活血，敛疮。

　　瓦松是蒙药。

| 红景天属 | *Rhodiola* L. |

173. 小丛红景天 香景天
Rhodiola dumulosa (Franch.) S. H. Fu

　　亚灌木。全株无毛。主轴粗壮，分枝，地上部分常有残留的老枝；一年生枝聚生于主轴顶端，淡绿白色。叶互生，线形，头状伞房花序顶生；萼片5枚，线状披针形；花瓣5片，披针形，白色

或红色；雄蕊 10 枚，较花瓣短，2 轮排列；鳞片
5 枚，半长圆形；心皮 5 个，卵状矩圆形。蓇葖果；
种子长圆形。花期 7~8 月，果期 9~10 月。

　　生于海拔 2300~3400m 的山顶岩石缝中。见
于东坡小口子、黄旗沟、苏峪口沟、插旗沟；西
坡哈拉乌沟、水磨沟、南寺沟等。常见。

　　药用部位：全草。

　　药用功效：养心安神，滋阴补肾，清热明目。

　　小丛红景天是蒙药，其茎含鞣质，可提取栲胶。

景天属 *Sedum* L.

174. 阔叶景天 *Sedum roborowskii* Maxim.

二年生草本。无毛。根纤维状。花茎近直立，由基部分枝。叶互生，长圆形，有钝距，先端钝。花序近蝎尾状聚伞花序，疏生多数花；苞片叶形。花为不等的五基数；萼片长圆形或长圆状倒卵形，不等长，有钝距，先端钝（有时有乳头状突起）；花瓣淡黄色，卵状披针形，离生，先端钝；雄蕊10枚，2轮；鳞片线状长方形（有时上部扩大），先端微缺；心皮长圆形，花柱基部合生。种子卵状长圆形，有小乳头状突起。花期8~9月，果期9月。

生于海拔1900~2600m的石质山坡石缝中。见于西坡南寺、哈拉乌北沟。多见。

（阔叶景天图片由任飞提供）

175. 费菜 景天三七 *Sedum aizoon* L.

多年生草本。根近木质块状。茎直立，圆柱形，基部常紫褐色。叶互生，椭圆状披针形，边缘有不整齐的锯齿；无柄。聚伞花序顶生；萼片5枚，线形；花瓣5片，黄色，长圆形，具短尖；雄蕊10枚，2轮；鳞片横长方形，心皮5个，基部合生，卵状长圆形，腹面凸出；花柱长钻形。蓇葖果呈星芒状排列，具直喙；种子长圆形，具狭翅。花期6~7月，果期8~10月。

生于海拔1700~2500m的石质山坡、沟谷崖壁或石缝中。东、西坡均有分布。多见。

药用部位：全草。

药用功效：安神，止血，化瘀。

费菜是蒙药，亦是新兴保健蔬菜，园艺花卉植物。

虎耳草科 Saxifragaceae

虎耳草属 | *Saxifraga* L.

176. 零余虎耳草 *Saxifraga cernua* L.

多年生草本。具鳞茎。茎直立，被柔
毛和腺毛，上部叶腋具珠芽。叶片肾形，
掌状 5~7 浅裂，基部心形，裂片宽卵形，
两面被柔毛和腺毛，上部茎生叶卵形。花
单生茎顶；萼片 5 枚，狭卵形，外被柔毛
和腺毛；花瓣 5 片，白色、狭倒卵形，顶
端微凹；雄蕊 10 枚；子房上位，心皮 2 个，
大部合生；花柱 2 枚。花、果期 7~8 月。

生于海拔 3000m 以上的山地岩石缝中。
见于主峰下及山脊两侧。少见。

177. 爪瓣虎耳草 *Saxifraga unguiculata* Engl.

多年生草本。丛生。小主轴分枝，具莲座叶丛；花茎具叶，中下部无毛，上部被褐色柔毛。莲
座叶匙形，边缘多少具刚毛状睫毛；茎生叶长圆形，先端具短尖头，边缘具腺睫毛（有时腺头掉落）。

花单生于茎顶，萼片起初直立，卵形；花瓣黄色，狭卵形，3~7 脉，具不明显之 2 痂体或无痂体；子房近上位，阔卵球形。花期 7~8 月。

生于海拔 2800~3500m 的高寒灌丛和草甸。见于主峰下及山脊两侧。少见。

药用部位：全草。

药用功效：清肝胆之热，排脓敛疮。爪瓣虎耳草是蒙药。

茶藨子属　　　*Ribes* L.

178. 美丽茶藨子　*Ribes pulchellum* Turcz.

灌木。小枝褐色，被短柔毛；老枝灰褐色，节上有 1 对刺。叶近圆形 3 深裂，裂片先端尖，边缘具锯齿，上面被伏生粗毛和柔毛，背面脉腋有簇毛；叶柄被腺毛。花单性，雌雄异株，总状花序生短枝上；萼片 5 枚，宽卵形，淡红色；花瓣 5 片，鳞片状；雄蕊 5 枚；子房下位；花柱 1 枚，柱头 2 裂。浆果近圆形。花期 6 月，果期 8 月。

生于海拔 1500~2600m 的半阴坡沟谷灌丛。见于东坡甘沟、小口子、黄旗沟、贺兰沟、苏峪口沟、镇木沟、大水沟、汝箕沟；西坡哈拉乌沟、水磨沟、南寺沟、北寺沟、峡子沟等。常见。

美丽茶藨子的果实可食。

179. 糖茶藨子 *Ribes emodense* Rehd.

灌木。幼枝紫褐色，老枝灰黑色。叶肾形，5裂，边缘具不规则的重锯齿，表面伏生短腺毛，背面无毛或基部脉腋有柔毛，边缘具缘毛。总状花序；苞片长圆形，边缘具腺毛；萼片5枚，倒卵状矩圆形，红色，顶端圆钝，具缘毛；花瓣小，雄蕊5枚；花柱1枚，柱头2裂。浆果球形，无毛。花期5~6月，果期6~7月。

生于海拔2000~2700m的山地云山林缘、沟谷灌丛。见于东坡黄旗沟、贺兰沟、苏峪口沟、插旗沟；西坡哈拉乌沟、水磨沟、南寺沟、北寺沟、强岗梁等。常见。

蔷薇科 Rosaceae

绣线菊属 *Spiraea* L.

180. 耧斗菜叶绣线菊 *Spiraea aquilegifolia* Pall.

灌木。小枝圆柱形，淡褐色，密被短柔毛。芽小，卵形，具数个鳞片，被短柔毛。花枝上的叶倒卵形，先端3~5浅圆裂，不育枝上的叶通常为扇形，先端3~5浅圆裂，基部楔形。伞形花序，萼筒钟形，萼裂片三角形；花瓣近圆形，白色；雄蕊20枚；子房被短柔毛；花柱短于雄蕊。蓇葖果开展，上部及腹缝线被柔毛，宿存萼片直立。花期5~6月，果期7~8月。

生于海拔1500~1900m的沟谷、石质山坡。见于东坡甘沟、苏峪口沟、插旗沟；西坡峡子沟、赵池沟等。常见。

181. 蒙古绣线菊 *Spiraea mongolica* Maxim.

　　灌木。小枝有棱角，红褐色，老枝暗褐色。冬芽长卵形，具 2 枚外露鳞片。叶片长椭圆形，具小尖头，基部楔形。伞形总状花序，无毛；萼筒钟形，无毛，萼裂片三角形，先端急尖，里面被短柔毛；花瓣近圆形，先端圆钝，白色；雄蕊 20 枚，与花瓣近等长；子房密被短柔毛。蓇葖果被柔毛。花期 5~7 月，果期 7~9 月。

　　生于海拔 1500~2600m 的山坡沟谷灌丛。东、西坡均有分布。常见。

　　药用部位：花。

　　药用功效：生津止渴，利水。

　　蒙古绣线菊是藏药。

182. 毛枝蒙古绣线菊 *Spiraea mongolica* var. *tomentulosa* T. T. Yu

灌木。小枝圆柱形灰黄色，老枝灰褐色。冬芽长卵形，具2枚外露鳞片。叶长椭圆形，基部楔形，全缘。复伞房花序着生于侧生小枝顶端，萼筒钟状，萼裂片三角形，先端钝，外面无毛；花瓣宽倒卵形，白色；雄蕊约20枚；花柱较雄蕊短；子房无毛。花期6月。

生于海拔1600~2300m的山地沟谷、石质山坡、山脊。见于东坡黄旗沟、苏峪口沟、插旗沟；西坡北寺沟、哈拉乌沟、南寺沟、峡子沟等。常见。

栒子属	*Cotoneaster* B. Ehrhart

183. 水栒子 *Cotoneaster multiflorus* Bunge

落叶灌木。幼枝红褐色,具短柔毛,老枝暗灰褐色,无毛。叶片卵形,叶柄被柔毛。聚伞花序,萼筒钟形,萼片三角形;花瓣开展,近圆形,白色;雄蕊18枚;花柱2枚,离生,比雄蕊短;子房顶端密被柔毛。果实红色,近球形,具1个小核。花期6月,果期7~8月。

生于海拔1800~2500m的阴坡山地沟谷。见于东坡黄旗沟、插旗沟;西坡南寺沟、哈拉乌沟。常见。

水栒子可作苹果矮化砧木,具有园林观赏价值和生态价值。

184. 灰栒子 *Cotoneaster acutifolius* Turcz.

　　落叶灌木，高约 2m。幼枝红褐色，被黄色糙伏毛，老枝暗褐色，无毛。叶片椭圆形、卵状椭圆形或倒卵状椭圆形，先端渐尖或急尖，基部宽楔形至近圆形，上面深绿色，叶脉稍下凹，被疏柔毛，下面淡绿色，被柔毛，沿叶脉较密；叶柄被柔毛。聚伞花序具 2~7 朵花，总花梗与花梗均被柔毛；萼筒钟形，外面密被柔毛，萼片宽三角形，先端急尖，外面被柔毛，里面沿边缘密被柔毛；花瓣倒卵形，先端圆钝，基部爪稍长，粉红色，直伸；雄蕊比花瓣短；花柱 2 枚，离生，短于雄蕊；子房顶端疏被柔毛。果实倒卵形，黑色，具 2 个小核。花期 5~6 月，果期 7~8 月。

　　生于海拔 1600~2600m 的灌木丛中。见于东坡甘沟、小口子、黄旗沟、大水沟；西坡峡子沟、赵池沟、强岗岭等。常见。

　　灰栒子是蒙药，亦是优美的观花、观果树种，可作为庭院、园林观赏灌木。

185. 黑果栒子 *Cotoneaster melanocarpus* Lodd.

落叶灌木。幼枝褐色，被短柔毛，老枝暗褐色，无毛。叶片卵状椭圆形，下面灰绿色，密被白色绒毛。聚伞花序，萼筒钟状，无毛，萼裂片三角形；花瓣近圆形，粉红色，直伸；雄蕊 20 枚；花柱 2 枚，离生；子房顶端具柔毛。果实近球形，黑色，含 2 个小核。花期 6~7 月，果期 7~9 月。

生于海拔 2000~2600m 的山地阴坡林缘和山谷灌丛中。见于东坡黄旗沟、苏峪口沟、插旗沟、大水沟；西坡哈拉乌沟、水磨沟、北寺沟、镇木关沟、南寺沟、强岗岭等。常见。

药用部位：枝叶及果实。

黑果栒子是蒙药。

186. 西北栒子 *Cotoneaster zabelii* Schneid.

落叶灌木。小枝红褐色，幼时密被黄白色柔毛，老枝黑褐色，无毛。叶片椭圆形，基部圆形，上面绿色，下面灰白色，密被白色绒毛。聚伞花序，萼筒钟形，外面密被绒毛，萼裂片三角形，花瓣近圆形，先端圆钝，淡红色，直伸；雄蕊 18 枚；花柱 2 枚，离生，短于雄蕊；子房顶端具柔毛。

果实鲜红色，含 2 个小核。花期 6 月，果期 7~8 月。

　　生于海拔 1900~2500m 的山地阴坡、半阴坡林缘。见于东坡黄旗沟、贺兰沟、苏峪口沟、插旗沟；西坡哈拉乌沟、北寺沟、南寺沟、赵池沟等。常见。

187. 细枝栒子 *Cotoneaster tenuipes* Rehd.

　　落叶灌木。小枝细瘦，暗褐色，密被长柔毛。叶片狭卵状椭圆形。聚伞花序具 2~4 朵花，总花梗及花梗均密被平铺柔毛；萼筒钟形，外面被平铺柔毛，里面无毛，萼裂片卵状三角形，先端急尖，里面边缘密生绒毛；花瓣近圆形；雄蕊 15 枚；花柱 2 枚，离生，短于雄蕊；子房顶端被长柔毛。果实黑色，具 1~2 个小核。花期 6 月，果期 7~9 月。

生于海拔 1600~2000m 的山地阴坡、半阴坡灌丛。见于东坡黄旗沟、苏峪口沟、插旗沟；西坡峡子沟等。常见。

188. 准噶尔枸子 *Cotoneaster soongoricus* (Regel et Herd.) Popov

落叶灌木。小枝暗褐色。叶片卵形，先端圆钝具小突尖，背面灰绿色，密被白色绒毛；叶柄被白色绒毛。聚伞花序，萼筒钟形，被绒毛，萼片三角形，花瓣近圆形，里面基部微被白色柔毛；雄蕊 18 枚，短于花瓣；花柱 2 枚，离生，短于雄蕊；子房顶端密被白色柔毛。果实卵形，红色，具 1~2 个小核。花期 6 月，果期 7 月。

生于海拔 1600~2300m 的山地沟谷和山坡。见于东坡贺兰沟、苏峪口沟、大水沟、插旗沟；西坡北寺沟、南寺沟、哈拉乌沟、水磨沟、赵池沟等。常见。

189. 全缘枸子 *Cotoneaster integerrimus* Medic.

落叶灌木。小枝圆柱形，棕褐色，幼时密被灰白色绒毛，老枝暗褐色，无毛。叶片宽椭圆形，下面灰绿色，密被白色绒毛；托叶卵状披针形，褐色，被绒毛。聚伞花序，萼筒钟形，萼裂片卵状三角形；花瓣近圆形，先端圆钝，基部具短爪，粉红色，直伸；雄蕊 20 枚；花柱 2 枚，离生，短于雄蕊；子房顶端密被绒毛。果实红色，无毛，具 2 个小核。花期 6 月，果期 7~8 月。

生于海拔 2000~2200m 的山地沟谷杂林下。见于东坡苏峪口沟。少见。

药用部位：枝叶、果实。

药用功效：祛风湿，止血，消炎。

全缘枸子是优美的观花、观果树种，可作为庭院、园林观赏灌木。

山楂属 *Crataegus* L.

190. **毛山楂** *Crataegus maximowiczii* Schneid.

灌木。枝灰褐色。叶片宽卵形，边缘羽状 5 浅裂，裂片具重锯齿，上下两面疏被白色长柔毛，下面沿脉毛较密，脉腋具髯毛；托叶半月形，边缘具腺齿，早落。复伞房花序，萼筒钟形，外面被灰白色柔毛，萼裂片三角状披针形；花瓣近圆形，白色；雄蕊 20 枚；花柱 2 个，基部被柔毛。果实近球形，红色，具 3~5 个小核。花期 5~6 月，果期 7~9 月。

生于海拔 1800m 左右的林缘。仅见于东坡插旗沟沟口。稀见。

毛山楂是蒙药，亦是园林绿化树种。

| 苹果属 | *Malus* Mill. |

191. 花叶海棠 *Malus transitoria* (Batal.) Schneid.

灌木。小枝幼时密生绒毛，老时暗褐色，无毛。芽卵形，被绒毛。叶片卵形，边缘常 5 深裂，裂片椭圆形，边缘具细钝锯齿；托叶披针形，被绒毛。伞形花序，萼筒外面密被绒毛，萼裂片卵状披针形，花瓣近圆形，白色；雄蕊 20~25 枚；花柱 5 个。梨果椭圆形，红色，萼裂片脱落。花期 6 月，果期 8~9 月。

生于海拔 2000m 左右的山坡沟谷灌丛。见于东坡插旗沟；西坡北寺沟。稀见。

花叶海棠可作苹果砧木，亦是庭院美化树种。

蔷薇属   *Rosa* L.

192. 单瓣黄刺玫 *Rosa xanthina* Lindl. f. *normalis* Rehd. et Wils.

灌木。小枝细长，紫褐色，具皮刺。奇数羽状复叶，叶轴腹面具沟槽，沿槽被柔毛；具 7~13 片小叶，小叶片卵形，边缘具细钝锯齿；托叶披针形。花单生，无苞片；萼裂片披针形，花瓣单瓣，宽倒卵形；花柱稍伸出花托口，离生，被白色长柔毛。蔷薇果球形，红色。花期 5~6 月。

生于海拔 1600~2500m 的山地沟谷灌丛。东、西坡均有分布。常见。

药用部位：花、果。

药用功效：理气活血，调经健脾。

单瓣黄刺梅是蒙药，其果实可酿酒和食用，亦可制果酱；花可提取芳香油。单瓣黄刺玫是常见的园林绿化树种。

193. **美蔷薇** 油瓶瓶
Rosa bella Rehd. et Wils.

　　灌木。小枝紫红色，具皮刺；皮刺宽扁。奇数羽状复叶，叶轴腹面微具浅沟槽，被腺毛及疏生短刺，具小叶 7~9 片，小叶椭圆形，边缘具尖锐单锯齿；托叶倒卵状披针形。花梗密被腺刺，苞片卵形；花托卵状椭圆形，密被腺刺，萼裂片披针形，先端尾状尖，顶端扩展，边缘具锯齿，背面具腺刺，腹面密被短绒毛；花瓣宽倒卵形，粉红色；雄蕊多数。蔷薇果深红色，密被刺毛。花期 6 月，果期 7~8 月。

　　生于海拔 2000m 左右的山坡沟谷灌丛。仅见于西坡赵池沟。稀见。

　　药用部位：花、果。

　　药用功效：花能理气，活血调经，健脾；果能养血活血。

　　美蔷薇是蒙药，其花可提取芳香油或制玫瑰酱。美蔷薇可作园林观赏植物。

194. 山刺玫 *Rosa davurica* Pall.

灌木。小枝暗紫红色，无毛，密被细刺；刺直伸或稍弯曲。奇数羽状复叶，叶轴被短绒毛和腺毛，具小叶 5~7 片；小叶片椭圆形或倒卵状椭圆形，先端急尖或稍钝，基部楔形至近圆形，边缘具不明显的细锐重锯齿，上面绿色，无毛，下面灰绿色，被短柔毛及粒状腺点；托叶披针形，先端急尖，边缘密被腺毛，大部与叶轴合生。花单生；苞片倒披针形，先端具粗齿，背面被柔毛，边缘密被腺点；花梗密被腺刺；花托卵形，无毛；萼片线状披针形，先端尾状，稍扩展，背面及边缘被腺毛，腹面密被短绒毛；花瓣紫红色，宽倒卵形，先端微凹；雄蕊多数。蔷薇果卵形或近球形，红色。花期 6~7 月，果期 8~9 月。

生于海拔 2200~2500m 的林缘草地或稀疏灌丛。见于东坡苏峪口沟；西坡哈拉乌沟。

药用部位：花、果、根。

药用功效：花能理气，活血调经，健脾；果能养血活血；根能止咳祛痰，止痢，止血。山刺玫是蒙药。

195. **刺蔷薇** *Rosa acicularis* Lindl.

灌木。小枝红褐色，密被细刺；刺直伸。奇数羽状复叶，叶轴腹面具沟槽，疏被短绒毛、腺毛和短刺，具小叶 3~7 片；小叶片椭圆形或倒卵状椭圆形，先端急尖，基部楔形至近圆形，边缘具细锐锯齿，上面绿色，无毛，下面灰绿色，被极稀疏的短柔毛或几无毛；托叶线状披针形，先端急尖，背面被稀疏短柔毛，边缘具腺体。花单生；苞片卵状披针形，先端尾状长渐尖，两面几无毛，边缘具腺体；花梗疏被腺刺，花托外面无毛，萼片披针形，先端长尾尖，顶端稍扩展，背面具极稀疏的短柔毛和腺毛，里面密被短绒毛，边缘具腺体；花瓣宽倒卵形，玫瑰红色；雄蕊多数；花柱稍伸出花托口，密被柔毛，离生。蔷薇果椭圆形，红色，光滑。花期6~7月，果期8~9月。

生于海拔 2500~2900m 的山坡林缘草地或山坡灌丛。见于东坡小口子、黄旗口、贺兰沟、苏峪口沟；西坡哈拉乌沟、南寺沟、雪岭子和水磨沟。

药用部位：果实。

药用功效：清热。

刺蔷薇是蒙药。

地榆属   *Sanguisorba* L.

196. **高山地榆** *Sanguisorba alpina* Bunge

多年生草本。全株光滑无毛，根粗壮，圆柱形，棕褐色。茎基部红紫色，具纵细棱及浅沟。奇数羽状复叶，基生叶和茎下部叶具小叶 7~15 片，小叶片椭圆形。穗状花序顶生，紧密，长圆柱形；苞片椭圆形，浅棕色，背面被长柔毛；萼片椭圆形，具小尖头，白色带红晕；花丝丝形，花药线形，先端尖；柱头膨大，具乳头状突起。未见果实。花期 7~8 月。

生于海拔 2000~2800m 的山坡沟谷、灌丛。见于东坡贺兰沟、黄旗口、苏峪口沟；西坡哈拉乌沟、北寺沟、南寺雪岭子沟、照北沟等。常见。

药用部位：根。

药用功效：凉血止血，解毒敛疮。

高山地榆是蒙药。

悬钩子属　　*Rubus* L.

197. **库页悬钩子** 珍珠杆、沙窝窝
Rubus sachalinensis Levl.

灌木。茎直立，幼枝紫褐色，被柔毛及腺毛和密的皮刺。羽状三出复叶，具小叶3片，小叶片卵形，基部圆形，边缘具缺刻状粗锯齿，上面近无毛，下面密被白色绒毛。伞房花序，具5~9朵花，花梗和总花梗，密生皮刺和腺毛；萼片长三角形，外面被柔毛、皮刺和腺毛，边缘具白色绒毛；花瓣白色，舌形；花丝与花柱近等长；花柱基部及子房被绒毛。聚合果红色，被绒毛。花期6~7月，果期8~9月。

生于海拔2000~2500m的阴坡沟谷、灌丛、林缘。见于东坡苏峪口沟、插旗沟；西坡哈拉乌北沟、水磨沟、南寺雪岭子沟。多见。

药用部位：茎叶。

药用功效：解毒，止血，祛痰，消炎。

库页悬钩子是蒙药。

（库页悬钩子图片由赵生林提供）

委陵菜属	*Potentilla* L.

198. 星毛委陵菜 *Potentilla acaulis* L.

多年生草本。根状茎横行，深褐色。茎自基部分枝，密被星状毛和疏长毛。掌状三出复叶，小叶片质厚，倒卵形。聚伞花序，密生星状毛；副萼片长椭圆形，两面被星状毛及绒毛；萼裂片卵形，背面密被星状毛及柔毛；花瓣黄色，倒卵圆形。瘦果肾形，表面具皱纹。花期 6~7 月，果期 8~9 月。

生于海拔 2000m 左右的山坡谷地。见于东坡苏峪口沟兔儿坑；西坡哈拉乌沟、镇木关沟、峡子沟等。多见。

199. 雪白委陵菜 *Potentilla nivea* L.

多年生草本。茎常带紫红色，被蛛丝状白毛。掌状三出复叶，小叶椭圆形，边缘具圆钝锯齿，下面密被白色毡毛，托叶披针形，膜质，背面被毡毛；茎生叶与基生叶相似，托叶草质，卵状披针形，背面被毡毛。聚伞花序顶生被柔毛；花黄色，副萼片披针形，萼片三角状卵形；花瓣宽倒卵形；花柱顶生；子房肾形，光滑；花托被柔毛。花期7~8月，果期8~9月。

生于海拔 2800~3500m 的高山草甸和灌丛。见于主峰下和山脊两侧。少见。

200. 蕨麻 鹅绒委陵菜
Potentilla anserina L.

多年生草本。根茎粗壮，被残留枯叶柄。匍匐茎细长，节上生根。奇数羽状复叶，基生叶具小叶 9~19 片，小叶片卵状矩圆形，下面密生白色绒毛；托叶膜质，褐色，卵形。副萼片狭椭圆形，萼片卵形，全缘，与副萼的外面均被长柔毛；花瓣黄色，宽倒卵形，全缘；雄蕊 20 枚；花柱侧生；花托密被长柔毛。瘦果卵圆形，具洼点，背部有槽。花期 5~7 月。

生于山麓湿地、山谷泉溪边上。东、西坡山麓均有分布。常见。

药用部位：块根。

药用功效：补气血，健脾胃，生津止渴，利湿。

蕨麻是回药、蒙药，其全株含鞣质，可提取栲胶。

201. **二裂委陵菜** 叉叶委陵菜
Potentilla bifurca L.

多年生草本。根状茎粗壮，茎多平铺，被长柔毛。羽状复叶，基生叶具小叶9~13片，对生，椭圆形，全缘；托叶膜质，与叶柄连合成鞘状；茎生叶具小叶3~7片，托叶草质，卵状披针形，全缘。聚伞花序顶生，被柔毛；花黄色，副萼片狭长椭圆形，萼裂片长圆状卵形，较副萼稍长，外被柔毛；花瓣宽倒卵形；花柱侧生；花托具长柔毛。瘦果小，光滑无毛。花期5~6月，果期7~8月。

生于山坡沟谷坡地、居民点附近。东、西坡均有分布。多见。

药用部位：全草。

药用功效：消炎，杀虫。

二裂委陵菜是蒙药，其由于病害而变为卷曲呈红色的植株有止血、凉血的功能。

202. 朝天委陵菜 *Potentilla supina* L.

一年生草本。奇数羽状复叶，基生叶具小叶 5~11 片，小叶倒卵形，边缘具缺刻状锯齿，顶端 3 小叶片的基部常下延与叶轴汇合；托叶长卵形 3 浅裂，基部与叶柄合生。花单生叶腋，黄色；花梗被长柔毛；副萼片椭圆状披针形，萼片三角状宽卵形，背面被长柔毛；花瓣倒卵形；花柱近顶生，花托被柔毛。瘦果卵形，黄褐色，有纵皱纹，具圆锥状突起。花、果期 6~8 月。

生于浅山、沟谷、河滩湿地和路旁。东、西坡均有分布。常见。

药用部位：全草。

药用功效：清热解毒，凉血，止痢。

朝天委陵菜可作观赏花卉。

203. 腺毛委陵菜 *Potentilla longifolia* Willd.

多年生草本。根粗壮，木质，黑褐色。奇数羽状复叶，具小叶 11~17 片，顶生小叶 3 深裂至全裂；托叶草质，卵状披针形。伞房状聚伞花序；花黄色，副萼片狭卵形，与萼片近等长；萼裂片卵状披针形；花瓣宽倒卵形；花柱近顶生；子房卵形，无毛，花托被柔毛。瘦果白色。花期 7~8 月，果期 8~9 月。

生于海拔 2300~2600m 的山地草原。见于东坡苏峪口。少见。

药用部位：全草。

药用功效：清热解毒，止血止痢。

腺毛委陵菜是藏药。

204. 华西委陵菜 *Potentilla potaninii* Wolf

　　多年生草本。茎直立或基部斜倚，被柔毛。奇数羽状复叶，基生叶与茎下部叶具小叶均5片，顶生小叶片较大，第1对小叶片与顶生小叶距离较近，似掌状，下面1对小叶较小，距离较远，小叶无柄，椭圆形或倒卵状椭圆形，先端圆，基部楔形，边缘具缺刻状锯齿或羽状浅裂，裂片椭圆形，先端钝，表面绿色，疏被伏柔毛，背面灰白色，密被灰白色毡毛，沿脉密被长柔毛；托叶膜质，棕褐色，下部与叶柄合生，上部分离，披针形，背面疏被长毛；茎生叶具小叶3~5片，近掌状；托叶草质，卵状披针形，全缘或具1~3个锯齿，背面被绒毛及长柔毛。聚伞花序顶生，花梗被毛；副萼片倒卵状椭圆形或长椭圆形，先端钝，背面被长柔毛；萼片卵形，先端尖，被绒毛和长柔毛；花瓣黄色，宽倒卵形，先端微凹；花柱顶生。瘦果光滑。

　　生于海拔230~2600m的向阳山坡、草地或林缘。见于西坡哈拉乌沟黄土梁。少见。

（华西委陵菜图片由白瑜提供）

205. 西山委陵菜 *Potentilla sischanensis* Bunge

多年生草本。根粗壮，圆柱形，紫褐色。奇数羽状复叶，具小叶 7~13 片，小叶无柄，长椭圆形，具 3~13 个羽状深裂片，背面密被毡毛；茎生叶具小叶 3~5 片，托叶小，椭圆形。聚伞花序，花排列稀疏；副萼片长椭圆形，外面被绒毛；萼片宽卵形；花瓣黄色，宽倒卵形；雄蕊约 20 枚；花托被柔毛。瘦果红褐色，无毛。花期 5~6 月。

生于海拔 1700~2600m 的山地沟谷、山地灌丛、草甸、林缘。东、西坡中段山地沟谷均有分布。常见。

206. 多茎委陵菜 *Potentilla multicaulis* Bunge

多年生草本。根圆柱形，褐紫色。茎丛生，带紫红色，被白色柔毛，基部具残留棕褐色托叶和叶柄。基生叶多数，丛生，羽状复叶，具小叶 9~13 片，边缘羽状深裂；托叶膜质，与叶柄合生，呈鞘状抱茎。聚伞花序；花黄色，副萼片长卵形，萼裂片卵状三角形，背面疏被长柔毛；花瓣宽倒卵形；雄蕊 20 枚；花柱短；花托被柔毛。瘦果褐色，无毛，具皱纹。花期 5~6 月。

生于海拔 1400~2300m 的山坡沟谷砾石地。见于东坡甘沟、苏峪口沟、大水沟；西坡哈拉乌沟、南寺沟、古拉本沟。常见。

药用部位：全草。

药用功效：止血，杀虫，祛湿热。

207. 金露梅 *Potentilla fruticosa* L.

小灌木。树皮灰褐色，纵向剥落。小枝浅灰褐色。奇数羽状复叶，具小叶 5 片，小叶无柄，小叶片倒卵形；托叶膜质，浅棕色，卵状披针形。花黄色，萼片三角状长卵形，与副萼片近等长；花瓣宽倒卵形至近圆形，长出萼片 1 倍；花托密被长柔毛。瘦果卵圆形，密被长柔毛。花期 6~8 月，果期 8~10 月。

生于海拔 2200~2500m 的沟谷。见于西坡水磨沟等。多见。

药用部位：花、叶。

药用功效：清暑热，益脑清心，调经，健胃。

金露梅是蒙药、藏药，亦是良好的观花树种。

208. 小叶金露梅 *Potentilla parvifolia* Fischer ex Lehmann

　　小灌木。小枝黑褐色。奇数羽状复叶，叶柄基部具关节，疏被毛；小叶无柄，先端 3 小叶基部下延，下面两对小叶密集呈轮生状，小叶倒披针形，全缘，反卷，上面疏生长柔毛，背面沿脉疏生柔毛；托叶膜质，浅棕色。花黄色，副萼片线状披针形，萼片卵形，黄绿色，先端锐尖，背面疏被毛；花瓣宽倒卵形；子房密被长柔毛；花柱侧生，无毛。花期 6~7 月，果期 8~10 月。

　　生于海拔 1500~2900m 的浅山砾石质山坡或丘陵。常见。

　　药用部位：花、叶。

　　药用功效：利湿，止痒，解毒。

　　小叶金露梅是蒙药。

209. **银露梅** *Potentilla glabra* Loddiges

　　小灌木。小枝棕褐色，纵向条状剥落。幼枝棕色，被柔毛。奇数羽状复叶，具小叶 5 片，小叶椭圆形，基部近圆形，先端 3 片小叶基部下延，全缘，背面灰绿色，密被白色长柔毛；托叶膜质，淡黄棕色，卵状披针形，抱茎，疏被长柔毛。花白色，副萼片倒卵状披针形，两面疏被长柔毛；萼片长卵形，黄绿色；花瓣宽倒卵形，基部具短爪；雄蕊 20~22 枚；花柱侧生，柱头头状；子房密被长柔毛。花期 5~7 月，果期 7~9 月。

　　生于海拔 2500~2900m 的山地灌丛。见于东坡小口子、黄旗沟、贺兰沟、苏峪口沟；西坡哈拉乌沟、水磨沟、雪岭子沟、南寺沟。常见。

　　药用部位：花、叶。

　　药用功效：健脾，化湿，清暑，调经。

　　银露梅是蒙药，其叶与果含鞣质，可提制栲胶。银露梅可作为观赏野生花卉。

沼委陵菜属 *Comarum* L.

210. 西北沼委陵菜 *Comarum salesovianum* (Steph.) Asch.

半灌木。茎直立，具残留的托叶及叶柄，被绒毛。奇数羽状复叶，小叶长椭圆形，边缘具裂片状粗锯齿，背面灰绿色，被白粉，沿脉被柔毛；托叶三角状披针形，下部与叶柄合生，带紫色，背面被柔毛。聚伞花序顶生；苞片卵形，淡棕红色；副萼片披针形，萼片狭卵形；花瓣菱状卵形，淡红色。瘦果长圆状卵形，密生长柔毛，包藏于宿存的花萼及副萼内。花期5~6月，果期7~8月。

生于海拔2100~2300m的山地沟谷砾石地。见于东坡贺兰沟、大水沟、镇木关沟；西坡哈拉乌北沟等。多见。

西北沼委陵菜是优良的花卉灌木和防风固沙植物。

| 山莓草属 | *Sibbaldia* L. |

211. 伏毛山莓草 *Sibbaldia adpressa* Bunge

多年生矮小草本。根粗壮，圆柱形，黑褐色。奇数羽状复叶，具小叶 5 片，顶生小叶大，倒卵状矩圆形；侧生小叶片较小，长椭圆形，两面被伏毛，下面稍密；托叶膜质，浅棕色。聚伞花序；副萼狭长椭圆形，外被伏毛；萼片卵形；花瓣宽倒卵形，白色；雄蕊 8 枚；花托密被长柔毛。瘦果卵形，无毛。花、果期 5~7 月。

生于海拔 1800~2300m 的沟谷干燥地或石质山坡。东、西坡均有分布。常见。

地蔷薇属	*Chamaerhodos* Bunge

212. 地蔷薇 ^{追风蒿}
追风蒿
Chamaerhodos erecta (L.) Bunge

一年生或二年生草本。全株密被腺毛和绒毛。根圆柱形，深红褐色。基生叶三出羽状分裂；托叶三出羽状分裂。聚伞花序顶生，萼筒钟形，萼片5枚，长三角状卵形；花瓣白色，倒卵状匙形，长于花萼，雄蕊5枚，着生于花瓣基部；雌蕊约10枚，离生，花柱基生；子房无毛；花盘边缘和花托被长柔毛。瘦果卵形，淡褐色。花、果期7~8月。

生于海拔1800~2300m的沟谷干河滩或石质山坡。见于东坡黄旗沟、苏峪口沟、插旗沟、大水沟；西坡哈拉乌沟、北寺沟、香池子沟、峡子沟等。常见。

药用部位：全草。

药用功效：祛风除湿。

地蔷薇是蒙药。

李属	*Prunus* L.

213. 毛樱桃 *Cerasus tomentosa* (Thunb.) Wall.

灌木。幼枝灰棕色，密被短柔毛，老枝灰褐色，无毛。叶倒卵形，先端尾状突尖，边缘具不规则的单锯齿或重锯齿，上面深绿色，被平伏的短柔毛，背面灰绿色，密被柔毛；托叶线形，具裂片，边缘具腺体。花单生或 2 朵簇生叶腋；花萼筒形，萼裂片三角状卵形；花瓣狭倒卵形，白色或带淡红色；子房被柔毛；花柱细，无毛。果实椭圆形，红色，被柔毛。花期 5 月，果期 6~8 月。

生于海拔 1800~2300m 的较阴湿的沟谷灌丛。见于东坡甘沟、黄旗沟、苏峪口沟、插旗沟、镇木关沟等；西坡哈拉乌沟、赵池沟等。多见。

药用部位：果实和种子。

药用功效：果实能调中益气；种子能解表发疹。

毛樱桃果实可食，亦可酿酒。毛樱桃可作园林观赏植物。

214. 稠李 *Padus racemosa* (Lam.) Gilib.

乔木。小枝棕褐色。叶倒卵形，边缘具细锐锯齿，表面绿色；叶柄顶端具 2 腺体。总状花序，花萼宽钟形，外面无毛，萼裂卵状三角形，先端圆钝，边缘具细齿；花瓣白色，椭圆形；雄蕊多数，长为花瓣的一半；子房无毛；柱头头状。果实近球形，无毛。花期 6 月，果期 7~8 月。

生于海拔 2000~2200m 的山地沟谷。见于东坡贺兰沟贵房子一带。少见。

药用部位：果实。

药用功效：清肝利水，降压，镇咳。

稠李的种子含油 38.79%，可榨油供制肥皂和其他工业用。稠李为较好的蜜源植物。

215. 蒙古扁桃 ^{山桃}
Amygdalus mongolica (Maxim.) Ricker

灌木。树皮灰褐色，小枝暗红紫色，顶端成刺。叶近圆形，边缘具细圆钝锯齿，红色，早落；叶柄无毛和腺体。花萼宽钟形，萼裂片椭圆形；花瓣淡红色，倒卵形；雄蕊多数；子房密被短柔毛；花柱细长，长为雄蕊的 2 倍，下部被柔毛。果实扁卵形，密被粗柔毛。花期 5 月，果期 6~7 月。

生于海拔 1400~2300m 的石质低山丘陵、山地沟谷和石质阳坡。东、西坡南北两端都有广泛分布。常见。

药用部位：种仁。

药用功效：润肠通便，止咳化痰。

蒙古扁桃是蒙药，亦是二级国家重点保护野生植物、濒危植物。蒙古扁桃是荒漠区和荒漠草原的水土保持植物和景观植物，是蒙古高原古老残遗植物。

216. **山杏** 西伯利亚杏
Armeniaca sibirica (L.) Lam.

　　小乔木或灌木。小枝灰褐色，嫩枝红褐色。叶宽卵形，先端尾状长渐尖，基部圆形，边缘具细钝锯齿；花单生，近无梗；花萼钟形，萼裂片椭圆形；花瓣白色或粉红色，宽倒卵形；雄蕊多数，较花瓣短；子房被短柔毛。核果扁球形，被短柔毛，果肉薄，成熟时开裂。花期 5 月，果期 7~8 月。

　　生于海拔 1800~2300m 的较陡的石质山坡、山脊上。见于东坡苏峪口沟、黄旗沟、小口子、贺兰沟；西坡哈拉乌沟。常见。

　　药用部位：果实。

　　药用功效：润肺定喘，生津止渴。

　　山杏是蒙药，亦是绿化、生态经济型树种。

豆科 Leguminosae

槐属	*Sophora* L.

217. 苦豆子 ^{苦甘草}
Sophora alopecuroides L.

半灌木。茎直立，密被灰黄色短伏毛。奇数羽状复叶，叶轴密生灰黄色伏毛；托叶小，叶11~25片，卵状椭圆形，中脉下陷，两面密生灰黄色伏毛。总状花序顶生，花序轴密被灰黄色毛；苞片锥形，背面密生灰黄色柔毛；花萼斜钟形；花冠黄白色，旗瓣狭倒卵形，翼瓣稍短于旗瓣，龙骨瓣与旗瓣等长。子房被毛。荚果串珠状，密被短伏毛。花期5~7月，果期6~8月。

生于沟谷和覆沙地。见于西坡。常见。

药用部位：全草、根、种子。

药用功效：清热利湿，止痛，杀虫。

苦豆子是蒙药，为稻田绿肥植物，亦可作固沙植物。

沙冬青属　　*Ammopiptanthus* Cheng f.

218. **沙冬青** 冬青、蒙古沙冬青
Ammopiptanthus mongolicus (Maxim. ex Kom.) Cheng f.

　　常绿灌木。枝黄绿色。叶为掌状三出复叶，托叶小，锥形，贴生于叶柄而抱茎，密被毛；小叶长椭圆形，全缘，两面密生银白色的短柔毛。总状花序顶生，萼钟形，萼齿 4 枚，花冠黄色，旗瓣宽倒卵形，翼瓣较旗瓣短，龙骨瓣较翼瓣短，分离；子房具柄，无毛。荚果长椭圆形，扁平，先端具喙，具果梗。花期 4~5 月，果期 5~6 月。

　　生于石质低山丘陵、沟谷沙质地。见于东坡汝箕沟以北山地沟谷；西坡古拉本东北部和峡子沟以南低山带。少见。

　　药用部位：枝叶。

　　药用功效：祛风，活血，止痛。

　　沙冬青是回药、蒙药，亦是二级国家重点保护野生植物、濒危植物。沙冬青可作固沙植物。

野决明属 **Thermopsis R. Br.**

219. **披针叶野决明** 披针叶黄华、牧马豆
Thermopsis lanceolata R. Br.

多年生草本。茎被棕色长伏毛。掌状三出复叶，托叶大形，椭圆形；小叶倒披针形，背面被棕色长伏毛。总状花序顶生，花轮生，苞片狭卵形，花萼钟形，萼齿 5 枚，上面的 2 枚萼齿稍合生；花冠黄色，旗瓣近圆形，翼瓣与旗瓣近等长或稍长，龙骨瓣与翼瓣等长；雄蕊 10 枚，分离。荚果长椭圆形，先端急尖并具宿存花柱，褐色。花期 5~7 月，果期 7~9 月。

生于海拔 1800~2300m 的宽阔山谷河滩地、山坡脚下。见于东坡黄旗沟、拜寺沟、苏峪口沟、插旗沟、大水沟等；西坡哈拉乌沟、北寺沟、南寺沟、峡子沟等。常见。

药用部位：全草。

药用功效：祛痰，镇咳。

披针叶野决明是回药、蒙药，为提取野靛碱的原料，亦是草地有毒植物。

| **岩黄芪属** | *Hedysarum* L. |

220. 宽叶岩黄芪
Hedysarum polybotrys Hand.-Mazz. var. *alaschanicum*
(B. Fedtsch.) H. C. Fu et Z. Y. Chu

多年生草本。茎直立，具纵条棱。奇数羽状复叶，具小叶 9~15 片，小叶椭圆形；托叶膜质，褐色。总状花序叶腋生，被平伏短柔毛，具花 20~30 朵；花萼斜钟形；花冠淡黄色，旗瓣倒卵状矩圆形，先端凹，基部近圆形，翼瓣与旗瓣等长，瓣片长椭圆形，龙骨瓣稍长于旗瓣，爪为瓣片长的 1/3~1/4；子房具短柄，被短柔毛。花期 6~8 月。

生于海拔 1800~2500m 的石质山坡、沟谷、灌丛、林缘。见于东坡苏峪口沟、插旗沟、五道塘；西坡哈拉乌沟、北寺沟、南寺沟、峡子沟。多见。

宽叶岩黄芪是蒙药。

221. 贺兰山岩黄芪 _{粗壮黄耆}
Hedysarum petrovii Yakovl.

多年生草本。根粗壮，暗褐色。茎短缩，全体密被开展与平
伏白色柔毛。奇数羽状复叶，具小叶 7~15 枚；托叶卵状披针形；
小叶椭圆形，上面无毛或疏被长柔毛，并密被腺点，下面密被平
伏长柔毛。总状花序腋生，苞片线状披针形，淡褐色；花红色或
紫红色，花萼钟形，萼齿钻形；旗瓣倒卵形，翼瓣矩圆形，长约
为旗瓣的 1/2；龙骨瓣与旗瓣等长；子房被毛。荚果具 2~4 荚节，
密被柔毛或硬刺。花期 6~7 月，果期 7 月。

生于海拔 1800~2300m 的浅山石质山坡、沟谷砾石滩地。东、
西坡均有分布。常见。

贺兰山岩黄芪是蒙药。

胡枝子属 *Lespedeza* Michx.

222. 兴安胡枝子
达乌里胡枝子
Lespedeza davurica (Laxim.) Schindl.

半灌木。茎被白色短柔毛。羽状三出复叶；托叶刺芒状，顶生小叶较侧生小叶大，矩圆状长椭圆形，先端圆，具小尖头，背面灰绿色，被短伏毛。总状花序叶腋生，小苞片线形，花萼钟形，密被白色短伏毛，萼齿5枚，披针形；花冠黄白色，旗瓣椭圆形，翼瓣先端圆钝，具耳和爪，龙骨瓣耳短，具爪；子房被毛。荚果倒卵状矩圆形，具网纹，被白色柔毛。花期6~8月，果期9~10月。

生于海拔1500~2000m的石质山坡，沟谷、灌丛。见于东坡小口子、苏峪口沟、插旗沟、大水沟；西坡峡子沟等。常见。

兴安胡枝子是优良饲用牧草。

变种 牛枝子 *Lespedeza potaninii* (V. Vass.) Liou f.

本变种与正种的区别在于总状花序明显超出叶；小叶矩圆形，稀椭圆形或倒卵状矩圆形，茎斜卧或伏生，花、叶疏生；全株被毛。

生于沙质地、砾石地、丘陵地山坡及山麓。见于东坡苏峪口、黄旗口、大水沟和龟头沟；西坡。常见。

223. 尖叶胡枝子 *Lespedeza hedysaroides* (Pall.) Kitag.

半灌木。茎具棱，被白色短伏毛。羽状三出复叶，被白色短伏毛；托叶线形，顶生小叶较侧生小叶大，狭矩圆形，具小尖头，基部楔形，下面被白色短伏毛。总状花序叶腋生，小苞片卵状披针形；花萼钟形，被白色短伏毛，萼齿5枚，卵状披针形，长为萼筒的2倍；花冠白色，旗瓣椭圆形，翼瓣与旗瓣等长，龙骨瓣与旗瓣等长；子房被毛。荚果倒卵形，被毛。花期7~8月，果期8~9月。

生于沟谷灌丛。见于东坡小口子。少见。

药用部位：全株。

药用功效：止泻，利尿，止血。

尖叶胡枝子是保持水土、改良草地和建植人工草地的优良豆科牧草。

224. 多花胡枝子 *Lespedeza floribunda* Bunge

　　小灌木。小枝有棱，密被白色短伏毛。羽状三出复叶，被白色短伏毛；顶生小叶较大，倒卵状披针形，具小尖头；托叶刺芒状，被毛。总状花序腋生，总花梗较叶长，小苞片长卵形，萼钟形，被白色毛，萼齿5枚，披针形，花冠紫红色，旗瓣椭圆形，翼瓣与旗瓣等长或稍短，龙骨瓣较旗瓣长；子房无柄，被毛。荚果卵形，具网纹，密被毛。花期8~9月，果期9~10月。

　　生于海拔2000m左右的石质山坡。见于东坡小口子、黄旗沟、大水沟。稀见。

　　多花胡枝子可作饲料及绿肥，亦可作水土保持植物。

苜蓿属   *Medicago* L.

225. 花苜蓿 *Medicago ruthenica* (L.) Trautv.

多年生草本。根系发达。茎四棱形，丛生，羽状三出复叶；托叶披针形，锥尖；小叶形状变化很大，先端截平。花序伞形，总花梗腋生；苞片刺毛状，萼钟形，萼齿披针状锥尖；花冠黄褐色，中央深红色至紫色条纹，旗瓣倒卵状长圆形，翼瓣稍短，长圆形，龙骨瓣明显短，卵形；子房线形。荚果长圆形，扁平，具短喙；有种子 2~6 粒。种子椭圆状卵形，棕色，平滑，种脐偏于一端；胚根发达。花期 6~9 月，果期 8~10 月。

生于海拔 1500~2000m 的山地沟谷、溪边、灌丛。见于东坡黄旗沟、苏峪口沟；西坡南寺沟、镇木关沟等。多见。

药用部位：全草。

药用功效：清热解毒，益肾愈疮。

花苜蓿是藏药，亦是优良的饲用牧草。

226. 紫苜蓿 紫花苜蓿 *Medicago sativa* L.

多年生草本。根系发达。羽状三出复叶；托叶披针形；小叶倒卵状矩圆形，具小尖头。总状花序叶腋生，苞片锥形，花萼钟形，萼齿披针形；花冠紫红色，旗瓣倒卵状长椭圆形，翼瓣较旗瓣短，龙骨瓣较翼瓣短；子房线形，密被棕色毛；花柱锥形，柱头头状。荚果螺旋形，一至三回旋卷，疏被柔毛。花期 5~7 月，果期 6~8 月。

生于海拔 1400~2300m 的山地沟谷中。见于东坡黄旗沟、苏峪口沟；西坡哈拉乌北沟、北寺沟等。少见。

约用部位：全草。

药用功效：清热利尿，凉血通淋。

紫苜蓿是蒙药，亦是牧草之王、蜜源植物。紫苜蓿的嫩茎叶可食用。

227. **天蓝苜蓿** 黑荚苜蓿
Medicago lupulina L.

　　一年生草本。茎有棱，疏被长柔毛。羽状三出复叶；托叶卵形，下部与叶轴合生；小叶菱形，具小尖头，下面被柔毛。总状花序叶腋生，苞片锥形，花萼钟形，萼齿披针形；花冠黄色，旗瓣宽倒卵形，翼瓣短于旗瓣，龙骨瓣与翼瓣等长；子房椭圆形，被毛。荚果旋卷成肾形。花期6~8月，果期7~9月。

　　生于海拔 1400~2000m 的山地沟谷、溪边。见于东坡拜寺沟、黄旗沟、苏峪口沟；西坡哈拉乌北沟等。少见。

　　药用部位：全草。

　　药用功效：清热利湿，凉血止血，舒筋活络。天蓝苜蓿是蒙药，其可作饲料及绿肥。

| **草木犀属** | *Melilotus* Miller |

228. 细齿草木犀 *Melilotus dentatus* (Waldst. et Kit.) Pers.

一年生或二年生草本。茎直立无毛。羽状三出复叶，托叶披针形；小叶椭圆形，具小尖头，基部楔形，边缘具密的细锐锯齿。总状花序叶腋生，苞片锥形；花萼钟形，萼齿三角形，花冠黄色，旗瓣卵状椭圆形，翼瓣较旗瓣短，龙骨瓣与翼瓣近等长；子房无毛。荚果卵形，无毛，先端具宿存花柱。花期 6~7 月，果期 7~8 月。

生于海拔 1300~2000m 的沟谷、溪边及灌丛。见于东坡小口子沟、黄旗沟、苏峪口沟、插旗沟、龟头沟；西坡峡子沟、范家营子。常见。

药用部位：全草。

药用功效：清热解毒。

细齿草木犀是回药、蒙药，亦可作饲草及绿肥。

大豆属 *Glycine* Willd.

229. **野大豆** *Glycine soja* Sieb.

一年生草本。茎细弱，缠绕，被倒生的长硬毛。羽状三出复叶，托叶小，卵形，小叶狭卵形，全缘，两面被平贴的硬毛，背面沿脉尤密。总状花序极短，叶腋生，具花 2 朵；花萼钟形，被棕黄色长硬毛，萼齿披针形；花冠蓝紫色，旗瓣近圆形，翼瓣与旗瓣等长，龙骨瓣耳短，具爪；子房疏被毛；柱头头状。荚果线状矩圆形，被棕黄色长硬毛。花期 7~8 月，果期 8~9 月。

生于宽阔山谷溪水边。仅见于东坡汝箕沟。稀见。

药用部位：种子。

药用功效：益肾，止汗。

野大豆是我国特有的二级国家重点保护野生植物、渐危植物。

野豌豆属 | *Vicia* L.

230. 新疆野豌豆 肋脉野豌豆
Vicia costata Ledeb.

　　多年生草本。茎直立具棱，疏被柔毛。偶数羽状复叶具小叶 10~16 片，叶轴末端成分枝的卷须；小叶长椭圆形，先端尖；托叶半箭头形。总状花序叶腋生，花萼斜钟形，萼齿三角形；旗瓣狭倒卵形，翼瓣与旗瓣近等长，龙骨瓣短于旗瓣；子房具长柄，无毛；花柱上部周围被柔毛。荚果矩圆状长椭圆形，扁平，无毛。花期 5~6 月，果期 6~7 月。

　　生于海拔 1400~2000m 的沟谷河滩砾石地及灌丛。见于东坡小口子沟、黄旗沟、苏峪口沟、大水沟、榆树沟；西坡峡子沟、强岗岭沟等。多见。

　　新疆野豌豆是优等牧草，适宜引入栽培。

锦鸡儿属 *Caragana* Fabr.

231. 甘蒙锦鸡儿 *Caragana opulens* Kom.

灌木。老枝灰褐色，小枝灰白色，具白色纵条棱，无毛。托叶硬化成针刺；小叶 4 片，假掌状着生，具叶轴，先端成针刺；小叶卵状倒披针形，先端急尖，具硬刺尖，无毛。花单生叶腋；花梗中部以上具关节；花萼筒状钟形，无毛，萼齿三角形，边缘具短柔毛，基部偏斜；花冠黄色，旗瓣倒卵形或菱状倒卵形，顶端圆而微凹，基部渐狭成短爪，翼瓣较旗瓣稍短，耳弯曲，较短，龙骨瓣与翼瓣等长，耳极短，圆形，爪细长，与瓣片近等长；子房线形，无毛。荚果线形，膨胀，无毛。花期 5~6 月，果期 7~8 月。

生于海拔 1700~2100m 的石质山坡。见于东坡甘沟、苏峪口沟、黄旗沟；西坡峡子沟、赵池沟。常见。

232. **矮脚锦鸡儿** 短角锦鸡儿
Caragana brachypoda Pojark.

灌木。老枝黄褐色，密被短柔毛。长枝上的托叶硬化成针刺，短枝上的托叶脱落；长枝上的叶轴硬化成针刺，短枝上者常脱落；小叶4片，假掌状着生，狭倒卵形，具小刺尖，两面被柔毛，上面稍密。花单生，花萼管状钟形，带紫红色，萼齿三角形；花冠黄色，旗瓣宽倒卵形，翼瓣与旗瓣等长，龙骨瓣与翼瓣等长，爪稍短于瓣片，耳极短；子房被柔毛。花期5月。

生于山麓地带覆沙质的草原化荒漠中。见于东坡苏峪口沟；西坡山麓。常见。

233. **狭叶锦鸡儿** 细叶锦鸡儿
Caragana stenophylla Pojark.

灌木。老枝灰绿色，长枝上的托叶硬化成针刺，长枝上的叶轴宿存并硬化成针刺，短枝上的叶无叶轴；小叶4片，假掌状着生，线状倒披针形，先端急尖，具小尖头。花单生；花萼钟形，萼齿宽三角形；花冠黄色，旗瓣倒卵形，翼瓣与旗瓣近等长，龙骨瓣短于旗瓣；子房无毛。荚果线形，膨胀，成熟时红褐色。花期6~7月，果期7~8月。

生于海拔1500~2300m的石质山坡、沟谷、灌丛。见于东坡苏峪口沟、黄旗沟、插旗沟、拜寺沟、大水沟、汝箕沟；西坡哈拉乌沟、水磨沟、北寺沟、南寺沟、峡子沟。常见。

234. 鬼箭锦鸡儿 *Caragana jubata* (Pall.) Poir.

　　灌木。成垫状，树皮灰黑色。叶密生，叶轴宿存并硬化成针刺，托叶锥形，先端成刺状，被白色长柔毛；小叶 4~6 对，无柄，羽状着生，长椭圆形，具小刺尖。花单生，花萼筒状，萼齿卵形；花冠淡红色或白色，旗瓣宽卵形，翼瓣长椭圆形，龙骨瓣与翼瓣近等长；子房椭圆形，密生白色长毛。荚果长椭圆形，密生长柔毛。花期 5~6 月，果期 6~7 月。

　　生于海拔 2700~3400m 的高山草甸、灌丛。主峰和山脊两侧均有分布。多见。

　　药用部位：皮、茎、叶。

　　药用功效：接筋续断，祛风除湿，活血通络，消肿止痛。

　　鬼箭锦鸡儿是藏药，其植物有根瘤，能提高土壤肥力、绿化荒山，具有保持水土、防风固沙的作用。

235. 毛刺锦鸡儿 藏青锦鸡儿
Caragana tibetica Kom.

矮灌木。常呈垫状。老枝皮灰黄色，多裂；小枝密集，淡灰褐色，密被长柔毛。羽状复叶有3~4对小叶；托叶卵形，叶轴硬化成针刺，宿存，淡褐色；小叶线形。花单生，花萼管状；花冠黄色，旗瓣倒卵形；子房密被柔毛。荚果椭圆形，外面密被柔毛，里面密被绒毛。花期5~7月，果期7~8月。

生于海拔1500~2300m的石质山坡、沟谷、灌丛。见于东坡拜寺沟、黄旗沟、苏峪口沟、插旗沟、大水沟、汝箕沟；西坡哈拉乌沟、水磨沟、北寺沟、南寺沟、峡子沟等。常见。

毛刺锦鸡儿是良好的蜜源植物及水土保持植物，亦可作为庭院植物。

236. 荒漠锦鸡儿 *Caragana roborovskyi* Kom.

矮灌木。树皮黄色，条状剥落，小枝淡灰褐色，密被灰白色柔毛。托叶膜质，三角状披针形，中脉明显，先端具硬刺尖；叶轴全部宿存并硬化成刺，小叶 4~6 对，羽状着生，倒卵形，先端圆形，具小刺尖，两面密被长柔毛。萼筒形，萼齿三角状披针形，具小尖头；花冠黄色，旗瓣倒卵形，翼瓣长椭圆形，龙骨瓣长先端成向内弯的嘴；子房密被长柔毛。荚果圆筒形，密被柔毛。花期 4~5 月，果期 6~7 月。

生于浅山谷地、干河床、石质山坡。东、西坡均有分布。常见。

237. **柠条锦鸡儿** *Caragana korshinskii* Kom.

　　灌木。枝条淡黄色，无毛。长枝上的托叶宿存硬化成针刺；小叶 5~10 对，羽状排列，无小叶柄，倒卵状长椭圆形，具刺尖，两面被短伏毛。花萼钟形，萼齿三角形；花冠黄色，旗瓣卵形；子房密被短柔毛。荚果扁，红褐色，先端尖，无毛。花期 5~6 月，果期 6~7 月。

　　生于北部荒漠化较强的低山丘陵覆沙山坡及河床内。仅见于北部山地龟头沟。稀见。

　　药用部位：根、花、种子。

　　药用功效：滋阴养血，通经，镇静，止痒。

　　柠条锦鸡儿可作水土保持植物及固沙造林植物。柠条锦鸡儿的枝叶沤作绿肥和饲用。

苦马豆属	*Sphaerophysa* DC.

238. 苦马豆 红花苦豆子
Sphaerophysa salsula (Pall.) DC.

多年生草本或半灌木。茎直立，被白色短伏毛。奇数羽状复叶，托叶三角状披针形，密被白色短毛；小叶 11~19 枚，倒卵状椭圆形，先端圆或微凹，基部圆形至宽楔形，全缘，上面无毛，下面被灰白色短伏毛。总状花序叶腋生，花萼钟形，萼齿 5 枚，三角形；花冠紫红色，旗瓣宽卵形，龙骨瓣较翼瓣长；子房具柄，被柔毛。荚果椭圆形，膨胀呈膀胱状，疏被短伏毛。花期 5~7 月，果期 7~8 月。

生于宽阔沟谷。见于东坡苏峪口沟、贺兰沟、汝箕沟；西坡北寺沟、巴彦浩特等。常见。

药用部位：全草、果实及根。

药用功效：补肾，利尿，消肿，固精，止血。

苦马豆是蒙药，其地上部分含球豆碱，可用于催产、降血压，对产后出血、子宫松弛者亦有一定疗效，可代麦角，且毒性小，对胎儿无副作用。苦马豆亦可作绿肥。

甘草属	*Glycyrrhiza* L.

239. **甘草** 甜草、甜甘草
Glycyrrhiza uralensis Fisch. ex DC.

多年生草本。根茎粗壮，皮红褐色，横断面黄色。茎密被褐色鳞片状腺体、短毛和小腺刺，具分枝。奇数羽状复叶，互生，具小叶 7~13 枚，小叶具短柄，小叶片卵形，两面密生褐色鳞片状腺体。总状花序叶腋生；花萼钟形，萼齿 5 枚，线状披针形；花冠淡紫红色或紫红色，旗瓣长椭圆形，翼瓣矩圆形，龙骨瓣较翼瓣稍短；子房无柄，密被腺状突起。荚果线状矩圆形，弯曲成镰状，密被刺状腺体。花期 6~8 月，果期 7~9 月。

生于洪积扇冲沟。东、西坡山麓均有分布。多见。

药用部位：根。

药用功效：补脾益气，清热解毒，祛痰止咳，缓急止痛，调和诸药。

甘草是回药、蒙药，亦是二级国家重点保护野生植物。甘草可作食物香料。

米口袋属 *Gueldenstaedtia* Fisch.

240. 狭叶米口袋 ^{地丁}
Gueldenstaedtia stenophylla Bunge

多年生草本。主根粗壮，主根上端丛生短缩茎。奇数羽状复叶，托叶三角形；小叶 7~19 枚，披针形，具小突尖，两面被伏柔毛，背面稍密。花 4 朵集生于总花梗的顶端，呈伞形；花萼钟形，萼齿 5 枚；花冠粉红色，旗瓣近圆形，翼瓣较旗瓣稍短，龙骨瓣短，雄蕊稍短于龙骨瓣；子房密被毛；花柱短，内卷。荚果圆筒形，密被伏柔毛。花期 4~5 月，果期 6 月。

生于山麓冲沟及沙砾地。东、西坡山麓均有分布。多见。

药用部位：全草。

药用功效：清热解毒。

狭叶米口袋是蒙药。

241. 少花米口袋 ^{米口袋}
Gueldenstaedtia verna (Georgi) Boriss.

多年生草本。根圆锥形，直伸，主根上端生短缩茎。奇数羽状复叶，小叶9~13枚，椭圆形，两面密被长柔毛。花2~3朵集生于总花梗顶端，花萼钟形，萼齿5枚；花冠紫红色，旗瓣卵圆形，翼瓣稍短于旗瓣，龙骨瓣短；子房密被长毛；花柱短，内卷曲。荚果圆柱状，被棕褐色长柔毛。花期6~7月，果期7~8月。

生于山前洪积扇草原化荒漠中。见于东坡。常见。

药用部位：全草。

药用功效：清热解毒。

| 雀儿豆属 | *Chesneya* Lindl. ex Endl. |

242. 大花雀儿豆 *Chesneya macrantha* Cheng f. ex H. C. Fu

垫状草本。茎极短缩，羽状复叶有7~9枚小叶；托叶近膜质，卵形，宿存；叶柄和叶轴疏被白色开展的长柔毛，宿存并硬化呈针刺状；小叶椭圆形，具刺尖，两面密被白色伏贴绢质短柔毛。苞片线形，花萼管状，密被长柔毛及暗褐色腺体，基部一侧膨大呈囊状，萼齿线形；花冠紫红色，旗瓣长圆形，背面密被短柔毛，龙骨瓣短于翼瓣；子房密被长柔毛，无柄。花期6月，果期7月。

生于石质低山坡上。见于西坡峡子沟口、南寺沟口、三关口等。少见。

黄芪属	*Astragalus* L.

243. **乌拉特黄芪** 粗状黄芪
Astragalus hoantchy Franch.

　　多年生草本。根粗壮，圆锥形，黄褐色。奇数羽状复叶，具小叶 9~25 枚，叶片宽椭圆形，具小尖头；托叶三角状披针形。总状花序叶腋生，苞片披针形，小苞片 2 枚，线形，花萼钟形；花冠紫红色，旗瓣卵状矩圆形，翼瓣矩圆形，骨瓣倒三角形；子房具长柄，柱头上具画笔状髯毛。荚果矩圆形，两侧稍扁，无毛。花期5~6月，果期6~7月。

生于海拔1600~2500m的沟谷或石质山坡。见于东坡小口子沟、黄旗沟、贺兰沟、苏峪口沟、插旗沟、大水沟等；西坡水磨沟、哈拉乌沟等。常见。

药用部位：根。

药用功效：生用可益卫固表，利水消肿，托毒，生肌；炙用可补中益气。

244. 草木樨状黄芪 扫帚苗 *Astragalus melilotoides* Pall.

多年生草本。根粗壮，茎丛生，被白色短柔毛。奇数羽状复叶，具小叶5~7枚，小叶长矩圆形，托叶披针形。总状花序叶腋生；苞片三角形；花萼钟形，萼齿三角形；花冠白色或粉红色，旗瓣近圆形，翼瓣长圆形，与旗瓣等长，先端 2 裂，龙骨瓣比翼瓣短；子房无柄，无毛。荚果宽倒卵状球形，具横纹，无毛。花期 7 月，果期 8 月。

  生于海拔 1700~2300m 的山地沟谷沙砾地。东、西坡均有分布。常见。

  药用部位：全草。

  药用功效：祛风除湿，止痛。

  草木樨状黄芪是蒙药，亦可作牧草。

245. 马衔山黄芪 *Astragalus mahoschanicus* Hand.-Mazz.

多年生草本。根粗壮，灰白色，根茎短缩，具分叉。茎细弱，被白色和黑色伏贴柔毛。羽状复叶有9~19枚小叶，托叶离生，宽三角形，小叶卵形。总状花序密集呈圆柱状；花萼钟状，被较密的黑色伏贴柔毛，萼齿钻状；花冠黄色，旗瓣长圆形，翼瓣较旗瓣稍短，先端有不等的2裂，龙骨瓣最短，瓣片半卵形；子房球形。荚果球状，种子肾形，栗褐色。花期6~7月，果期7~8月。

生于海拔2000~2600m的山地沟谷、灌丛中、林缘。见于东坡苏峪口沟、黄旗沟、贺兰沟；西坡哈拉乌北沟等。稀见。

药用部位：全草。

药用功效：利尿，愈合血管。

马衔山黄芪是藏药。

246. 皱黄芪 *Astragalus tartaricus* Franch.

多年生草本。根粗壮，棕褐色。茎丛生，被白色平伏短毛。奇数羽状复叶，疏被白色平伏短毛，小叶19~23枚，椭圆形，背面被平伏白色短毛；托叶三角状卵形。总状花序叶腋生；苞片披针形，花萼钟形，萼齿线形；花冠蓝紫色，旗瓣卵状椭圆形，翼瓣与旗瓣等长，龙骨瓣稍短于旗瓣或近等长；子房具柄，密被白色短柔毛。荚果椭圆形，密被白色平伏柔毛。花期 5~6 月，果期 6~7 月。

　　生于海拔 1700~2900m 的沟谷、灌丛、林缘。见于东坡黄旗沟、小口子、苏峪口沟兔儿坑；西坡哈拉乌沟、水磨沟、南寺沟雪岭子等。多见。

247. 阿拉善黄芪 ^{乌拉特黄芪}
Astragalus alaschanus Bunge et Maxim.

多年生草本。茎多数，常匍匐，被白色短伏贴柔毛。羽状复叶有 11~15 枚小叶，托叶离生，三角状卵形；小叶卵形，下面被白色短伏贴柔毛。总状花序呈头状；苞片膜质，披针形，花萼钟状，萼齿披针形；花冠近白色，旗瓣倒卵形，翼瓣与旗瓣近等长，瓣片长圆形，先端有不等的 2 裂或微凹，龙骨瓣小；子房无毛，假 2 室，具短柄，胚珠 2~4 粒。花期 6 月。

生于海拔 2400~2800m 的沟谷、林缘及溪边。见于东坡苏峪口沟；西坡水磨沟、哈拉乌沟。少见。

药用部位：根。

药用功效：清热，止血，治伤，生肌。

阿拉善黄芪是蒙药。

248. **灰叶黄芪** *Astragalus discolor* Bunge ex Maxim.

多年生草本。茎成丛生状，密被平伏的白色丁字毛。奇数羽状复叶，长椭圆形，上面无毛或疏被平伏的白色丁字毛，背面密被平伏的白色丁字毛。总状花序叶腋生，苞片披针形，被黑色丁字毛；花萼筒形，萼齿不等长；花冠蓝紫色，旗瓣狭倒卵形，翼瓣与旗瓣等长，短圆形，先端 2 裂；子房被丁字毛。果实扁平，线形，果梗长于花萼，被黑色丁字毛。花期 6 月，果期 7 月。

生于海拔 1600~2300m 的沟谷、石质山坡。见于东坡苏峪口沟、黄旗沟、插旗沟；西坡北寺沟、哈拉乌沟、南寺沟。常见。

249. 多枝黄芪 *Astragalus polycladus* Bur.

　　多年生草本。根粗壮，圆柱形，根状茎短，木质。茎丛生，被平伏白色短毛。奇数羽状复叶，具小叶 17~31 枚，小叶椭圆形，上面几无毛或疏被平伏白色短毛，背面被平伏白色短毛。总状花序叶腋生；花萼钟形，萼齿线形；花冠堇紫色，旗瓣卵形；子房具短柄，被毛。荚果倒卵状披针形，被白色和黑色短毛。花期 6~7 月，果期 7~8 月。

　　生于海拔 2900m 左右的林缘草甸、灌丛。见于东坡黄渠沟；西坡哈拉乌沟口。稀见。

　　药用部位：全草。

　　药用功效：利水消肿，托毒，生肌。

　　多枝黄芪是藏药，亦可作牧草。

250. 斜茎黄芪 直立黄芪、沙打旺
Astragalus adsurgens Pall.

多年生草本。根粗壮。茎多数丛生，疏被平伏的白色丁字毛。奇数羽状复叶，具小叶 11~25 枚，卵状椭圆形，上面无毛或疏被白色平伏丁字毛，下面被白色平伏丁字毛；托叶三角形。总状花序叶腋生，苞片披针形；花萼钟形，萼齿锥形；花冠蓝紫色，旗瓣卵形，翼瓣瓣片椭圆形；子房被白色短毛。荚果圆筒形，背缝线凹陷，被黑色丁字毛。花期 6~7 月，果期 8~10 月。

生于海拔 1500m 左右的沟谷、林缘。见于东坡苏峪口沟、黄旗沟。少见。

药用部位：种子。

药用功效：补肝肾，固精明目。

斜茎黄芪是蒙药，亦可作牧草或绿肥。

251. 变异黄芪 *Astragalus variabilis* Maxim.

　　多年生草本。根圆柱形，灰黄色。茎多数丛生，密被平伏的白色丁字毛。奇数羽状复叶，具小叶 9~15 枚，长椭圆形，两面被白色丁字毛。总状花序叶腋生，花萼筒形，萼齿锥形，外被白色丁字毛；花冠蓝紫色，旗瓣狭卵形，翼瓣椭圆形。荚果线形，扁平，弯曲，被白色丁字毛。花期 6~7 月，果期 7~8 月。

　　生于浅山干河床、沙砾河滩地。见于西坡峡子沟山麓、干河床及沟口。常见。

252. 短龙骨黄芪 *Astragalus parvicarinatus* S. B. Ho

　　多年生草本。地上茎短缩。叶丛生状，奇数羽状复叶，具小叶 5~7 枚，椭圆形，两面被平贴的白色丁字毛；托叶狭卵形，被白色长柔毛。花基生，苞片狭卵形，膜质，被白色长柔毛；萼筒被开展的白色长毛；花白色或淡黄色，旗瓣椭圆状倒披针形，翼瓣长椭圆形，龙骨瓣短；子房无毛；花柱无毛，柱头头状。花期 5 月。

　　生于山麓荒漠化草原和草原化荒漠群落。见于西坡中、南部山麓。少见。

253. 荒漠黄芪 _{新巴黄芪}
Astragalus grubovii Sancz.

多年生草本。密被开展的白色丁字毛。无地上茎或被短缩。奇数羽状复叶，具小叶 15~29 枚，小叶椭圆形或倒卵形，先端圆或稍尖，稀微凹，基部宽楔形或近圆形，两面密被开展的白色丁字毛；托叶卵状被针形，基部与叶柄合生；花多数密集于叶丛基部；苞片线状披针形，被毛；花萼筒形，密被开展的白色长毛，萼齿线形；花冠白色，带淡黄色，旗瓣矩圆形，先端钝圆或微凹，中部稍缢缩，基部渐狭成爪，翼瓣稍短于旗瓣，瓣片狭长椭圆形，与爪近等长，龙骨瓣爪较瓣片长，耳短；子房狭矩圆形，密被白色长柔毛。荚果卵状长圆形或卵形，密被白色长柔毛。花期 6~7 月，果期 7~8 月。

生于山麓草原化荒漠群落。见于西坡山麓。少见。

254. 乳白黄芪 乳白花黄芪
Astragalus galactites Pall.

多年生草本。根圆柱形，具短而分枝的地下茎，地上茎极短缩呈丛生状。奇数羽状复叶，具小叶 9~21 枚，小叶椭圆形，上面疏被灰白色丁字毛，下面密被灰白色丁字毛；托叶狭卵形。萼筒形，萼齿线形；花冠乳白色，旗瓣矩圆状倒披针形，翼瓣与旗瓣近等长；子房被毛，花柱细长，柱头头状。花期 5 月。

生于海拔 1900~2200m 的洪积扇草原群落。见于东坡苏峪口沟；西坡哈拉乌沟口。少见。

乳白黄芪是中等牧草。

255. 尤那托夫黄芪 圆果黄芪
Astragalus junatovii Sancz.

多年生草本。地上部分无茎或极短缩的茎。叶密集于地表呈小丛状，奇数羽状复叶，具小叶 5~15 枚，叶柄和叶轴近等长，密被平伏的丁字毛；小叶椭圆形或披针形，两面密被白色毛；花序短总状，无梗，每腋生花 2~4 朵；花萼筒状，萼齿条状钻形，密被白色长柔毛；花冠粉白色，旗瓣矩圆状倒卵形，翼瓣与旗瓣近等长。荚果近球形或卵球形，顶端具短喙，被白色柔毛。花期 5 月，果期 6~7 月。

生于山麓草原化荒漠群落。见于西坡山麓。少见。

尤那托夫黄芪是中等牧草。

256. 胀萼黄芪 *Astragalus ellipsoideus* Ledeb.

多年生草本。茎短缩。奇数羽状复叶，具小叶 9~21 枚，小叶片椭圆形，两面密被平伏白色丁字毛；托叶卵形，被白色丁字毛。总状花序紧密，卵形；苞片线状被针形；花萼筒状，果期膨胀成卵形，萼齿钻形，被白色和黑色短毛；花冠黄色，旗瓣倒卵状长圆形，翼瓣较旗瓣短，长圆形，龙骨瓣较翼瓣短。荚果卵状矩圆形，2 室，密被白色丁字毛。花期 5~6 月，果期 7~8 月。

生于海拔 1900m 左右的石质山坡。见于东坡小口子；西坡哈拉乌北沟。少见。

棘豆属	*Oxytropis* DC.

257. **猫头刺** 刺叶柄棘豆
Oxytropis aciphylla Ledeb.

矮小半灌木。根粗壮，圆柱形。地上茎短而多分枝成垫状。偶数羽状复叶，叶轴密被白色平伏柔毛，先端成刺，具小叶 2~3 对；小叶线形，先端呈硬刺尖，两面密被白色平伏柔毛，叶轴宿存且硬化成针刺。总状花序叶腋生，常具 2 朵花；花萼筒形，萼齿锥形；花冠蓝紫色，旗瓣倒卵形，翼瓣短于旗瓣，龙骨瓣较翼瓣短，先端具长约 1mm 的喙；子房无毛。荚果矩圆形，密生白色平伏柔毛。花期 5~6 月，果期 6~7 月。

生于海拔1400~2300m的石质低山丘陵和沟谷。东、西坡均有分布。常见。

药用部位：茎叶。

药用功效：消肿止痛。

猫头刺是蒙药，亦可作中等牧草。

258. 单叶棘豆 *Oxytropis monophylla* Grub.

　　多年生小草本。主根粗壮，黄褐色。茎短缩。具小叶 1 枚，叶柄密被贴伏白色柔毛，宿存；托叶卵形；小叶近革质，椭圆形，下面密被白色长柔毛。花葶密被白色长柔毛，具 1~2 朵花；苞片线形，花萼筒状，萼齿三角状钻形；花冠淡黄色，旗瓣长圆状倒卵形，翼瓣较旗瓣短，长圆形，龙骨瓣较旗瓣短，上部蓝紫色，先端具三角形短喙；子房线形，被毛。荚果卵球形。花期 6~7 月，果期 7~8 月。

　　生于低山石质丘陵、沙砾地。见于东坡甘沟、黄旗口、苏峪口；西坡哈拉乌沟、香池子沟、峡子沟。少见。

259. 宽苞棘豆 *Oxytropis latibracteata* Jurtz.

　　多年生草本。根圆锥形，棕褐色。茎极短缩。叶丛生，叶轴密生棕黄色柔毛，奇数羽状复叶，具小叶 11~19 枚，小叶长椭圆形，两面密生黄色柔毛；托叶膜质，卵形。总状花序腋生。花序轴密被黄色柔毛，花集生于花序轴的顶部呈头状；苞片卵状披针形，花萼筒形，萼齿线形；花冠淡紫色，旗瓣倒卵状长椭圆形，翼瓣较旗瓣短，龙骨瓣稍短于翼瓣，先端具长喙；子房无柄，被柔毛。荚果卵状椭圆形，膨胀。花期 6 月，果期 7 月。

生于海拔 2600~3400m 的高山草甸。见于东坡苏峪口沟；
西坡哈拉乌沟、南寺沟、高山气象站。多见。

　　药用部位：全草。

　　药用功效：消肿，清热，止泻。

　　宽苞棘豆是蒙药，亦是草原牧场毒草。

260. 米尔克棘豆 *Oxytropis merkensis* Bunge

　　多年生草本。根直立，灰褐色。茎极短缩。奇数羽状复叶丛生，具小叶 9~13 枚，椭圆形，上面疏被白色平伏柔毛，背面密生白色平伏柔毛；托叶卵状披针形。总状花序叶腋生，花序轴远较叶长，呈弧形弯曲；花萼筒形，萼齿线形；花冠黄色，旗瓣菱状倒卵形，翼瓣稍短于旗瓣，龙骨瓣稍短于翼瓣，顶端具短喙；子房无柄，无毛或花柱疏被毛。花期 6 月。

　　生于海拔 1900~2200m 的低山丘陵石质阳坡。见于西坡峡子沟。稀见。

261. 小花棘豆 *Oxytropis glabra* (Lam.) DC.

多年生草本。茎圆柱形，被白色平伏短毛。奇数羽状复叶，互生，小叶 9~13 枚，长椭圆形，两面被灰色平伏柔毛，背面稍密；小叶柄短，托叶卵形。总状花序叶腋生，苞片披针形，花萼钟形，萼齿锥形；花冠蓝紫色，旗瓣宽倒卵形，翼瓣较旗瓣短，龙骨瓣与翼瓣近等长；子房具短柄，被毛。荚果下垂，披针状椭圆形，膨胀，密被白色短伏毛。

生于山麓盐碱化低地上。见于东坡龟头沟；西坡巴彦浩特附近。稀见。

小花棘豆是草原牧场毒草。

262. 黄毛棘豆 *Oxytropis ochrantha* Turcz.

多年生草本。无地上茎或茎极缩短。羽状复叶，托叶膜质；小叶 8~9 对，对生或 4 枚轮生，卵形，两面密被或疏被白色或土黄色长柔毛。总状花序圆柱状，花多密集；苞片线状披针形；花萼筒状，萼齿钻状；花冠黄色或白色，旗瓣椭圆形，翼瓣与龙骨瓣较旗瓣短；子房密被土黄色长柔毛。荚果卵形，1 室，密被土黄色长柔毛。花期 6~7 月，果期 7~8 月。

生于山地沟谷林缘。见于东坡大口子沟。少见。

263. 砂珍棘豆 泡泡草
Oxytropis racemosa Turcz.

多年生草本。主根圆柱形，暗褐色。地上茎极短。叶丛生，具小叶 25~43 枚，常 4~6 枚轮生，小叶线形，两面密被平状的白色长柔毛；托叶卵形，密被长柔毛。花 10~15 朵，密集于花序轴的顶端近头状，苞片披针形，膜质；花萼钟形，萼齿线形；花冠紫色，旗瓣倒卵形，翼瓣稍短于旗瓣，龙骨瓣与翼瓣近等长；子房被短柔毛，无柄。荚果卵形，1 室，膨胀，被短柔毛。花期 7~8 月，果期 8~9 月。

生于山麓冲沟和干河床。见于西坡巴彦浩特附近。少见。

药用部位：全草。

药用功效：消食健脾，消肿止痛。

砂珍棘豆是蒙药。

牻牛儿苗科 Geraniaceae

牻牛儿苗属 *Erodium* L′ Her.

264. 牻牛儿苗 老鹳嘴、狼怕怕
Erodium stephanianum Willd.

一年生或二年生草本。直根圆柱状，棕褐色。茎多分枝，被柔毛。叶对生，叶片卵形，二回羽状深裂；小羽片线形，具 3~5 个粗齿；托叶线状披针形。伞形花序叶腋生；萼片长椭圆形，先端具长芒；花瓣倒卵形，淡紫色或紫蓝色。蒴果密被短伏毛，顶端有长喙，成熟时 5 果瓣与中轴分离，喙呈螺旋状卷曲。花期 4~5 月，果期 6~9 月。

生于海拔 1400~2000m 的宽阔山谷溪水边、干河床石砾地。东、西坡均有分布。常见。

药用部位：全草。

药用功效：祛风湿，活血通络，止泻痢。

牻牛儿苗是回药、蒙药。

老鹳草属　　*Geranium* L.

265. **鼠掌老鹳草** 鼠掌草
Geranium sibiricum L.

　　多年生草本。根圆锥状，茎具节，被倒生短毛。叶对生，基生叶早枯萎，与下部茎生叶同形，宽肾状五角形，掌状5深裂；裂片倒卵状楔形；上部叶3深裂，两面疏被短伏毛，托叶披针形，浅棕色，背面及边缘被长毛。花单生，萼片长卵形，顶端具芒尖，具5脉；花瓣稍长于萼片，倒卵形，白色或淡紫红色。蒴果被柔毛。花期6~7月，果期7~9月。

　　生于海拔1400~2200m的山地河谷溪边、灌丛下及林缘。见于东坡黄旗沟、拜寺沟、苏峪口沟、大水沟；西坡哈拉乌沟、北寺沟、南寺沟、峡子沟、镇木关沟等。常见。

　　药用部位：全草。

　　药用功效：清热解毒，祛风活血。

　　鼠掌老鹳草是蒙药。

亚麻科 Linaceae

亚麻属　　*Linum* L.

266. 宿根亚麻 *Linum perenne* L.

多年生草本。根圆柱形，木质化。叶互生，生殖枝上的叶线形，具 1 脉；不育枝上的叶稍密。聚伞花序具多数花；萼片卵形，全缘，背面下部具 5 脉；花瓣宽倒卵形，蓝紫色；雄蕊 5 枚，花丝下部稍宽，基部合生，外具 5 个腺体与花瓣对生；花柱 5 枚，基部合生。蒴果近球形，黄色，光滑，开裂。花期 6~7 月，果期 7 月。

生于山麓冲沟及山坡草原群落中。见于东坡苏峪口沟；西坡哈拉乌沟、水磨沟口。少见。

药用部位：种仁。

药用功效：祛风止痒，生发，润肠通便。

宿根亚麻是蒙药，其茎皮纤维可用；种子可榨油。

蒺藜科 Zygophyllaceae

白刺属　　　*Nitraria* L.

267. 小果白刺　西伯利亚白刺
Nitraria sibirica Pall.

　　矮小灌木。树皮淡黄白色，具纵条棱，小枝灰白色，被短毛，先端刺状。叶肉质，无柄，在嫩枝上多4~6个簇生，倒披针形，两面密被伏毛。花小，排列成顶生多分枝的蝎尾状聚伞花序，萼片5枚，近三角形；花瓣5枚，长椭圆形，内曲呈帽状；子房密被白色伏毛，椭圆形；柱头3个。核果卵形，深紫红色。花期5~6月，果期7~8月。

　　生于山麓低平盐碱滩地。见于西坡巴彦浩特、呼吉尔图。多见。

　　药用部位：果实。

　　药用功效：健脾胃，滋补强壮。

　　小果白刺是蒙药，亦可作固沙植物。

268. 白刺 唐古特白刺
Nitraria tangutorum Bobr.

灌木。枝稍之字形弯曲，先端常成刺状。叶肉质，在嫩枝上常 2~3 片簇生，倒卵状披针形，具小尖头，两面密被伏毛；托叶三角状披针形，膜质，棕色。花排列为多分枝的顶生蝎尾状聚伞花序；萼片 5 枚，卵形，被短伏毛；花瓣黄白色，椭圆形；子房密被白色伏毛；柱头 3 个。核果卵形，深红色。花期 5~6 月，果期 7~8 月。

生于山麓覆沙地、干河床、盐碱沙地。见于东坡石炭井、龟头沟；西坡山麓。稀见。

药用部位：果实。

药用功效：健脾胃，助消化，安神，解表，下乳。

白刺是蒙药，亦是盐碱地治理和防风固沙的先锋树种。

骆驼蓬属　*Peganum* L.

269. **骆驼蓬** 臭古朵
Peganum harmala L.

多年生草本。根多数，茎基部多分枝。叶互生，卵形，全裂为 3~5 条形。花单生枝端，与叶对生；萼片 5 枚，裂片条形；花瓣黄白色，倒卵状矩圆形；雄蕊 15 枚；子房 3 室；花柱 3 个。蒴果近球形；种子三棱形，黑褐色、表面被小瘤状突起。花期 5~6 月，果期 7~9 月。

生于浅山沟谷、山麓冲沟。仅见于西坡北寺沟、南寺沟。稀见。

药用部位：全草及种子。

药用功效：宣肺止咳，祛风湿，解毒。

骆驼蓬是蒙药，其种子可作红色染料；榨油可供轻工业用，可作杀虫剂；叶子揉碎能洗涤泥垢，代肥皂用。

（骆驼蓬图片由刘冰提供）

270. 多裂骆驼蓬 大臭蒿、臭草
Peganum multisectum (Maxim.) Bobr.

多年生草本。全株无毛。根粗壮。叶稍肉质，二回羽状全裂，裂片线形；托叶线形，黄褐色。花单生，与叶对生；萼片常 5 全裂，裂片线形；花瓣白色或浅黄色，倒卵状矩圆形；雄蕊 15 枚；子房 3 室；柱头三棱形。蒴果近球形，褐色，3 瓣裂；种子黑褐色，略呈三棱形，具蜂窝状网纹。花期 6~7 月，果期 7~8 月。

生于浅山沟谷、山麓冲沟、居民点附近、路边。东、西坡山麓均有分布。常见。

药用部位：全草及种子。

药用功效：宣肺止咳，祛风湿，解毒。

多裂骆驼蓬是回药、蒙药，其种子可作红色染料；榨油可供轻工业用，可作杀虫剂；叶子揉碎能洗涤泥垢，代肥皂用。

271. **骆驼蒿** 匐根骆驼蓬
Peganum nigellastrum Bunge

多年生草本。全株被短硬毛。具根状茎，茎丛生，灰黄色，被短硬毛。叶稍肉质，二至三回羽状全裂，裂片针状线形，背面及边缘被短硬毛；托叶线形。花单生，萼片稍长于花瓣，5~7 全裂，裂片针形；花瓣白色或淡黄色，椭圆形；雄蕊 15 枚；子房 3 室；柱头三棱形。蒴果近球形，黄褐色，3 瓣裂；种子纺锤形，黑褐色，具疣状小突起。花期 5~7 月，果期 6~8 月。

生于山地沟谷居民点、路边。东、西坡均有分布。常见。

药用部位：全草与种子。

药用功效：祛湿解毒，活血止痛，止咳。

骆驼蒿是蒙药。

四合木属	*Tetraena* Maxim.

272. **四合木** ^{油柴}
Tetraena mongolica Maxim.

　　小灌木。多从基部分枝，老枝红褐色，幼枝灰黄色，密被灰白色叉状毛。叶在老枝上近簇生，在嫩枝上为 2 枚小叶，肉质，倒披针形，具小突尖，两面密被灰白色叉状毛；托叶卵形。花单生叶腋，密被叉状毛；萼片 4 枚，卵形；花瓣 4 片，白色，椭圆形；雄蕊 8 枚，外轮 4 枚与花瓣近等长，内轮 4 枚长于花瓣；子房上位，4 室，被毛；花柱单一。蒴果 4 瓣裂，果瓣新月形，被叉状毛。花期 5~6 月，果期 7~8 月。

生于北部石质浅山丘陵及覆沙坡地。见于东坡落石滩；西坡楚洛温格其太以北。少见。

四合木是残遗种、珍稀濒危种，亦是我国特有的一级国家重点保护野生植物、稀有植物。四合木是优良燃料，有防风固沙作用。

霸王属　　*Sarcozygium* Bunge

273. **霸王**　*Sarcozygium xanthoxylon* Bunge

灌木。枝淡灰色，无毛，枝端具刺。叶在老枝上簇生，在嫩枝上对生；复叶具 2 枚小叶，小叶肉质，线形。花单生叶腋，黄白色；萼片 4 枚，倒卵形，绿色；花瓣 4 片，倒卵形；雄蕊 8 枚，花丝基部具鳞片状附属物，倒披针形；子房3室。蒴果具3宽翅，宽椭圆形，不开裂。花期4~5月，果期5~9月。

　　生于石质浅山丘陵及覆沙坡地。见于东坡石炭井、汝箕沟、龟头沟；西坡山麓。常见。

　　药用部位：根。

　　药用功效：行气散结。

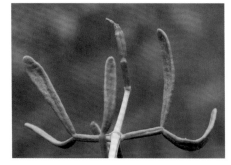

蒺藜属	*Tribulus* L.

274. 蒺藜 巴藜子、刺蒺藜
Tribulus terrestris L.

一年生草本。茎平铺地面，灰绿色。偶数羽状复叶，互生，具小叶 4~7 对；小叶对生，矩圆形，下面密被白色丝状毛；托叶披针形。花单生叶腋，被丝状毛；萼片 5 枚，卵状披针形，宿存；花瓣 5 片，倒卵形，黄色；雄蕊 10 枚，基部具鳞片状腺体；子房卵形；花柱短，柱头 5 裂。离果扁球形，果瓣 5 个，分离，每个果瓣各具 1 对长刺、1 对短刺及短硬毛与疣状突起。花期 5~8 月，果期 6~9 月。

生于沟谷、路旁和居民点附近。东、西坡均有分布。常见。

药用部位：果实。

药用功效：散风，平肝，明目。

蒺藜是回药、蒙药，其种子榨油可供工业用；茎皮纤维可造纸。

驼蹄瓣属	*Zygophyllum* L.

275. 蝎虎驼蹄瓣 蝎虎霸王
Zygophyllum mucronatum Maxim.

多年生草本。根粗壮。茎多分枝，基部木质化。托叶革质，卵形，绿色；小叶 1 对，倒卵形。花腋生；萼片卵形；花瓣倒卵形，先端近白色，下部橘红色；雄蕊长于花瓣，鳞片矩圆形。蒴果矩圆形，5 棱，下垂。种子表面有斑点。花期 5~6 月，果期 6~9 月。

生于石质低山丘陵。东、西坡均有分布。常见。

蝎虎驼蹄瓣是蒙药。

芸香科 Rutaceae

拟芸香属 *Haplophyllum* A. Juss.

276. 针枝芸香 *Haplophyllum tragacanthoides* Diels

　　矮小半灌木。根灰黄褐色，粗壮。茎基部丛生多数呈针刺状的宿存老枝，老枝灰褐色；叶矩圆状倒披针形，两面灰绿色，具黑色腺点。花单生茎顶；花萼5深裂，裂片卵形；花瓣黄色，宽卵形，边缘膜质，白色，沿中脉两侧绿色，具腺点；雄蕊花丝被柔毛；子房扁球形，4~5室。蒴果顶端开裂；种子肾形，表面具皱纹。花期6月，果期7~8月。

　　生于海拔1400~2300m的浅山和低山丘陵地区。见于东坡甘沟、黄旗沟、苏峪口沟、大水沟、汝箕沟；西坡哈拉乌沟、北寺沟、古拉本、南寺沟、峡子沟。常见。

　　针枝芸香是中等牧草，亦是水土保持植物。

苦木科 Simaroubaceae

臭椿属 *Ailanthus* Desf.

277. 臭椿 椿树
Ailanthus altissima (Mill.) Swingle

落叶乔木。树皮灰色，小枝赤褐色，被短柔毛。奇数羽状复叶，具小叶 13~25 枚，卵状披针形，齿端下具 1 腺体。圆锥花序，花杂性；萼片卵状三角形，花瓣长椭圆形，淡绿色；雄蕊 10 枚，心皮 5 个；花柱合生，柱头 5 裂。翅果长圆状椭圆形，淡黄褐色；种子扁平。花期 6 月，果期 9~10 月。

生于山缘石质山坡。见于东坡小口子、黄旗沟、拜寺沟。少见。

药用部位：树皮、根皮、果皮。

药用功效：清热利湿，收敛止痢。

臭椿是回药，亦是工矿区的优良绿化树种。臭椿木材可供制家具、农具；种子可榨油；树皮可提制栲胶。

远志科 Polygalaceae

| 远志属 | *Polygala* L. |

278. 远志 细叶远志
Polygala tenuifolia Willd.

多年生草本。根肥厚，木质化，浅黄褐色。叶互生，线状披针形。总状花序，萼片 5 枚，外轮 3 片，绿色，披针形，内轮 2 片呈花瓣状，倒卵形；花瓣 3 片，2 片侧瓣倒卵形，中间龙骨状花瓣，背部顶端具流苏状缨；雄蕊 8 枚，花丝合生成鞘；子房扁圆形，2 室，上部明显弯曲；柱头 2 裂。蒴果扁圆形，顶端微凹，边缘有狭翅，表面无毛；种子 2 粒，椭圆形，棕黑色，被白色绒毛。花期 7~8 月，果期 8~9 月。

生于海拔 1400~2000m 的低山丘陵。见于东坡黄旗沟、苏峪口沟、插旗沟、甘沟；西坡哈拉乌沟、峡子沟、古拉本。常见。

药用部位：根。

药用功效：安神益智，交通心肾，祛痰，消肿。远志是蒙药。

279. 西伯利亚远志 *Polygala sibirica* L.

多年生草本。全株微被短绒毛。根粗壮，黄褐色。叶近无柄，下部叶较小，椭圆形，上部叶较大，卵状披针形，先端具短尖头。总状花序；萼片5枚，宿存，披针形，绿色，外轮3片小，内轮2片花瓣状，倒卵形；花瓣3片，2侧生花瓣长倒卵形，龙骨状花瓣背部顶端具流苏状缨；雄蕊8枚，子房扁倒卵形，2室。蒴果扁，倒心形，顶端凹陷，周围具翅，边缘具短睫毛；种子2粒，密被绢毛。花期6~7月，果期8~9月。

生于海拔1500~2300m的石质山坡、沟谷河滩。见于东坡小口子、黄旗沟、苏峪口沟；西坡哈拉乌沟、水磨沟、南寺沟等。常见。

药用部位：根。

药用功效：安神益智，交通心肾，祛痰，消肿。

大戟科 Euphorbiaceae

白饭树属　　*Flueggea* **Willd.**

280. 一叶萩　*Flueggea suffruticosa* (Pall.) Baill.

落叶灌木。老枝灰白色，具不规则的片状裂，小枝绿色。单叶互生，椭圆形，全缘。花单性，雌雄异株；雄花数朵簇生叶腋；萼片 5 枚，椭圆形；雄蕊 5 枚，退化雌蕊 2 裂；雌花单生或数朵簇生叶腋；萼片 5 枚，宽卵形，外层 1 片通常较狭小；子房球形，花柱短，柱头 3 个。蒴果扁球形，无毛；种子半圆形，褐色。花期 6~7 月，果期 8~9 月。

生于海拔 1700~1900m 的山地沟谷或阳坡灌丛和杂木林中。见于东坡黄旗沟、苏峪口沟、插旗沟、大水沟等。多见。

药用部位：叶和花。

药用功效：祛风活血，补肾强筋。

| 大戟属 | *Euphorbia* L. |

281. 刘氏大戟 *Euphorbia lioui* C. Y. Wu et J. S. Ma

　　多年生草本。根细柱状，黄褐色。茎直立，中部上多分枝；不育枝常自基部发出，高约10cm。叶互生，线形至倒卵状披针形，先端尖或渐尖，基部渐狭或平截，无柄；总苞叶 4~5 枚，卵状披针形，无柄；伞辐 4~5 枚。花序单生于二歧分枝的顶端，基部无柄；总苞杯状，边缘 4 裂，裂片半圆形；腺体 4 个，边缘齿状分裂，褐色。雄花数枚，伸出总苞之外；雌花 1 枚；子房光滑无毛；花柱 3 个，中部以下合生；柱头 2 深裂。蒴果不详。花期 5 月。

　　生于石质低山丘陵或浅山丘石质山坡。见于东坡甘沟、大水沟、插旗口；西坡北部山坡。稀见。

282. **沙生大戟** *Euphorbia kozlovii* Prokh.

多年生草本。根圆柱形，直伸。茎单生下部常带紫红色，上部假二歧式分枝。叶椭圆形，全缘，两面无毛；无柄；营养枝上的叶线形。总花序顶生，轮生苞叶 3 枚，三角状披针形；杯状聚伞花序生于枝杈间；杯状总苞宽钟形，顶端 4 裂，裂片膜质，先端齿裂，腺体 4 个，椭圆形；子房球形；花柱 3 个，反卷。蒴果卵状矩圆形，灰蓝色，平滑无毛；种子光滑。花期 5~7 月，果期 6~8 月。

生于北麓沙地及干河床。多见。

283. 乳浆大戟 _{猫儿眼}
Euphorbia esula L.

多年生草本。根粗壮，棕褐色。叶互生，线形，两面无毛；营养枝上的叶较密集而狭小。总花序顶生，轮生苞叶 5~10 枚，苞叶线状椭圆形，每伞梗顶端再生 1~4 个小伞梗；小苞片及苞片三角状宽菱形；杯状总苞倒圆锥形，先端 4 裂，腺体 4 个，新月形，两端具尖角；子房圆形；柱头 3 个，顶端再 2 裂。蒴果扁球形，光滑无毛。花期 5~6 月，果期 6~7 月。

生于海拔 1500~2300m 的山坡沟谷。见于东坡小口子、黄旗沟、苏峪口沟、插旗沟；西坡哈拉乌北沟、南寺沟等。多见。

药用部位：全草。

药用功效：利尿，拔毒，止痒。

乳浆大戟是蒙药，其全草水浸液或压出液，可灭虫、鼠等，还可防治植物锈病。乳浆大戟是汞富集植物。

284. 地锦 _{地联、铺地锦}
Euphorbia humifusa Willd. ex Schlecht.

一年生草本。茎平卧，带紫红色。叶对生，长圆形，边缘具浅细锯齿。杯状聚伞花序单生于小枝叶腋，总苞倒圆锥形，边缘 4 裂，裂片膜质，长三角形，具齿裂，腺体 4 个，横长圆形；雄花 5~8 枚；

子房 3 室，具 3 纵沟；花柱 3 个，顶端 2 裂。蒴果三棱状球形，无毛，光滑；种子卵形，褐色。花期 6~7 月，果期 8~9 月。

生于海拔 1500~2300m 的山坡沟谷。见于东坡小口子、黄旗沟、苏峪口沟、插旗沟；西坡哈拉乌北沟、南寺沟等。多见。

药用部位：全草。

药用功效：散血，止血，利尿。

地锦草是回药、蒙药，其茎、叶含鞣质，可提制栲胶。

地构叶属   *Speranskia* Bail.

285. **地构叶** *Speranskia tuberculata* (Bunge) Baill.

多年生草本。茎基部常木质，多分枝。叶长椭圆形至披针形，边缘有疏而不规则的粗齿。花单性，雌雄同株，总状花序顶生，雄花在上，雌花在下；雄花萼片5枚，镊合状排列，花瓣与萼片互生；花丝在芽内直立，花盘腺体5个，与萼片对生；雌花花瓣极小；花盘壶状；子房3室，被白色柔毛及疣状突起。蒴果扁球状三角形，被多数疣状突起。

生于贺兰山洪积扇。见于插旗口沟前洪积扇，为贺兰山新记录种。稀见。

药用部位：全草。

药用功效：活血止痛，通经络。

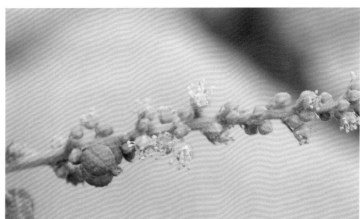

卫矛科 Celastraceae

卫矛属 *Euonymus* **L.**

286. 矮卫矛 *Euonymus nanus* Bieb.

矮小灌木。小枝淡绿色，具条棱。叶线形，3 片轮生、互生或有时对生，具 1 小尖头，主脉在下面明显隆起，两面无毛。聚伞花序叶腋生，具 1~3 朵花，顶端具 1~2 片淡紫红色的总苞片，披针形，与总苞片同形；花 4 数，紫褐色；萼片半圆形；花瓣卵圆形；雄蕊着生于花盘上，花丝极短，花药黄色；花盘 4 浅裂；柱头头状，不显著。蒴果近球形，成熟时紫红色，4 瓣开裂。花期 6~7 月。

生于海拔 1700~2300m 的山坡沟谷、阴坡或林缘。见于东坡小口子、黄旗沟、苏峪口沟；西坡哈拉乌沟、赵池沟、高山气象站等。少见。

药用部位：根、皮。

药用功效：祛风散寒，除湿通络。

槭树科 Aceraceae

槭属 *Acer* L.

287. 细裂槭 *Acer stenolobum* Rehd.

　　落叶乔木。小枝灰白色，当年生枝棕褐色。叶三角形，3 深裂，裂片长椭圆状披针形，中裂片直伸，裂片中上部具 1~2 对粗锯齿，侧裂片平展，裂片中上部具 1~2 对不规则的粗锯齿或全缘。伞房花序生于具叶短枝的顶端；翅果张开成钝角；小坚果卵状椭圆形，凸起，被短绒毛。果期 8~9 月。

　　生于海拔 1700~2000m 的阴坡沟谷。见于东坡甘沟、小口子、黄旗沟；西坡峡子沟。少见。

　　细裂槭木材坚硬，可制农具、细木雕刻等，亦可作观叶树种。

无患子科 Sapindaceae

文冠果属   *Xanthoceras* Bunge

288. **文冠果** 文官果
Xanthoceras sorbifolium Bunge

落叶灌木或小乔木。树皮灰褐色，被短绒毛。奇数羽状复叶，互生，具小叶9~19片；小叶长椭圆形，边缘具尖锐锯齿。总状花序顶生，每花梗基部具3枚草质苞片，苞片全缘；萼裂片5枚，椭圆形；花瓣5片，倒卵状披针形，白色，基部紫红色；花盘裂片背面有1角状附属物；雄蕊8枚；子房椭圆形，被绒毛；花柱直立，柱头头状。蒴果灰绿色，3瓣裂；种子近球形，暗褐色。花期4~5月，果期7~8月。

生于海拔1500~2000m的沟谷石质阳坡或崖缝。见于东坡黄旗沟、拜寺沟、大水沟、插旗沟、汝箕沟；西坡北寺沟等。少见。

药用部位：木材、枝叶。

药用功效：祛风除湿。

文冠果是蒙药，亦是重要的木本油料植物。文冠果的种子榨油可供食用或工业用。

鼠李科 Rhamnaceae

| 枣属 | *Zizyphus* Mill. |

289. 酸枣
山枣、山酸枣
Zizyphus jujuba Mill. var. *spinosa* (Bunge) Hu ex H. F. Chow

灌木或小乔木。小枝常呈之字形弯曲，灰褐色，具刺。单叶互生，长椭圆状卵形，边缘有钝锯齿，齿间具腺点，基部 3 出脉。聚伞花序叶腋生，具 2~4 朵花；萼裂片 5 枚，卵形，腹面中肋上有棱状突起；花瓣 5 片，膜质，勺形。核果近球形。花期 5~6 月，果期 9~10 月。

生于山麓洪积扇冲沟和宽阔山谷石质阳坡。东、西坡均有分布。常见。

药用部位：果皮、种仁和根皮。

药用功效：安神，养心，敛汗。

酸枣是回药、蒙药，亦是蜜源植物。

鼠李属 *Rhamnus* L.

290. 柳叶鼠李 *Rhamnus erythroxylon* Pall.

灌木。小枝互生，顶端具针刺。叶纸质，互生或在短枝上簇生，条形，边缘有疏细锯齿；托叶钻状，早落。花单性，雌雄异株，黄绿色，4 基数，有花瓣；雄花宽钟状，萼片三角形；雌花萼片狭披针形；子房 2~3 室，每室有 1 胚珠；花柱长。核果球形，成熟时黑色，有 2 分核，基部有宿存的萼筒；种子倒卵圆形，淡褐色。花期 5 月，果期 6~7 月。

生于海拔 1600~2100m 的沟谷或阴坡灌丛。见于东坡甘沟；西坡峡子沟等。少见。

药用部位：叶。

药用功效：清热除烦，消食化积。

柳叶鼠李是蒙药，其叶有浓香味，在陕西民间常用以代茶。

291. 小叶鼠李 *Rhamnus parvifolia* Bunge

灌木。小枝先端成针刺。叶在短枝上簇生，菱状倒卵形，边缘具圆钝细锯齿。聚伞花序叶腋生，花单性；花萼4裂，裂片披针形；花瓣4片，倒卵形；雄蕊4枚，与花瓣对生。核果球形，具2核；种子倒卵形。花期5~7月，果期8~9月。

生于海拔 1300~1800m 的沟谷、石质山坡。见于东坡甘沟、苏峪口沟。多见。

药用部位：果实。

药用功效：清热泻下，消瘰疬。

小叶鼠李是蒙药，亦可作园林观赏树种。

292. **黑桦树** 钝叶鼠李
Rhamnus maximovicziana J. Vass.

灌木。树皮暗灰褐色，小枝对生，枝端及分叉处具刺。叶在长枝上对生，在短枝上丛生；叶椭圆形，侧脉 2~3 对，上面稍凹陷，下面隆起。花单性，黄绿色，数朵至 10 余朵丛生于短枝上；萼钟形，萼裂片 4 枚，卵状披针形；无花瓣；雄蕊 4 枚，具退化雌蕊；雌花无花瓣；子房扁球形；花柱 2 裂至中部。果实扁球形，具 2 粒种子；种子倒卵形，背面具长为种子 1/2 的纵沟。花期 5~6 月，果期 7~9 月。

生于海拔 1600~2300m 的山地沟谷，阴坡、半阴坡林缘及灌丛。东、西坡均有分布。常见。

葡萄科 Vitaceae

蛇葡萄属 | *Ampelopsis* Michx.

293. 乌头叶蛇葡萄 _{草白蔹}
Ampelopsis aconitifolia Bunge

　　木质藤本。小枝微具纵条棱，无毛。掌状复叶，具小叶 3~5 片，小叶片菱形，羽状深裂几达中脉。二歧聚伞花序与叶对生；花萼盘状，花瓣 5 片，狭卵形；雄蕊 5 枚，花盘浅杯状，边缘截形；花柱单一。浆果近球形，橙黄色。花期 6 月，果期 7 月。

　　生于谷口砾石质干河床。见于东坡小口子、插旗沟；西坡北寺沟。少见。

　　药用部位：根皮。

　　药用功效：散瘀消肿，祛腐生肌，接骨止痛。

锦葵科 Malvaceae

木槿属   *Hibiscus* L.

294. 野西瓜苗 和尚头、山西瓜秧
Hibiscus trionum L.

　　一年生草本。茎被白色星状粗毛和短柔毛。叶近圆形，掌状 3~5 深裂，裂片菱状椭圆形，具不规则的羽状浅裂至深裂，下面被叉状硬毛和星状毛。花单生上部叶腋；副萼片 12 枚，线形；花萼宽钟形，具紫色纵条纹，5 齿裂，裂片宽三角形；花瓣倒卵形，淡黄色，基部紫红色；雄蕊管紫色；花柱 5 裂，无毛。蒴果近球形，被长硬毛，5 瓣裂。花期 7~8 月，果期 9~10 月。

　　生于海拔 1200~1400m 的山坡冲沟沙砾地。见于东坡苏峪口沟、插旗沟、汝箕沟；西坡巴彦浩特等。多见。

　　药用部位：全草、种子。

　　药用功效：清热解毒，祛风除湿，止咳，利尿，补肾。

　　野西瓜苗是回药、蒙药，其种子含油约 20%，可榨油，亦可炒食。野西瓜苗的挥发油有杀虫作用，对小菜蛾和枸杞蚜虫有效。

锦葵属　　*Malva* L.

295. **野葵** 齐叶子、冬葵
Malva verticillata L.

一年生草本。茎具纵条棱，被星状毛。叶肾形，掌状 5~7 浅裂，裂片圆形，两面均被分叉的和不分叉的平伏糙毛；托叶卵形，背面被分叉状毛，边缘具硬毛。花数朵，簇生叶腋；副萼片 3 枚，线状披针形；萼裂片宽三角形；花瓣淡红色，倒卵形；雄蕊管被毛；花柱分枝 10~11 个。分果瓣背面无毛，两侧具辐射状脉纹。花、果期 6~9 月。

生于山麓居民点附近、路边。见于东坡中部。少见。

药用部位：全草。

药用功效：清热利湿，补中益气。

野葵是回药、蒙药。

柽柳科 Tamaricaceae

柽柳属	*Tamarix* L.

296. 多枝柽柳 红柳
Tamarix ramosissima Ledeb.

灌木。枝条紫红色。叶披针形几贴于茎上。总状花序生于当年生枝上，组成顶生大型圆锥花序；苞片卵状披针形；萼片5枚，卵形；花瓣5片，倒卵形，粉红色或紫红色，彼此靠合，致使花冠呈酒杯状，宿存；花盘5裂；雄蕊5枚，着生花盘裂片之间；花柱3个。蒴果长圆锥形，3裂；种子多数，顶端具簇生毛。花期5~8月，果期6~9月。

生于山麓盐碱地上。见于东坡大武口。稀见。

药用部位：枝叶。

药用功效：清热，透疹，燥湿，敛毒。

多枝柽柳是蒙药。

水柏枝属	*Myricaria* Desv.

297. 宽苞水柏枝 沙红柳
Myricaria bracteata Royle

直立灌木。由基部多分枝。幼枝红棕色或黄绿色。叶密生于当年生枝上，卵状披针形。总状花序顶生于当年生枝上，密集成穗状。苞片卵形，边缘膜质；花5基数，萼片披针形；花瓣倒卵形，淡红色或紫红色，先端圆钝，基部狭缩，花后凋存；雄蕊8~10枚，略短于花瓣。蒴果狭圆锥形。花期6~7月，果期8~9月。

　　生于海拔1500~1700m的宽阔山谷河床沙地。见于东坡大水沟、落石滩。稀见。

　　药用部位：嫩枝。

　　药用功效：补阳发散，解毒透疹。

　　宽苞水柏枝是蒙药。

琵琶柴属	*Reaumuria* L.

298. 红砂 红虱
Reaumuria songarica (Pall.) Maxim.

　　矮小灌木。茎多分枝，老枝灰黄色。叶常3~5枚簇生，肉质，短圆柱状，具腺。花单生叶腋或在小枝上集成疏松的穗状；苞片3枚，长椭圆形，绿色；花无柄，花萼钟形，上部5齿裂，裂片三

角状卵形；花瓣 5 片，粉红色或白色，
矩圆形，弯曲成兜形，里面中下部具 2
矩圆形鳞片；雄蕊 6 枚；子房长椭圆形；
花柱 3 枚。蒴果长圆状卵形，3 瓣裂；
种子长矩圆形，全体被灰白色长柔毛。
花期 7~8 月，果期 8~9 月。

　　生于山麓沙砾质地。东、西坡山麓
均有分布。常见。

　　药用部位：枝叶。

　　药用功效：祛湿止痒。

　　红砂是蒙药，亦是饲用植物。

299. 黄花红砂 _{长叶红砂}
Reaumuria trigyna Maxim.

　　小灌木。多分枝，老枝灰白色，树皮条状剥裂，幼枝淡绿色。叶肉质，圆柱形，常 2~5 个簇生。
花单生叶腋，苞片宽卵形，先端短突尖，覆瓦状排列，密接于花萼基部；萼片 5 枚，离生，与苞片同形；
花瓣 5 片，黄色，矩圆状倒卵形，里面下部具 2 鳞片状附属物；雄蕊 15 枚；子房倒卵形；花柱 3 个，
长于子房。蒴果矩圆形，无毛，3 瓣裂。花期 7~8 月，果期 8~9 月。

　　生于低山丘陵、山前洪积扇、干河床。东、西坡北部均有分布。常见。

　　药用部位：枝叶。

　　药用功效：祛湿止痒。

　　黄花红砂是蒙药。

半日花科 Cistaceae

半日花属 *Helianthemum* Mill.

300. 半日花 *Helianthemum songaricum* Schrenk

矮小灌木。多分枝，全株密被星状柔毛。小枝先端成刺状，单叶对生，披针形，全缘，稍肉质；托叶钻形，较叶柄长。花单生枝顶，被白色长柔毛，萼片 5 枚，外面的 2 片小，线形，内面的 3 片大，卵形；花瓣黄色，倒卵形；雄蕊多数，花药黄色；子房密生柔毛。蒴果卵形，外被短柔毛。种子卵形，褐棕色，有棱角，具网纹。

生于砾石质低山坡地。见于东坡北端乌达区五虎山；西坡三关口。少见。

药用部位：树枝。

半日花是二级国家重点保护野生植物，是世界稀有的物种，为古地中海植物区系残遗植物。半日花的地上部分可做红色染料。

董菜科 Violaceae

董菜属　　　*Viola* L.

301. 双花董菜 _{二花董菜、短距董菜}
Viola biflora L.

多年生草本。根状茎短，生棕褐色根。地上茎细弱。叶肾形，边缘具圆钝齿，两面散生平贴毛或背面无毛；基生叶具细长柄，茎生叶柄较短；托叶卵形。花单生于茎上部叶腋，花梗中部以上具2枚钻形的小苞片；萼片披针形，基部附属物不明显；花瓣黄色，距短，圆形。蒴果椭圆形，无毛。花期 5 月，果期 6~7 月。

生于海拔 2000~2600m 的林缘、沟谷溪边或石缝中。见于东坡黄旗口沟、苏峪口沟、插旗沟、大水沟；西坡哈拉乌北沟、南寺沟、北寺沟、黄土梁等。常见。

药用部位：全草。

药用功效：活血散瘀，止血。

双花董菜是蒙药。

302. **裂叶堇菜** 疗毒草
Viola dissecta Ledeb.

多年生草本。根状茎短，无地上茎。叶基生，叶片半圆形，掌状 3 全裂，裂片倒卵形，中裂片 3 深裂，侧裂片 2 深裂，小裂片再羽状深裂，最终裂片线形。花梗具 2 枚钻形苞片；萼片卵状椭圆形，褶皱，无毛，基部附属物小；花瓣淡紫红色，距长管状；子房无毛。果实椭圆形，无毛。花期 5 月，果期 6~7 月。

生于海拔 1400~2200m 的阴坡沟谷或石缝。见于东坡小口子、黄旗沟、贺兰沟、苏峪口沟、插旗沟；西坡哈拉乌沟、水磨沟、北寺沟、南寺沟。常见。

药用部位：全草。

药用功效：清热解毒，消痈肿。

裂叶堇菜是蒙药。

303. 南山堇菜 *Viola chaerophylloides* (Regel) W. Beck.

多年生草本。无地上茎。叶基生,叶片 3 全裂,一回裂片具短柄,中裂片 3 深裂,侧裂片 2 深裂,末回裂片边缘具缺刻状粗齿。花白色或淡紫色,花梗中下部具 2 枚小苞片;萼片长圆状卵形,基部有附属物;花瓣宽倒卵形,侧瓣里面基部具细须毛,下瓣有紫色条纹;子房无毛,柱头具短喙,喙端有柱头孔。蒴果长圆形,无毛。花、果期 5~9 月。

生于海拔 1700~2000m 的林缘、阴坡石缝中。见于东坡苏峪口沟、小口子。稀见。

（南山堇菜图片由周繇提供）

304. 菊叶堇菜 *Viola takahashii* Nakai

多年生草本。无地上茎。根状茎粗壮，叶基生，叶片卵形，基部浅心形，边缘具不整齐的羽裂。花白色，花梗中下部具 2 枚小苞片，线形；萼片长圆状披针形，基部有附属物；花瓣倒卵形，侧瓣里面基部疏被须毛，下瓣基部具囊状距，末端圆；子房无毛，花柱基部较细，柱头先端具短喙，顶面微凹。花期 5~7 月。

生于谷口河床沙砾地、灌丛。见于东坡甘沟、拜寺沟。稀见。

（菊叶堇菜图片由周繇提供）

305. 紫花地丁 地丁、辽堇菜 *Viola philippica* Cav.

多年生草本。根状茎短，无地上茎。叶基生，矩圆状披针形，基部截形，边缘具圆钝浅锯齿，两面密生短柔毛；叶柄具狭翅，被短柔毛。花梗中部以上具 2 枚丝形苞片；萼片卵状披针形，基部附属物明显；花瓣淡紫红色或紫红色，距长管状，末端圆钝。果实椭圆形，无毛。花期 4~5 月，果期 6 月。

生于海拔 1200~2200m 的浅山区山沟、路旁。见于东坡苏峪口沟、拜寺沟、小口子等。少见。

药用部位：全草。

药用功效：清热解毒，凉血消肿。

紫花地丁是回药、蒙药。

306. 早开堇菜 *Viola prionantha* Bunge

多年生草本。根状茎粗短，无地上茎。叶基生，叶片卵形；叶柄上部具狭翅。花梗中部以下具2枚丝形苞片；萼片卵状披针形，基部附属物卵形，先端尖或具不整齐齿牙；花瓣紫红色或淡紫红色，距长管状，直伸，末端圆。蒴果椭圆形，无毛。花期5月，果期6~7月。

生于海拔1300~2200m的沟谷灌丛、阴坡溪边或石缝中。见于东坡拜寺沟、黄旗沟、苏峪口沟；西坡哈拉乌沟、南寺沟、峡子沟等。常见。

药用部位：全草。

药用功效：清热解毒，凉血消肿。

307. **茜董菜** ^{白果董菜} *Viola phalacrocarpa* Maxim.

多年生草本。根状茎粗短，无地上茎。叶基生，叶片狭卵形，边缘具圆钝浅锯齿，两面被短柔毛；叶柄具狭翅。花梗近中部具 2 枚丝形苞片；萼片披针形，基部附属物三角形。果实椭圆形，无毛。花期 4~5 月，果期 6~7 月。

生于海拔 2300~2600m 的沟谷、山脊灌丛。见于西坡哈拉乌北沟、南寺沟、水磨沟。少见。

瑞香科 Thymelaeaceae

草瑞香属 *Diarthron* Turcz.

308. 草瑞香 *Diarthron linifolium* Turcz.

一年生草本。茎直立。叶互生，线状披针形，全缘。总状花序顶生，花萼瓶状，浅绿色，裂片 4 枚，卵状椭圆形，紫红色；无花瓣；雄蕊 4 枚，1 轮，着生于花萼筒中上部；子房卵状椭圆形；花柱侧生，柱头头状。小坚果梨形，黑色，包藏于宿存花萼筒的下部。花期 6 月，果期 7 月。

生于海拔 1500~2200m 的沟谷河滩地、坡脚及灌丛。东、西坡浅山区均有分布。少见。

狼毒属   *Stellera* L.

309. 狼毒 *Stellera chamaejasme* L.

　　多年生草本。根粗大，圆锥形。茎丛生，直立，基部木质化。叶互生，椭圆状披针形，全缘。头状花序顶生，具多数花；花萼筒紫红色，裂片5枚，卵圆形，粉红色，具紫红色脉纹；无花瓣；雄蕊10枚，2轮，着生于萼筒喉部和中部稍上；子房椭圆形，上部密生细毛；花柱短，柱头头状。小坚果卵形，包藏于宿存的基部萼筒里。花期6~7月，果期7~8月。

　　生于山麓洪积扇冲沟内。见于东坡北端石嘴山的落石滩。少见。

　　药用部位：根。

　　药用功效：祛痰，消积，止痛；外敷可治疥癣。

　　狼毒是回药、蒙药，亦可作农药。狼毒是草原的毒草。

柳叶菜科 Onagraceae

柳叶菜属 *Epilobium* L.

310. 柳兰 *Epilobium angustifolium* L.

多年生草本。茎直立具纵棱。叶互生，披针形，基部楔形，上面绿色，散生白色短柔毛，背面浅绿色。总状花序顶生，萼裂片线状披针形，暗紫红色；花瓣紫红色，倒卵形；雄蕊 8 枚，不等长；花柱粗壮，柱头 4 裂，被短柔毛。蒴果紫红色。花期 6~7 月，果期 8~9 月。

生于海拔 2200~2800m 的山地草甸、林缘。见于东坡苏峪口沟、贺兰沟、插旗沟、黄旗沟、小口子；西坡哈拉乌沟、南寺沟等。多见。

药用部位：全草。

药用功效：调经活血，消肿止痛。

柳兰全株含鞣质，可提制栲胶，亦是很好的蜜源植物。柳兰可作观赏花卉。

311. 细籽柳叶菜 *Epilobium minutiflorum* Hausskn.

多年生草本。茎直立，圆柱形，带紫色，被白色细曲毛。叶披针形，边缘具不整齐的细锯齿。花单生茎上部叶腋，萼裂片披针形；花瓣淡紫红色，倒卵形，顶端浅 2 裂；柱头头状。蒴果圆柱形，被白色短毛。花期 6~7 月，果期 7~9 月。

生于山口或山麓溪水边和低洼湿地。见于东坡大水沟、插旗口、苏峪口沟；西坡哈拉乌北沟、南寺沟。多见。

杉叶藻科 Hippuridaceae

杉叶藻属　*Hippuris* L.

312. 杉叶藻 *Hippuris vulgaris* L.

　　多年生水生草本。具根状茎，横走，节上生须根。茎直立，圆柱形。叶 6~12 片轮生，线形，全缘，具 1 脉，生于水中的叶较长。花单生叶腋，花萼大部与子房合生，全缘；无花瓣；雄蕊 1 枚，生于子房上，略偏一侧；子房下位，花柱 1 个，线形。核果长椭圆形，棕褐色，无毛。花期 6 月，果期 7 月。

　　生于山麓涝坝泥塘。见于西坡巴彦浩特。稀见。

　　药用部位：全草。

　　药用功效：镇咳，疏肝，凉血止血，养阴生津，透骨蒸。

　　杉叶藻是蒙药。

锁阳科　Cynomoriaceae

锁阳属　*Cynomorium* L.

313. 锁阳　锁药、锁严
Cynomorium songaricum Rupr.

　　多年生肉质寄生草本。不含叶绿素，埋于半固定沙丘中，多寄生于白刺的根上。茎直立，肉质，圆柱形，暗紫褐色。叶鳞片状，螺旋状排列，卵状宽三角形。肉穗花序生茎顶，圆柱状；雄花、雌花和两性花混生；雄花花被片通常 4 枚，倒披针形，下部白色，上部紫红色，雄蕊 1 枚；雌花长花被片 5~6 枚，线状披针形，花柱顶端平截；两性花花被片 5~6 枚，披针形；雄蕊 1 枚；着生于子房上，花丝极短。小坚果近球形，深红色。花期 5~7 月，果期 6~8 月。

　　生于低山丘陵和山麓盐碱地白刺群落。见于东坡石炭井；西坡山麓巴彦浩特和呼吉尔图等。少见。

　　药用部位：茎。

　　药用功效：补肾助阳，益精，润肠。

　　锁阳是回药、蒙药，其茎能富含鞣质，可提制栲胶；含有淀粉可酿酒；切片晒干后浸泡可作饲料。

伞形科 Umbelliferae

柴胡属   *Bupleurum* L.

314. 小叶黑柴胡 *Bupleurum Smithii* Wolff var. *parvifolium* Shan et Y. Li

　　多年生草本。根圆柱形，茎丛生，基部具褐色鳞片状残存叶鞘。基生叶多数，长椭圆状倒披针形，具小尖头，基部渐狭成长柄，抱茎，紫红色；茎中部叶长椭圆状披针形，茎上部叶卵状披针形。复伞形花序顶生；总苞片 1~2 枚或无，椭圆形，伞辐 4~7 个；小总苞片 5~9 枚，椭圆形，具小尖头；花瓣黄色。果实卵形，分果棱具狭翅，每棱槽内具 3 条油管，合生面具 3~4 条油管。花期 7 月，果期 8~9 月。

　　生于海拔 2600~2800m 的亚高山灌丛、裸岩石缝。见于主峰下及山脊两侧；西坡哈拉乌北沟、南寺沟。多见。

　　药用部位：根。

　　小叶黑柴胡是回药。

315. 红柴胡 ^{狭叶柴胡}
Bupleurum scorzonerifolium Willd.

多年生草本。根长圆锥形，深红棕色。茎直立，上部具分枝，稍呈之字形弯曲，基部具纤维状残留叶鞘。基生叶多数，线形，基部收缩成长叶柄。复伞形花序常腋生；总苞片 1~5 枚，狭卵形，不等大，伞辐 3~7 个，不等长，小总苞片 4~6 枚，线状披针形；花瓣黄色。果实椭圆形，果棱粗钝。花期 7~8 月，果期 8~9 月。

生于海拔 1600~2300m 的石质、砾石质坡地。见于东坡苏峪口沟、贺兰沟、小口子、黄旗沟；西坡牦牛沟、南寺沟、哈拉乌沟等。多见。

药用部位：根。

药用功效：退热，疏肝解郁，升举阳气。

红柴胡是回药、蒙药。

316. 短茎柴胡 *Bupleurum pusillum* Krylov

多年生矮小草本。根粗壮，圆柱形，茎丛生。基生叶多数，长椭圆状披针形，柄基部扩展成鞘，常带紫红色；茎生长椭圆形，基部抱茎。复伞形花序顶生；总苞片 1 枚或无，倒卵状椭圆形，伞辐 3~6 个，不等长；小总苞片 5~7 枚，狭倒卵形，具小尖头；花瓣黄色。果实卵状椭圆形，棕色。花期 8~9 月，果期 9~10 月。

生于海拔 2000~2500m 的山地石质山坡，山脊石缝中。见于东坡苏峪口沟、响水沟和大口子沟；西坡南寺沟、牦牛淌、哈拉乌北沟、叉沟等。

水芹属	*Oenanthe* L.

317. 水芹 *Oenanthe javanica* (Bl.) DC.

多年生草本。茎直立，下部节上生根，节上生多数须根及茎叶。叶三角形，二回羽状全裂，一回羽片狭卵形，具柄，末回羽片卵形，边缘具不整齐的钝锯齿；茎下部叶与基生叶具长柄，基部近 1/2 扩展成叶鞘。复伞形花序顶生，无总苞片，伞辐不等长，小总苞片 2~8 枚，披针形；萼齿宽卵状三角形；花瓣白色，宽倒卵形。果实长椭圆形，侧棱较背棱隆起；分果横断面近五边状半圆形。花期 7 月，果期 8 月。

生于山麓、塘坝、水库、渠溪水边。见于东坡拜寺沟；西坡巴彦浩特等。稀见。

药用部位：全草及根。

药用功效：清热凉血，利尿消肿，止痛，止血。

水芹是回药，其嫩茎叶可作蔬菜。

阿魏属	*Ferula* L.

318. # 硬阿魏 沙茴香、假防风
Ferula bungeana Kitag.

　　多年生草本。根圆柱形。茎直立，基部具纤维状残余叶鞘。叶三角状宽卵形，二至三回羽状深裂；最终裂片倒卵形，顶端具 3 个尖三角状齿；叶柄基部扩展成长叶鞘。复伞形花序，伞辐 5~12 个，小总苞片 3~5 枚，线形，小伞形花序具花 5~12 朵，花瓣黄色。果实椭圆形，背腹压扁，无毛；分果棱凸起，每棱槽中具 1 条油管，合生面具 2 条油管。花期 5 月，果期 6~7 月。

　　生于海拔 1500~1800m 的山坡草地、干河床。东、西坡均有分布。常见。

　　药用部位：全草及根。

　　药用功效：养阴清肺，祛痰止咳，除虚热。

　　硬阿魏是回药、蒙药。

迷果芹属　　*Sphallerocarpus* Bess.

319. **迷果芹** *Sphallerocarpus gracilis* (Bess. ex Trevir.) K.–Pol.

一年生或二年生草本。根细长圆锥形，棕黄色。叶卵形，二回羽状全裂，一回羽片具柄，小羽片卵形，羽状深裂；叶柄基部扩展成鞘，被白色长柔毛。复伞形花序，伞辐 5~7 个，不等长，小总苞片 5 枚，卵形；萼齿小，不显著；花瓣白色，伞形花序外缘的辐射瓣宽倒卵形，顶端 2 裂。果实椭圆形，两侧压扁；分果具 5 棱，背棱突起，侧棱具狭翅；每棱槽中具 2~3 条油管，合面具 4~6 条油管。花期 6~7 月，果期 7~8 月。

生于海拔 1400~2600m 的沟谷、溪水边、草甸上。见于东坡苏峪口沟、黄旗沟、马莲口、汝箕沟、贺兰沟；西坡北寺沟、杨家塘沟、哈拉乌沟、巴彦浩特等。常见。

| 西风芹属 | *Seseli* L. |

320. 内蒙西风芹 内蒙古邪蒿
Seseli intramongolicum Y. C. Ma

多年生草本。根圆柱形，根颈被多数纤维状枯叶柄残余。茎多二歧式分枝，灰蓝绿色。基生叶多数，叶三角状卵形，三回羽状全裂，最终裂片线形；茎生叶简化。复伞形花序多数，无总苞片，伞辐 3~7 个，不等长；小总苞片 8~15 枚，下半部合生，上半部分离；萼齿小，三角形；花瓣白色，倒卵形，顶端具内折小舌片。果实椭圆形，果棱细，每棱槽中具 1 条油管，合生面具 2 条油管。花期 7 月，果期 8~9 月。

生于海拔 1400~2700m 的山地石质干燥山坡、崖石缝中。东、西坡均有分布。常见。

葛缕子属　　*Carum* L.

321. 葛缕子 *Carum carvi* L.

二年生或多年生草本。根圆锥形，茎丛生。基生叶与茎下部叶卵状长椭圆形，二至三回羽状深裂；一回羽片卵形，最终裂片线状披针形；茎上部叶短缩，叶柄扩展成鞘，叶鞘基部具 1 对有羽状全裂的小裂片。复伞形花序，伞辐 6~8 个，不等长，无小总苞片；萼齿短小；花瓣白色或粉红色，倒卵形。果实椭圆形，褐色，无毛；分果棱凸起。花期 6~7 月，果期 7~8 月。

生于海拔 1900~2500m 的山地沟谷溪水边、湿地和林缘。见于东坡苏峪口沟、贺兰沟、大水沟；西坡哈拉乌北沟、照北沟、北寺沟等。多见。

药用部位：种子。

药用功效：理气止痛，解毒。

葛缕子是藏药，亦是调味香料和芳香性驱风药。

蛇床属	*Cnidium* Cuss.

322. 碱蛇床 *Cnidium salinum* Turcz.

多年生草本。主根圆锥形，褐色。茎直立，上部稍分枝，具纵棱，无毛。基生叶和茎下部叶具长柄，叶片轮廓卵形或三角状卵形，二至三回羽状全裂，一回羽片 3~4 对，具柄，二回羽片 2~3 对，无柄，末回裂片线形，先端锐尖，边缘稍反卷，两面无毛；中上部叶一至二回羽状全裂，叶柄呈鞘状。复伞形花序；伞辐 8~15 个，具纵棱，内侧被微短硬毛；无总苞片或稀具 1~2 枚，线状钻形，与伞辐等长，小伞形花序具花 15~20 朵，小总苞片 3~6 枚，较花梗长；萼齿不明显；花瓣白色，宽倒卵形，先端具小舌片，内卷成凹缺状；花柱基圆锥形，花柱长于花柱基。果实近椭圆形或卵形。花期 7~8 月，果期 8~9 月。

生于海拔 1400~2300m 的山地沟谷草地、沟渠边。见于东坡小口子、黄旗口、拜寺口、插旗口；西坡哈拉乌北沟。多见。

山茱萸科 Cornaceae

梾木属　*Swida* Opiz

323.　沙梾　*Swida bretschneideri* (L. Henry) Sojak

灌木。树皮红紫色，小枝黄绿色，幼时被丁字毛和柔毛。叶对生，卵形，上面绿色，被柔毛，下面灰绿色，密生丁字毛。伞房状聚伞花序；花白色，花萼密被平伏灰白色短毛，萼齿三角形；花瓣披针形；雄蕊长于花瓣；花柱短，圆柱形。核果近球形，蓝黑色，被短丁字毛。花期 6~7 月，果期 7~8 月。

生于海拔 1800~1900m 的山地沟谷灌丛和杂木林内。见于东坡小口子。稀见。

沙梾是庭院绿化树种。

鹿蹄草科 Pyrolaceae

鹿蹄草属   *Pyrola* (Tourn.) L.

324. **圆叶鹿蹄草** 鹿蹄草
Pyrola rotundifolia L.

多年生常绿草本。根状茎横走。叶簇生于基部，叶片椭圆形，上面暗绿色，下面带紫红色。花葶具苞片 1~3 枚，披针形；总状花序具花 8~10 朵，小苞片线状披针形；萼裂片披针形，花瓣倒卵形；雄蕊 10 枚，花药黄色，椭圆形；花柱上部稍粗大，柱头具不明显的 5 浅裂。蒴果扁球形。花期 7 月，果期 8~9 月。

生于海拔 2500~2800m 的云杉林下潮湿苔藓层或石缝中。见于西坡哈拉乌北沟、南寺雪岭子沟、水磨沟。少见。

药用部位：全草。

药用功效：补肾壮阳，祛风除湿，活血调经，收敛止血。

工业上将圆叶鹿蹄草用于食品及食品添加剂、化妆品的生产。

单侧花属 *Orthilia* Rafin.

325. 钝叶单侧花 *Orthilia obtusata* (Turcz.) Hara

常绿草本状小半灌木。根茎生不定根及地上茎。叶近轮生于地上茎下部，薄革质，阔卵形，边缘有圆齿，褐绿色。花葶上部有疏细小疣，总状花序有 4~8 朵，偏向一侧；花水平倾斜，花冠卵圆形，淡绿白色；萼片卵圆形；花瓣长圆形，基部有 2 小突起；雄蕊 10 枚，顶孔裂，黄色；花柱直立伸出花冠，柱头肥大，5 浅裂。蒴果近扁球形。花期 7 月，果期 7~8 月。

生于海拔 2500~2800m 的云杉林下潮湿苔藓层上。见于西坡南寺雪岭子、哈拉乌北沟。少见。

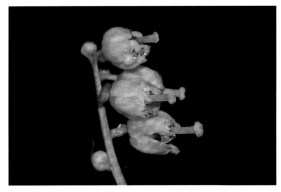

独丽花属 *Moneses* Salisb. ex S. F. Gray

326. 独丽花 *Moneses uniflora* (L.) A. Gray Man.

多年生常绿草本。根状茎细长,横生。叶于茎基部对生,叶片卵圆形,边缘具细锯齿。花葶单一,花单生于花葶顶端;苞片1枚,边缘具睫毛;花萼5全裂,裂片卵状椭圆形,花冠白色,花瓣5片;雄蕊10枚,花药顶端具2管状顶孔;花柱5裂。蒴果下垂,近圆球形,花柱宿存。花期7月,果期8月。

生于海拔2500~2800m的云杉林下的潮湿腐殖土上。见于主峰下及山脊两侧;东坡苏峪口沟;西坡南寺雪岭子沟、哈拉乌北沟。少见。

（独丽花图片由周繇、刘冰提供）

杜鹃花科 Ericaceae

北极果属 *Arctous* Niedenzu

327. 红北极果 *Arctous ruber* (Rehd. et Wils.) Nakai

落叶矮小灌木。茎匍匐于地面，枝暗褐色，茎皮成薄片剥离，具残留的叶柄。叶簇生枝顶，纸质，倒披针形，边缘具粗钝锯齿。花 1~3 朵成总状花序，出自叶丛中；苞片披针形，花萼小，5 裂；花冠卵状坛形，淡黄绿色，口部 5 浅裂；雄蕊 10 枚；子房无毛。浆果球形，无毛，有光泽，成熟时鲜红色，多汁。花期 7 月，果期 8 月。

生于海拔 3000m 左右的亚高山灌丛中。见于主峰和西坡水磨沟、哈拉乌北沟。稀见。

红北极果的果可食。

（红北极果图片由周繇提供）

| 越桔属 | *Vaccinium* Linn. |

328. 笃斯越桔 *Vaccinium uliginosum* Linn.

　　落叶灌木。多分枝；茎短而细瘦。叶多数，散生，叶片纸质，倒卵形，全缘，革质，上面有光泽，下面有腺点。短总状花序，花下垂，花梗下部有 2 小苞片；花萼先端 4 裂，花冠钟状，4~5 浅裂，白色；雄蕊 10 枚，子房上位。浆果球形，成熟时蓝紫色，被白粉。花期 6 月，果期 7~8 月。

　　生于海拔 2400~2500m 的云杉林下。见于西坡烂柴沟。少见。

　　药用部位：叶及果。

　　药用功效：收敛，清热。

　　笃斯越桔是蒙药，其果实较大，酸甜，味佳，可酿酒及制果酱，也可制成饮料。

（笃斯越桔图片由周繇提供）

报春花科 Primulaceae

假报春属   *Cortusa* L.

329. 假报春 *Cortusa matthioli* L.

多年生草本。根状茎短粗，叶片质薄，心状圆形，边缘浅裂；叶柄两侧具狭翅。花葶 1~2 条，具纵棱，无毛；伞形花序，总苞片 3 枚，倒披针形；花萼钟形，蓝紫色，5 深裂，裂片三角状披针形；花冠漏斗状钟形，玫瑰红色，5 深裂，裂片椭圆形；雄蕊 5 枚，花药黄色，矩圆形；子房上位；柱头头状。花期 6 月。

生于海拔 2000~2700m 的山地林缘、沟谷阴坡脚下。见于西坡北寺沟后山、哈拉乌北沟。稀见。

报春花属 *Primula* L.

330. 粉报春 黄报春
Primula farinosa L.

多年生草本。根状茎短，叶基生，多数，叶片倒卵状矩圆形，基部渐狭且下延成具翅的柄或无柄。花茎 1~2 个，直立。伞形花序 1 轮；苞片线状披针形，基部膨大成囊状；花萼筒状钟形，草质，萼裂齿线状矩圆形；花冠高脚碟状，淡紫红色，花冠筒黄色，喉部具一圈附属物，花冠裂片倒卵状心形，顶端 2 深裂；雄蕊 5 枚；子房扁球形；柱头头状。花期 5~6 月。

生于海拔 2300~2500m 的山地河谷溪边和山地草甸。见于西坡哈拉乌北沟。稀见。

药用部位：全草。

药用功效：解毒疗疮。

粉报春是蒙药。

（粉报春图片由周繇提供）

331. **寒地报春** *Primula algida* Adam

多年生草本，具极短的根状茎和多数纤维状长根。叶片倒卵状矩圆形，基部渐狭窄，边缘具锐尖小齿牙，下面被粉；叶柄具宽翅。伞形花序近头状，具3~12朵花；苞片线形，基部稍呈囊状；花萼钟状，具5棱，裂片矩圆形，常染紫色；花冠堇紫色，筒部带黄色或白色，喉部具环状附属物；花冠裂片倒卵形，先端深2裂；长花柱花，雄蕊着生于冠筒中下部，短花柱花，雄蕊着生处靠近冠筒中部。蒴果长圆体状。花期5~6月，果期7月。

生于海拔2700~3000m的亚高山草甸中。仅见于主峰附近及西坡哈拉乌北沟。稀见。

332. **樱草** 翠南报春
Primula sieboldii E. Morren

多年生草本。根状茎短，红褐色。叶基生，叶片卵形，背面被多细胞平伏毛；叶柄两侧具狭翅。伞形花序1轮，具2~8朵花；苞片与花同数，狭三角状披针形，花萼筒状钟形，裂齿三角状披针形；花冠高脚碟状，花冠裂片倒心形，紫红色，顶端2深裂；雄蕊5枚，着生于花冠筒喉部；子房上位，圆球形；柱头头状。蒴果圆柱状椭圆形。花期 6~7月，果期 7~8 月。

生于海拔 1350~2600m 的山地沟谷、阴坡林缘、灌丛下。见于东坡黄旗口、苏峪口沟、插旗沟、小口子；西坡哈拉乌沟、北寺沟、叉沟、南寺沟、水磨沟等。常见。

药用部位：根。

药用功效：祛痰，止咳，平喘。

樱草是蒙药，亦是园林早春花卉。

| 点地梅属 | *Androsace* L. |

333. 北点地梅 雪山点地梅
Androsace septentrionalis L.

一年生草本。直根系。叶基生，呈莲座状，倒披针形，基部成翅状柄。花葶下部常呈紫红色。伞形花序，苞片钻形，花梗不等长；花萼宽钟形，5 浅裂，裂片狭三角形；花冠白色，坛状，花冠筒短于花萼，喉部紧缩，具 5 个与花冠裂片对生的突起，花冠裂片倒卵状椭圆形，先端近全缘。蒴果倒卵状球形，顶端 5 齿裂。花期 6~7 月，果期 7~8 月。

生于海拔 1900~2500m 的山地沟谷河滩、山地林缘、灌丛下。见于东坡苏峪口沟、黄旗沟；西坡南寺沟、哈拉乌北沟、水磨沟、北寺沟、镇木关沟、照北沟等。常见。

药用部位：全草。

药用功效：解毒消肿。

北点地梅是回药、蒙药。

334. 大苞点地梅 *Androsace maxima* L.

二年生小草本。全株被糙伏毛。主根细长，淡褐色。叶基生，倒披针形，基部渐狭下延成柄，边缘具齿。花葶 3 条至多数，被糙伏毛和短腺毛；伞形花序，苞片椭圆形，花萼漏斗状，裂片三角状披针形；花冠白色或淡粉红色，花冠筒稍短于花萼，花冠裂片矩圆形；子房球形；柱头头状。蒴果球形，光滑，5 瓣裂。花期 5 月，果期 6 月。

生于海拔 1500~2200m 的山地沟谷河滩及砾石质山坡。见于东坡甘沟、苏峪口沟；西坡香池子沟、哈拉乌北沟、水磨沟等。多见。

药用功效：愈伤，消肿，清热解毒，生津。

大苞点地梅是蒙药。

335. 西藏点地梅 *Androsace mariae* Kanitz

多年生草本。主根圆锥形，匍匐茎纵横蔓延，莲座丛集生成丛，分枝下部具褐色残存老叶。叶片倒卵状披针形，具软骨质小尖头，基部渐狭下延成翅状柄，全缘。伞形花序，苞片披针形；花萼钟形，萼裂片卵形；花冠淡紫红色或白色，花冠筒倒卵状圆柱形，黄色，与花萼等长，喉部具一圈黄色凸起的附属物，花冠裂片三角状宽倒卵形；雄蕊 5 枚；子房宽倒卵形；柱头稍增大。蒴果倒卵形，稍长于花萼，顶端 5~7 裂。

生于海拔 1800~2800m 的山地林缘灌丛下和阴湿石质山坡。见于东坡黄旗沟、苏峪口沟、小口子；西坡水磨沟、哈拉乌沟、北寺沟、南寺沟等。常见。

药用部位：全草。

药用功效：清热解毒，消炎止痛。

西藏点地梅是回药、蒙药，常用来布置岩石园或作为盆栽观赏花卉。

336. 阿拉善点地梅 *Androsace alaschanica* Maxim.

多年生垫状植物。呈矮小半灌木状。直根粗壮木质。地上茎多次叉状分枝。老叶柄宿存，当年生新叶丛生于分枝顶端，线状披针形，具软骨质小尖头。每一分枝顶端生 1 朵花；花萼钟形，5 裂至中部，裂片三角形；花冠白色，花冠椭圆状圆柱形，喉部具 1 圈附属物，花冠裂片倒卵状椭圆形；雄蕊 5 枚，子房倒三角状圆锥形，顶端截平；柱头稍增大。蒴果倒三角状圆锥形，顶端 5 瓣裂。花期 6~7 月，果期 7~8 月。

生于海拔 1900~2500m 的山地石质山坡和岩石缝中。东、西坡均有分布。常见。

阿拉善点地梅是蒙药。

海乳草属 *Glaux* L.

337. 海乳草 *Glaux maritima* L.

多年生小草本。根须状，肉质。根状茎直伸，茎直立带紫红色。叶交互对生，叶片椭圆形，全缘，两面被腺点。花单生叶腋；花萼钟形，粉红色，花萼裂片倒卵状椭圆形；雄蕊 5 枚；子房卵形；柱头稍增大。蒴果近球形，顶端 5 瓣裂。花期 5~6 月，果期 7 月。

生于山麓盐湿地和山地沟谷溪边盐湿地。东、西坡均有分布。多见。

药用部位：根、皮、叶。

药用功效：散气止痛，退热，祛风，明目，消肿止痛。

白花丹科（蓝雪科） Plumbaginaceae

补血草属　*Limonium* Mill.

338. 黄花补血草
金色补血草
Limonium aureum (L.) Hill.

多年生草本。叶基生，矩圆状匙形，具小尖头。花序轴自基部开始多回 2 叉状分枝，常呈之字形弯曲，伞房状圆锥花序；苞片宽卵形，小苞片宽倒卵圆形，先端 2 裂；花萼漏斗状，萼裂片 5 枚，三角形，先端具 1 小芒尖，金黄色；花瓣橙黄色；雄蕊 5 枚；子房倒卵形；柱头丝状圆柱形。蒴果倒卵状矩圆形，具 5 棱。花期 6~8 月，果期 7~9 月。

生于山麓和北部荒漠化较强山丘中的盐碱地。见于东坡石炭井、龟头沟；西坡巴彦浩特。常见。

药用部位：花。

药用功效：止痛，消炎，补血。

黄花补血草是回药、蒙药，亦是优良的野生花卉。

339. 细枝补血草 纤叶匙叶草
Limonium tenellum (Turcz.) Kuntze

多年生草本。叶基生，质厚，矩圆状匙形，具短尖。花序轴自基部多回分枝，呈之字形弯曲，伞房状圆锥花序；苞片宽卵形，小苞片与苞片相似；花萼漏斗状，淡紫色后变白色，边缘 5 裂，裂片三角形，具短芒尖；花冠淡紫红色；雄蕊 5 枚；子房倒卵圆形；柱头丝状圆柱形。花期 6~8 月，果期 7~9 月。

生于山麓荒漠草原和草原化荒漠的砾石质或盐生生境。东、西坡均有分布。常见。

细枝补血草是蒙药，亦是优良的野生花卉。

340. 二色补血草 白玲子、苍蝇花
Limonium bicolor (Bunge) Kuntze

多年生草本。叶基生，匙形，具短尖头。花序自下部开始多回分叉，圆锥花序；苞片矩圆状宽卵形，小苞片与苞片相似，紫红色；花萼漏斗状，边缘5裂，裂片宽三角形，裂片间具小褶，白色；花冠黄色，与萼近等长；雄蕊5枚，着生于花瓣基部；子房倒卵圆形；花柱5枚，离生。花期5~7月，果期6~8月。

生于海拔1500~2200m的山地沟谷、灌丛中。见于东坡大水沟、苏峪口沟、贺兰沟、黄旗沟、插旗沟；西坡哈拉乌沟、南寺沟、北寺沟。常见。

药用部位：根或全草。

药用功效：补益气血，散瘀止血，调经，益脾，健胃。

二色补血草是回药、蒙药，亦可作观赏植物。二色补血草是天然干花材料。

鸡娃草属 *Plumbagella* Spach

341. 鸡娃草 小蓝雪花
Plumbagella micrantha (Ledeb.) Spach

一年生草本。茎紫红色，具纵棱，棱上具小皮刺。基生叶狭卵形，具细锯齿，叶脉呈紫红色，背面被腺点，花期常枯萎；茎生叶卵状披针形，基部耳状抱茎。短穗状花序，苞片三角状宽卵形，花萼卵形，具5棱，萼裂片5枚，三角状披针形；花冠狭钟形，淡蓝紫色，顶端5裂；雄蕊5枚；子房上位；花柱5枚。蒴果卵状椭圆形，黑褐色，环裂；种子1粒，狭卵形，红棕色，光滑。花期6月，果期7月。

生于海拔2200~2500m的山地沟谷溪水边。见于西坡哈拉乌北沟。稀见。

药用部位：全草。

药用功效：解毒，杀虫。

鸡娃草是回药。青海民间用鸡娃草的叶治疗某些癣疾，效果很好。

木樨科 Oleaceae

丁香属 *Syringa* L.

342. 羽叶丁香 山沉香、贺兰山丁香
Syringa pinnatifolia Hemsl.

落叶灌木。小枝灰褐色,老枝灰黑褐色。奇数羽状复叶,对生,小叶 7~9 片,狭卵形,具小尖头,全缘,顶端 3 片小叶基部常连合。圆锥花序侧生;花萼钟形,花冠白色或淡粉红色,4 裂,裂片卵圆形;花冠筒细长;雄蕊 2 枚,着生于花冠筒喉部。蒴果长椭圆形,黑褐色,先端尖,上部具灰白色斑点。花期 5 月,果期 6 月。

生于海拔 1700~2100m 的山地沟谷和土质阴坡、半阴坡。见于东坡榆树沟、甘沟;西坡赵池沟、峡子沟等。多见。

药用部位:根或枝干的外皮。

药用功效:降气,温中,暖肾。

羽叶丁香是回药、蒙药,亦是三级国家重点保护野生植物、濒危植物。羽叶丁香可作为庭院栽培和城市绿化树种。

343. 紫丁香 _{华北紫丁香}
Syringa oblata Lindl.

　　落叶灌木。小枝灰色。叶对生，圆卵形，宽大于长，全缘。圆锥花序，花萼钟形，边缘 4 裂，裂片三角形；花冠紫红色，高脚碟状，花冠筒细长，顶端 4 裂，裂片卵形；雄蕊 2 枚，着生于花冠筒中上部；子房上位，2 室；花柱柱状，柱头 2 裂。蒴果长圆形，平滑。花期 5~6 月，果期 7 月。

　　生于海拔 1550~2300m 的山地沟谷和半阴坡上。见于东坡小口子、苏峪口沟、贺兰沟、黄旗沟；西坡哈拉乌沟、水磨沟、北寺沟、南寺沟等。常见。

　　紫丁香是回药、蒙药，可供观赏，其花可提取芳香油；嫩叶可代茶。

 变种 白丁香 白花丁香
syringa oblata var. *alba* Hort. ex Rehd.

本变种与正种的主要区别在于叶较小，背面疏被柔毛；幼枝及小枝被短柔毛；花白色。
见于西坡水磨沟。稀见。

药用部位：叶及树皮。

药用功效：清热解毒，利湿退黄。

白丁香是回药、蒙药，可供观赏，其花可提取芳香油；嫩叶可代茶。

马钱科 Loganiaceae

醉鱼草属　　　*Buddleja* L.

344. 互叶醉鱼草 白箕稍
Buddleja alternifolia Maxim.

　　小灌木。枝开展，弧形弯曲，老枝灰黄色。单叶互生，披针形，全缘，下面密被灰白色柔毛及星状毛。花生于前一年生枝的叶腋，成圆锥花序；花萼筒状，檐部4裂，外面密被灰白色柔毛；花冠紫红色或紫堇色，裂片4枚，卵形；雄蕊4枚，无花丝；子房光滑。蒴果卵状长圆形，深褐色，2瓣裂；种子多数，具短翅。花期5~6月。

　　生于海拔1400~2300m的阳坡坡脚下和沟口沙砾地。见于东坡石灰窑、苏峪口沟、插旗沟；西坡锡叶沟。多见。

　　药用部位：根茎。

　　药用功效：收敛止血，消肿生肌。

　　互叶醉鱼草是蒙药，亦可作道路和城市园林绿化植物。

龙胆科 Gentianaceae

翼萼蔓属 *Pterygocalyx* Maxim.

345. 翼萼蔓 *Pterygocalyx volubilis* Maxim.

　　一年生草本植物。茎缠绕、蔓生、线状，有细条棱。叶质薄，披针形，基部抱茎。花萼膜质，钟形，萼筒沿脉具4个宽翅，裂片披针形；花冠蓝色，裂片矩圆形；雄蕊着生于花冠筒中部；子房椭圆形；花柱头2裂，呈半圆状扇形，先端鸡冠状。蒴果椭圆形，种子褐色，椭圆形，具宽翅，表面具蜂窝状网纹。花、果期8~9月。

　　生于海拔2000~2300m的阴坡灌丛中。见于东坡小口子、甘沟；西坡南寺沟等。少见。

346. 百金花 *Centaurium pulchellum* (Swartz) Druce var. *altaicum* Moench.

一年生草本。根圆柱状，茎纤细，呈假二歧分枝，具4条纵棱。叶对生，茎基部的叶长椭圆形，茎生叶披针形。二歧聚伞花序松散；花萼筒形，5深裂，裂片线状披针形；花冠高脚碟状，白色或淡红色；花冠筒细长，裂片5枚，卵状椭圆形；雄蕊5枚；子房上位；柱头2裂。蒴果圆柱形；种子小，黑褐色。花、果期6~8月。

生于海拔1500~2000m的山地沟谷溪边湿地、山麓涝坝边。见于东坡汝箕沟、苏峪口沟、黄旗沟、大水沟；西坡哈拉乌北沟、巴彦浩特。少见。

药用部位：全草。

药用功效：清热，退黄，利胆。

百金花是蒙药。

347. 鳞叶龙胆 <small>小龙胆</small> *Gentiana squarrosa* Ledeb.

一年生矮小草本。茎被短腺毛。基生叶卵圆形，先端具芒尖，边缘软骨质；茎生叶倒卵形，抱茎。花萼钟形，5裂，裂片卵形，先端具芒尖，边缘软骨质；花冠钟形，蓝色，5裂，裂片卵形，褶三角形；雄蕊5枚；子房上位；柱头2裂。蒴果倒卵形，2瓣开裂，花萼宿存。花期5~7月，果期7~9月。

生于海拔1900~2600m的山地草甸、林缘、沟谷。见于东坡苏峪口沟、大水沟、黄旗沟；西坡哈拉乌北沟、南寺沟、北寺沟。常见。

药用部位：全草。

药用功效：清热利湿，解毒消肿。

鳞叶龙胆是蒙药。

变种 # 白花鳞叶龙胆 *Gentiana squarrosa* Ledeb. f. *albiflora* X. X. Lv et X. R. Zhao

本变种与正种区别在于花色是白色。

见于西坡哈拉乌北沟。

348. 假水生龙胆 *Gentiana pseudoaquatica* Kusnez

一年生矮小草本。基生叶卵圆形，具芒尖，边缘软骨质；茎生叶狭倒卵形，抱茎。花萼钟形，5 裂，裂片披针形，先端具芒尖，边缘软骨质，背面具棱；花冠钟形，蓝色，顶端 5 裂，裂片卵形，褶三角形；雄蕊 5 枚；子房上位；花柱短，柱头 2 裂。蒴果倒卵状椭圆形，具长柄。花期 5~7 月，果期 7~8 月。

生于海拔 2700~3000m 的亚高山地带的灌丛下和山脊石缝中。仅见于主峰及山脊一带。稀见。

349. 达乌里秦艽 <small>小秦艽</small>
Gentiana dahurica Fisch.

多年生草本。根长圆锥形，茎基部为残叶纤维所包围。基生叶披针形，全缘，具 3~5 条脉；茎生叶较小，线状披针形，基部合生，抱茎。聚伞花序，花萼钟形，顶端 5 裂，裂片线形，花冠筒状钟形，蓝色，5 裂，裂片卵形，褶三角形，边缘具齿状缺刻；雄蕊 5 枚；子房上位；花柱短，柱头 2 裂。蒴果倒卵状长椭圆形。花期 7 月，果期 8~9 月。

生于海拔 2000~2700m 的山地林缘灌丛下及草原下，也生于山地沟谷和山地草甸。见于东坡大水沟、苏峪口沟、贺兰沟、黄旗沟、插旗沟、甘沟；西坡哈拉乌沟、北寺沟、水磨沟、南寺沟等。常见。

药用部位：根。

药用功效：祛风湿，退虚热，止痛。

达乌里秦艽是蒙药、藏药。

350. 秦艽 大叶龙胆
Gentiana macrophylla Pall.

多年生草本。根粗壮，长圆锥形。茎基部为残叶纤维所包围。基生叶披针形，有 5~7 条脉；茎生叶披针形，基部合生，抱茎。聚伞花序呈头状或轮状，无梗；花萼膜质，一侧开裂，顶端具不规则浅裂齿或截形；花冠筒状钟形，蓝紫色，裂片 5 枚，卵形，褶三角形；雄蕊 5 枚，着生于花冠筒中部，子房无柄，柱头 2 裂。蒴果长椭圆形。花期 7~8 月，果期 8~9 月。

生于海拔 2300~2500m 的山地沟谷、林缘草甸。见于东坡苏峪口沟；西坡哈拉乌沟。稀见。

药用部位：根。

药用功效：祛风湿，清湿热，止痹痛，退虚热。

秦艽是蒙药、藏药。

扁蕾属　　*Gentianopsis* Ma

351. **扁蕾** 剪割龙胆
Gentianopsis barbata (Froel.) Ma

　　一年生草本。茎四棱形。基生叶匙形，茎生叶披针形。花萼筒状钟形，具4棱，先端4裂；花冠筒状钟形，蓝色或紫蓝色，先端4裂，裂片椭圆形，两侧近基部边缘流苏状；雄蕊4枚，蜜腺4个；子房圆柱形；柱头2裂。蒴果长椭圆形，2瓣开裂。花期7~9月，果期8~10月。

　　生于海拔2000~2300m的山地沟谷、河溪边及灌丛下。见于东坡苏峪口沟、插旗沟、黄旗沟；西坡哈拉乌北沟和北寺沟。少见。

　　药用部位：全草。

　　药用功效：清热，利胆，退黄，健胃，治伤。

352. 卵叶扁蕾 *Gentianopsis paludosa* (Hook. f.) Ma var. *ovatodeltoidea* (Burk.) Ma

一年生草本。茎单一或少数，直立。基生叶匙形，全缘；茎生叶卵状三角形。花单生枝顶，花萼筒状，为花冠的一半；花冠宽筒形，淡蓝色或白色，顶端 4 裂，裂片宽矩圆形；雄蕊 4 枚，蜜腺 4 个；子房长圆柱状；柱头 2 裂。蒴果椭圆形。花期 6~8 月，果期 7~9 月。

生于海拔 2800~3400m 的高山、亚高山灌丛、草甸中及山脊石缝中。见于主峰及山脊两侧。稀见。

药用部位：全草。

药用功效：清热解毒。

卵叶扁蕾是蒙药、藏药。

假龙胆属 *Gentianella* Moench.

353. 黑边假龙胆 *Gentianella azurea* (Bunge) Holub

一年生草本。茎直立，常紫红色，有条棱，从基部或下部起分枝，枝开展。基生叶早落；茎生叶无柄，矩圆形，椭圆形或矩圆状披针形，先端钝，边缘微粗糙，基部稍合生，仅中脉在下面较明显。聚伞花序顶生或腋生，稀单花顶生；花梗常紫红色，不等长；花萼绿色，长为花冠之半，深裂，萼筒短，裂片卵状矩圆形、椭圆形或线状披针形，先端钝或急尖，边缘及背面中脉明显黑色，裂片间弯缺狭而长；花冠蓝色或淡蓝色，漏斗形，近中裂，裂片矩圆形，先端钝，冠筒基部具 10 个小腺体；雄蕊着生于冠筒中部，花丝线形，有时蓝色，花药蓝色，矩圆形或宽矩圆形；子房无柄，披针形，先端渐尖，与花柱界限不明显，柱头小。蒴果无柄，先端稍外露；种子褐色，矩圆形，表面具极细网纹。花、果期 7~9 月。

生于海拔 2800~3400m 的高山灌丛或草甸。见于主峰。少见。

（黑边假龙胆图片由白瑜提供）

354. 尖叶假龙胆 *Gentianella acata* (Michx.) Hulten

一年生草本。主根细长。茎直立，单一，上部有短的分枝，近四棱形。基生叶早落；茎生叶无柄，披针形或卵状披针形，先端急尖，基部稍宽，不连合，叶脉 3~5 条。聚伞花序顶生和腋生，组成狭窄的总状圆锥花序；花 5 数，稀 4 数；花梗细而短，四棱形；花萼长为花冠的 1/2~2/3，深裂，萼筒浅钟形，裂片狭披针形，先端渐尖，边缘略增厚，背部中脉隆起，脊状；花冠蓝色，狭圆筒形，裂片矩圆状披针形，先端急尖，基部具6~7条排列不整齐的流苏，流苏长柔毛状，内有维管束，冠筒基部具8~10个小腺体；雄蕊着生于冠筒中部，花丝线形，基部下延成狭翅，花药蓝色，矩圆形，长约1mm；子房无柄，圆柱形，长5~6mm；花柱不明显。蒴果无柄，圆柱形；种子褐色，球形，表面具小点状突起。花、果期8~9月。

生于海拔1800~2600m的山坡、林缘或灌丛。见于东坡小口子和苏峪口；西坡哈拉乌北沟、水磨沟。少见。

喉毛花属	*Comastoma* (Wettst.) Toyokuni

355. 皱边喉毛花 皱萼喉毛花
Comastoma polycladum (Diels et Gilg) T. N. Ho

一年生草本。根纤细，茎四棱形，带紫色。基生叶长椭圆形，全缘，具1脉；茎生叶小，披针形，无柄。花单生茎顶；花萼钟形，5深裂，裂片披针形；花冠管状钟形，蓝色，花冠裂片5枚，椭圆形，基部具2枚流苏状鳞片；雄蕊5枚；子房圆柱形；柱头卵形。花期7~8月。

生于海拔2400~2600m的石质山坡及岩石缝中。见于东坡甘沟；西坡哈拉乌北沟、南寺牦牛沟。少见。

皱边喉毛花是蒙药。

356. 镰萼喉毛花 *Comastoma falcatum* (Turcz. ex Kar. et Kir.) Toyokuni

一年生草本。根纤细，茎四棱形。基生叶倒披针形，全缘；茎生叶通常 1 对，倒卵状椭圆形，抱茎。花单生茎顶；花萼宽钟形，萼片 5 枚，卵形，基部向外隆起微呈囊状；花冠管状钟形，淡蓝色或蓝紫色，裂片 5 枚，椭圆形，每一花冠裂片基部具 2 流苏状鳞片，雄蕊 5 枚，子房无柄，圆柱形，柱头椭圆形。蒴果圆柱形。花期 7~8 月，果期 8~9 月。

生于海拔 2600~3400m 的亚高山、高山地带的林缘、灌丛下或石质山坡。见于东坡苏峪口沟、大口子沟、贺兰沟；西坡哈拉乌北沟、黄土梁、高山气象站等。少见。

药用部位：全草。

药用功效：利胆，退黄，清热，健胃。

镰萼喉毛花是蒙药。

獐牙菜属 *Swertia* L.

357. 歧伞獐牙菜 *swertia dichotoma* L.

一年生草本。茎四棱形，棱上具狭翅。基部叶匙形，具3~5条脉；茎生叶对生，卵形。聚伞花序，花萼4深裂，裂片卵形；花冠白色或淡绿色，4深裂，裂片卵形，基部具2腺洼，外缘具鳞片；雄蕊4枚，子房具短柄；柱头2裂。蒴果近球形，种子小，椭圆形，光滑。

生于海拔2000~2300m的山地沟谷滩地、灌丛下和阴坡山脚下。见于东坡苏峪口沟、小口子、黄旗沟、插旗沟；西坡哈拉乌沟、南寺沟、北寺沟、水磨沟等。多见。

药用部位：全草。

药用功效：清热，健胃，利湿。

358. 四数獐牙菜 *Swertia tetraptera* Maxim.

一年生草本。主根粗，黄褐色。茎直立，四棱形，棱上有翅；基部分枝较多，长短不等；主茎直立。基生叶（在花期枯萎）与茎下部叶具长柄，叶片矩圆形或椭圆形，先端钝，基部渐狭成柄，叶质薄，叶脉 3 条，在下面明显；茎中上部叶无柄，卵状披针形，先端急尖，基部近圆形，半抱茎，叶脉 3~5 条，在下面较明显；分枝的叶较小，矩圆形或卵形。圆锥状复聚伞花序或聚伞花序多花；花梗细长；花 4 数，大小相差甚远，主茎上部的花比主茎基部和基部分枝上的花大 2~3 倍，呈明显的大小两种类型；大花的花萼绿色，叶状，裂片披针形或卵状披针形，花时平展，先端急尖，基部稍狭缩，背面具 3 脉；花冠黄绿色，有时带蓝紫色，开展，异花授粉，裂片卵形，先端钝，啮蚀状，下部具 2 个腺窝，腺窝长圆形，邻近，沟状，仅内侧边缘具短裂片状流苏；花丝扁平，基部略扩大，花药黄色，矩圆形；子房披针形；花柱明显，柱头裂片半圆形；蒴果卵状矩圆形，先端钝；种子矩圆形，表面平滑；小花的花萼裂片宽卵形，先端钝，具小尖头；花冠黄绿色，常闭合，闭花授粉，裂片卵形，先端钝圆，啮蚀状，腺窝常不明显。蒴果宽卵形或近圆形，先端圆形，有时略凹陷；种子较小。花、果期 7~9 月。

生于海拔 2400~2600m 的山坡沟谷、阴湿处。见于西坡哈拉乌沟、水磨沟等。少见。

（四数獐牙菜图片由任飞提供）

花锚属 *Halenia* Borkh.

359. 椭圆叶花锚 *Halenia elliptica* D. Don.

一年生草本。根细长，茎直立，四棱形，沿棱具狭翅。叶对生，狭卵形，下部叶匙形，具柄，早枯萎。聚伞花序，花萼4深裂，裂片狭卵形；花冠蓝紫色，4裂，裂片宽椭圆形，基部具1向外延伸的距；雄蕊4枚；子房无柄；卵形；无花柱，柱头2裂，裂片直立。蒴果卵形；种子小，卵圆形，近平滑。

生于海拔1600~2100m的山地沟谷河滩地及灌丛下。见于东坡插旗口、苏峪口沟、甘沟。多见。

药用部位：全草。

药用功效：清热利湿，平肝利胆。

椭圆叶花锚是蒙药。

夹竹桃科 Apocynaceae

罗布麻属   *Apocynum* **L.**

360. 罗布麻 茶叶花、红麻
Apocynum venetum L.

直立半灌木。具乳汁。枝条圆筒形，紫红色或淡红色。叶对生，分枝处的叶常互生，卵状长椭圆形；叶柄腋间具腺体。聚伞花序，花萼 5 深裂，裂片椭圆状披针形，两面被短柔毛；花冠筒状钟形，紫红色，先端 5 裂，裂片卵状椭圆形；雄蕊 5 枚。蓇葖果 2 个，叉生，圆柱形，紫红色，无毛；种子卵状椭圆形，顶端具一簇白色种毛。花期 6~7 月，果期 8~9 月。

生于北部荒漠化较强的山谷盐碱地。见于石炭井。稀见。

药用部位：叶。

药用功效：平肝安神，清热利水。

罗布麻是蒙药，其茎皮纤维可作纺织及造纸原料。罗布麻花多而花期长，并有发达的蜜腺，是良好的蜜源植物。

萝藦科 Asclepiadaceae

鹅绒藤属   *Cynanchum* L.

361. 老瓜头 牛心朴子
Cynanchum komarovii Al. lljinski

   多年生直立草本。根须状。茎丛生，绿色或常带暗紫红色。叶对生，革质，椭圆状披针形。聚伞花序伞房状，花萼5深裂，裂片狭卵形，花冠暗紫红色，5深裂，裂片卵形，副花冠黑紫色，5深裂，裂片肉质，倒卵状椭圆形；柱头扁平。蓇葖果单生，狭披针状圆柱形，绿色，无毛；种子卵状椭圆形，扁平，顶端具白色种毛。花期6~7月，果期7~8月。

   生于山麓冲沟及覆沙地段。见于东坡石炭井；西坡巴彦浩特。常见。

   药用部位：全株。

   药用功效：抗炎，镇痛，抗氧化，抗菌，杀虫，止咳祛痰平喘，调节免疫。

   老瓜头是回药，亦是良好的蜜源、防风固沙植物。老瓜头全株有毒。

362. 羊角子草 ^{戟叶鹅绒藤}
Cynanchum cathayense Tsiang et Zhang.

草质藤本。根木质，圆柱形，淡灰黄色。茎缠绕，灰绿色，具纵棱，疏被短柔毛，节上被长柔毛。叶对生，三角状戟形。聚伞花序叶腋生；花萼5深裂，裂片狭卵形，花冠淡紫色或白色，5深裂，裂片长椭圆形；副花冠杯状，5浅裂，比合蕊柱长。蓇葖果单生，披针形，表面被柔毛；种子长圆状卵形，顶端截平，具一簇白色种毛。花期7月，果期8~9月。

生于山麓盐碱化的芨芨草滩内。见于西坡巴彦浩特。稀见。

药用部位：根。

药用功效：清热解毒。

363. 地梢瓜 沙奶草
Cynanchum thesioides (Freyn) K. Schum.

多年生草本。具横生的地下茎。地上茎多从基部分枝，密被白色短硬毛。叶线形，两面被短硬毛。伞状聚伞花序腋生，花萼 5 深裂，裂片披针形；花冠白色，5 深裂，裂片椭圆状披针形；副花冠杯状，5 深裂，裂片狭三角形；柱头扁平。蓇葖果单生，狭卵状纺锤形，被短硬毛；种子卵形，扁平顶端具白色种毛。花期 6~8 月，果期 7~9 月。

生于山麓和浅山区坡地地表覆沙地段和冲沟内。见于东坡。常见。

药用部位：全草及果实。

药用功效：益气，通乳。

地梢瓜是蒙药，其全株含橡胶 1.5%，可作工业原料；幼果可食。

364. **鹅绒藤** *羊奶角角、牛皮消* *Cynanchum chinense* R. Br.

多年生缠绕草本。根圆柱形，茎灰绿色，被短柔毛。叶对生，宽三角状心形，两面均被短柔毛。聚伞花序叶腋生；花萼 5 深裂，裂片披针形；花冠白色，5 深裂，裂片线状披针形，副花冠杯状，顶端裂成 10 个丝状体，外轮 5 个与花冠裂片等长，内轮 5 个稍短；柱头近五角形，顶端 2 裂。蓇葖果 1 个发育，圆柱形；种子矩圆形，压扁，顶端具一簇白色种毛。花期 6~8 月，果期 8~9 月。

生于山麓居民点附近，山地沟谷、沙砾地及灌丛中。见于东坡苏峪口沟、拜寺沟、黄旗沟、大水沟、贺兰沟、北寺沟、小口子；西坡巴彦浩特。常见。

药用部位：白色乳汁及根。

药用功效：化瘀解毒。

鹅绒藤是回药、蒙药。

365. 白首乌 柏氏白前
Cynanchum bungei Decne.

攀缘性半灌木。根茎块状,肉质。叶对生,戟形,基部心形,两面被糙硬毛。伞状聚伞花序腋生;花萼裂片披针形,花白色,花冠裂片矩圆形;副花冠5深裂,裂片披针形,里面中间具舌状片;柱头基部五角形,顶端全缘。蓇葖果单生或双生,无毛;种子卵形,顶端具白绢质种毛。花期7~8月,果期8~9月。

生于山麓冲沟、居民点附近,也生于宽阔山谷河滩地和灌丛中。见于东坡苏峪口沟、大水沟、甘沟、插旗沟;西坡峡子沟。少见。

药用部位:根。

药用功效:滋补强壮,养血补血,乌须黑发,收敛精气,生肌敛疮,润肠通便。

白首乌是蒙药,亦是山东泰山一带四大名药之一,为滋补珍品。

旋花科 Convolvulaceae

苋丝子属　　*Cuscuta* L.

366. 欧洲苋丝子 *Cuscuta europaea* L.

　　一年生寄生草本。茎细弱，红紫色或淡红色，缠绕，无叶。头状花序具多花，苞片矩圆形；花萼碗状，4~5裂，裂片卵状矩圆形；花冠淡红色，杯形，裂片三角状卵形；鳞片倒卵圆形，顶端2裂，边缘细齿状或流苏状；子房扁球形，2室；花柱2枚，叉状，柱头棒状。蒴果球形，成熟时稍扁；种子2~4粒，淡褐色。花期7~8月，果期8~9月。

　　寄生于多种草本植物上。东、西坡均有分布。常见。

　　药用部位：种子。

　　药用功效：补肾益精，养肝明目。

　　欧洲苋丝子是回药、蒙药。

367. **菟丝子** 黄藤子、无根草
Cuscuta chinensis Lam.

　　一年生寄生草本。茎细弱，缠绕，黄色，无叶。花多数，簇生，白色或黄白色；苞片与小苞片小，鳞片状；花萼杯状，先端 5 裂，裂片卵圆形，花冠壶状或钟状，先端 5 裂，裂片卵圆形；雄蕊 5 枚；子房扁球形；花柱 2 枚，直立，柱头头状。蒴果球形，为宿存花被几乎完全包被，成熟时盖裂。花期 7~8 月，果期 8~10 月。

　　寄生于豆科和蒿属植物上。见于东坡。常见。

　　药用部位：种子。

　　药用功效：补肝肾，益精壮阳，止泻。

　　菟丝子是回药、蒙药。

旋花属 *Convolvulus* L.

368. 刺旋花 *Convolvulus tragacanthoides* Turcz.

半灌木。全株被银灰色丝状毛。茎铺散，呈垫状，小枝坚硬具刺。叶互生，狭倒披针形。萼片椭圆形，顶端具小尖头；花冠漏斗状，粉红色，具 5 条密生棕黄色长毛的瓣中带，冠檐 5 浅裂；雄蕊 5 枚；子房被毛；花柱丝状，柱头 2 个，线形，长于雄蕊。蒴果圆锥形，被毛。花期 6~9 月，果期 8~10 月。

生于浅山区石质阳坡。见于东坡汝箕沟；西坡古拉本。常见。

369. **田旋花** 拉拉蔓、野牵牛
Convolvulus arvensis L.

多年生草本。茎蔓性或缠绕。叶互生，三角状卵形，具小刺尖，基部戟形。花序腋生；苞片 2 枚，线形；萼片 5 枚；花冠宽漏斗形，白色或粉红色，冠檐 5 浅裂；雄蕊 5 枚；雌蕊与雄蕊近等长；子房被毛；柱头 2 个。蒴果卵状球形，无毛。花期 6~8 月，果期 7~9 月。

生于山麓冲沟和农田、居民点附近，也进入山谷河滩地。东、西坡均有分布。常见。

药用部位：全草。

药用功效：活血调经，止痒，止痛，祛风。

田旋花是回药、蒙药，亦是农田常见杂草。

370. 银灰旋花 ^{小旋花} *Convolvulus ammannii* Desr.

多年生矮小草本。全株密被银灰色绢毛。叶互生，基部的叶倒披针形，上部叶线形。花单生枝端，萼片 5 枚，外面密被银灰色绢毛，里面仅顶部被毛；花冠漏斗形，白色、淡玫瑰色或白色带紫红色条纹，花冠外瓣中带密被银灰色绢毛，冠檐 5 浅裂；雄蕊 5 枚；子房被毛；柱头 2 个，线形。蒴果球形，2 裂。种子卵圆形，淡红褐色，光滑。花期 6~9 月，果期 9~10 月。

生于山麓荒漠草原和草原化荒漠中，也进入浅山区干燥山坡。东、西坡均有分布。常见。

药用部位：全草。

药用功效：解毒，止咳。

银灰旋花是蒙药。

紫草科 Boraginaceae

砂引草属 *Messerschmidia* L.

371. 砂引草 *Messerschmidia sibirica* L. var. *angustior* (DC.) W. T. Wang

多年生草本。根状茎细长，黑褐色。茎具纵棱，密被白色长柔毛。叶披针形，全缘，两面密被平贴的白色长柔毛。伞房状聚伞花序，密生白色长柔毛；花萼钟形，5 深裂，卵状披针形，背面密生白色柔毛；花冠漏斗形，白色，外面被白色长柔毛，顶端 5 裂；雄蕊 5 枚；子房圆锥形；柱头 2 裂，基部环状膨大。果实矩圆状球形，密被白色长柔毛。花期 5~6 月，果期 6~8 月。

生于山麓洪积扇冲沟、覆沙地。东、西坡均有分布。多见。

砂引草可提取其芳香油，还可作绿肥，亦是较好的固沙植物。

软紫草属　　*Arnebia* Forsk.

372. 灰毛软紫草　灰毛假紫草
Arnebia fimbriata Maxim.

　　多年生草本。根圆柱形。茎圆柱形，密被短柔毛及开展的灰白色刚毛。茎下部叶长椭圆状披针形，上部叶狭披针形，两面密生短柔毛及灰白色刚毛，刚毛基部膨大成乳头状。蝎尾状单歧聚伞；苞片线状披针形，两面密被短柔毛及灰白色刚毛；花萼5深裂达近基部，裂片线形；花冠高脚碟状，紫红色，花冠筒顶端5裂，裂片近圆形；雄蕊5枚。小坚果4枚，卵状三角形，具小疣状突起。花期6~8月，果期7~9月。

　　生于山麓砾石质、覆沙冲积坡上。见于东坡榆树沟、甘沟；西坡峡子沟。多见。

　　药用部位：根。

　　药用功效：清热解毒。

　　灰毛软紫草是蒙药。

373. 黄花软紫草 ^{假紫草}
Arnebia guttata Bunge

多年生草本。根细长，含紫色物质。全株密被短硬毛或柔毛。茎下部叶倒披针形，上部叶线状披针形，两面被硬毛，混生短柔毛。花萼 5 深裂，裂片线状披针形；花冠黄色，常有紫色斑点，檐部 5 裂，裂片宽卵形，密被短柔毛；子房 4 裂。小坚果 4 枚，卵状三角形，具疣状突起。花期 6~7 月，果期 8~9 月。

生于北部荒漠化较强的低山丘陵坡地。见于东坡石炭井；西坡古拉本和白石头沟。稀见。

药用部位：根。

药用功效：清热凉血，消肿解毒，透疹，润肠通便。

黄花软紫草是蒙药。

紫筒草属 *Stenosolenium* **Turcz.**

374. # 紫筒草 紫根根、蒙紫草
Stenosolenium saxatile (Pall.) Turcz.

多年生草本。全株被硬毛，毛基部膨大成乳头状，根圆柱形。基生叶与茎下部叶线状倒披针形，全缘，两面密生白色长硬毛；茎上部叶线形。总状花序；苞片叶状；花萼 5 深裂，裂片线形；花冠蓝紫色，边缘 5 裂，裂片近圆形；雄蕊 5 枚；子房 4 裂，先端 2 裂。小坚果三角状卵形。花期 5~6 月，果期 6~8 月。

生于山麓洪积扇的沙砾地上。见于东坡。多见。

药用部位：全草。

药用功效：祛风除湿。

紫筒草是蒙药。

糙草属　　*Asperugo* L.

375. 糙草 *Asperugo procumbens* L.

一年生草本。茎蔓生，中空。茎下部叶长椭圆形，两面被刚毛；茎上部叶较小。花萼5深裂，裂片线状披针形，果期2片强烈增大，呈蚌壳状包着小坚果，掌状浅裂；花冠紫色，裂片5枚，圆形，花冠筒喉部具5个半圆形凸起体。小坚果4枚，长卵形，具小疣状突起，着生面位于果之中上部。花期5月，果期6~7月。

生于山口和浅山区山谷干河床内。见于西坡水磨沟、北寺沟。稀见。

狼紫草属　　*Lycopsis* L.

376. 狼紫草 *Lycopsis orientalis* L.

一年生草本。根长圆锥形。茎直立，被开展的白色长硬毛。叶互生，基生叶匙形，两面被短伏硬毛；茎生叶无柄，长椭圆形。单歧聚伞花序顶生，苞片卵状披针形；花萼5深裂，裂片线状披针形；

花冠蓝紫色，裂片 5 枚，宽椭圆形，喉部具 5 个附属物；雄蕊 5 枚，子房 4 深裂，柱头头状。小坚果 4 枚，长卵形，边缘具环状突起。花期 6~7 月，果期 7~8 月。

生于山麓冲沟、居民点附近。东、西坡均有分布。常见。

药用部位：叶。

药用功效：消炎止痛。

鹤虱属   *Lappula* V. Wolf

377. 卵盘鹤虱 *Lappula redowskii* (Hornem.) Greene.

一年生草本。茎直立，全株密被灰白色糙毛。茎生叶密生，宽线形，两面被具基盘的硬毛。单歧聚伞花序，苞片线形；花萼 5 深裂达基部，裂片线状披针形；花冠蓝色，漏斗状，檐部 5 裂，裂片长圆形，喉部具 5 个附属物；子房 4 裂；花柱短，柱头头状。小坚果 4 枚，三角状卵形，背面具颗粒状突起，边缘具 1 行锚状刺，刺基两侧邻接或离生。花、果期 6~8 月。

生于山麓冲沟、山口河滩沙砾地、干燥山坡。见于东坡。常见。

378. **鹤虱** ^{毛染染} *Lappula myosotis* V. Wolf

一年生或二年生草本。根长圆锥形。茎密被平伏灰白色细硬毛。基生叶倒披针形，两面密生灰白色硬毛，毛基膨大成乳头状突起；茎生叶披针形。单歧聚伞花序顶生；苞片线形；花萼 5 深裂，裂片线形，两面密被灰白色长硬毛；花冠蓝色，喉部具 5 个附属物，裂片 5 枚，近圆形；雄蕊 5 枚；子房 4 裂。小坚果 4 枚，卵形，密生小疣状突起，每边边缘具 2 行锚状刺。花期 5~6 月，果期 6~7 月。

生于山麓冲沟、居民点附近、路旁。见于西坡北寺沟、巴彦浩特、哈拉乌沟。少见。

药用部位：果实。

药用功效：杀虫消积。

鹤虱是回药、蒙药。

齿缘草属	*Eritrichium* Schrad.

379. 石生齿缘草 齿缘草
Eritrichium rupestre (Pall.) Bunge

多年生草本。根长圆锥形。茎呈垫状，与叶、花萼均被平伏的灰白色柔毛并混生有刚毛。基生叶多数丛生，线状倒披针形。单歧聚伞花序顶生；苞片椭圆形；花萼 5 深裂，裂片倒卵状长椭圆形；花冠蓝色，喉部具 5 个附属物，裂片 5 枚，宽倒卵形；雄蕊 5 枚；子房 4 裂；柱头头状。小坚果陀螺形，具小疣状突起和毛，棱缘具三角形小齿。花期 6~7 月，果期 7~8 月。

生于海拔 2000~2500m 的石质山坡。见于东、西坡。常见。

药用部位：花、叶。

药用功效：清热解毒。

石生齿缘草是蒙药。

| 斑种草属 | *Bothriospermum* Bunge |

380. 狭苞斑种草 *Bothriospermum kusnezowii* Bunge

一年生草本。密被硬毛。基生叶莲座状，叶片倒披针形，两面被硬毛和短伏毛，下面较密，上面多为具基盘的硬毛，边缘具不规则小齿牙。花序总状，具线形；花萼 5 裂近基部，密被硬毛和短伏毛；花冠钟形，蓝色或蓝紫色，檐部 5 裂，裂片近圆形，喉部具 5 个顶端 2 裂的附属物；柱头头状。小坚果肾圆形，密被疣状突起，腹面具 1 圆形凹陷。花期 5~6 月，果期 8 月。

生于海拔 1800~2200m 的山地沟谷、河滩地及石质山坡。见于东坡苏峪口沟、贺兰沟；西坡北寺沟。常见。

| 附地菜属 | *Trigonotis* Stev. |

381. 附地菜 地胡椒、伏地菜
Trigonotis peduncularis (Trev.) Benth. ex Baker et Moore

一年生草本。茎自基部分枝,被平伏短硬毛。基生叶倒卵状椭圆形,两面被平伏短硬毛;茎上部叶椭圆状披针形。单歧聚伞花序顶生;花萼5深裂,裂片椭圆状披针形;花冠蓝色,花冠筒黄色,喉部具5个附属物,裂片5枚,近圆形。小坚果4枚,四面体形,被短柔毛。花期5~7月,果期6~8月。

生于海拔2200~2700m的山地沟谷、溪边和山地草甸中。见于西坡水磨沟、哈拉乌北沟、照北沟。少见。

药用部位:全草。

药用功效:温中健胃,消肿止痛,止血。

附地菜是蒙药,其嫩苗可食。

马鞭草科 Verbenaceae

莸属　*Caryopteris* Bunge

382. **蒙古莸** 蓝花茶
Caryopteris mongholica Bunge

矮小灌木。老枝灰褐色，幼枝紫褐色，被灰白色短柔毛。单叶对生，线形，两面密被短绒毛；具短柄，密被灰白色短绒毛。聚伞花序；花萼钟形，外面密被灰白色短绒毛，顶端5裂，裂片披针形；花冠蓝紫色，高脚碟状，花冠筒细长，先端5裂；雄蕊4枚，2强；柱头2个。果实球形，成熟时裂为4个小坚果，斜椭圆形，周围具狭翅。花期7月，果期8~9月。

生于海拔1300~2400m的山地干燥石质阳坡和山麓砾石质坡地。东、西坡均有分布。常见。

药用部位：地上部分。

药用功效：温中理气，祛风除湿，止痛，利水。

蒙古莸是蒙药，其叶和花可提取芳香油，亦是优良的节水耐旱型观赏灌木。

| 牡荆属 | *Vitex* L. |

383. 荆条 *Vitex negundo* L. var. *heterophylla* (Franch.) Rehd.

灌木。老枝圆柱形，灰褐色。叶对生，掌状复叶，小叶通常 5 片，长椭圆形，下面灰白色。圆锥花序顶生，花萼钟形，外面密被灰白色短绒毛，顶端 5 裂，裂片三角形；花冠蓝紫色，花冠筒里面喉部被短毛，檐部二唇形；雄蕊 4 枚，2 强，伸出花冠；子房上位，4 室；花柱 1 个，柱头 2 裂。花期 7~8 月，果期 8~9 月。

生于山麓冲沟内。见于东坡。少见。

药用部位：根、茎、叶及果实。

药用功效：清热，止咳化痰。

荆条的茎皮可用于造纸及人造棉。荆条是蜜源植物，其花和枝叶可提取芳香油。

唇形科 Labiatae

夏至草属 *Lagopsis* **Bunge ex Benth.**

384. 夏至草 小益母草、白花夏枯草
Lagopsis supina (Steph.) Ik.-Gal.

多年生草本。根圆锥形。茎四棱形，被白色短柔毛。叶宽卵形，3裂，上面被平伏短毛，背面密被柔毛。轮伞花序；小苞片针形，被白色短柔毛；花萼管状钟形，具5脉，萼齿5枚，三角形；花冠白色，外面被白色长柔毛，冠檐二唇形，上唇直伸，下唇3浅裂；雄蕊4枚；花柱先端2浅裂。小坚果长卵形，褐色，有鳞秕。花期5~6月，果期6~7月。

生于山地宽阔河谷河漫滩。见于东坡大水沟、苏峪口沟；西坡峡子沟、北寺沟。少见。

药用部位：全草。

药用功效：养血调经。

夏至草是蒙药、藏药。

裂叶荆芥属 *Schizonepeta* Briq.

385. **多裂叶荆芥** 假苏
Schizonepeta multifida (L.) Briq.

　　多年生草本。根粗壮，具横走的根状茎。茎直立，四棱形，被白色长柔毛，上部常呈暗紫色。叶卵形，羽状裂。轮伞花序密集，组成顶生穗状花序；苞片倒卵形，小苞片卵状披针形，紫色；花萼筒形，蓝紫色，基部带黄色，萼齿5枚，狭三角形；花冠淡蓝紫色，冠檐二唇形，上唇顶端2浅裂，下唇平展，3裂；雄蕊4枚。小坚果扁长圆形，平滑。花期7~8月，果期8~9月。

　　生于海拔2000~2300m较湿润的山坡。见于东坡汝箕沟、大水沟；西坡香池子沟。常见。

　　药用部位：地上部分。

　　药用功效：疏风解表，透疹。

　　多裂叶荆芥是回药，其全株含芳香油，味清香。

386. 小裂叶荆芥 *Schizonepeta annua* (Pall.) Schischk.

一年生草本。茎四棱形，被白色疏柔毛。叶片宽卵形，二回羽状深裂，裂片线状长圆形，两面均偶见黄色树脂腺点。花序为穗状花序，被白色疏柔毛；花萼具 15 脉，齿 5 枚，卵形；花冠淡紫色，冠檐二唇形，上唇短，浅 2 圆裂，下唇 3 裂；雄蕊 4 枚；花柱 2 浅裂。小坚果长圆状三棱形，褐色，顶端圆形。花期 6~8 月，果期 8 月中旬以后。

生于海拔 1300~1900m 的宽阔山谷河床、沙砾地。见于东坡汝箕沟、拜寺沟、大水沟、贺兰沟、石炭井；西坡呼鲁斯太、古拉本。常见。

药用部位：全草。

药用功效：发汗，散风，透疹。炒炭可止血。

水棘针属   *Amethystea* L.

387. 水棘针 *Amethystea caerulea* L.

一年生草本。根长圆锥形。茎四棱形，疏被短柔毛。叶片三角形，3深裂达基部，裂片椭圆状披针形。圆锥花序；花萼钟形，萼齿5枚，狭三角形；花冠蓝色，二唇形，上唇2裂，卵形，下唇稍大，3裂；雄蕊4枚。小坚果倒卵状三棱形，背面具网状皱纹。花期6~7月，果期7~8月。

生于山麓冲沟、宽阔山谷河滩地上。见于东坡。少见。

药用部位：全草。

药用功效：疏风解表，宣肺平喘。

益母草属 *Leonurus* L.

388. **益母草** 益母蒿
Leonurus japonicus Houtt.

　　一年生或二年生草本。根长圆锥形。茎直立，钝四棱形，具槽，上部棱上密生倒向短伏毛。下部叶片轮廓卵形，掌状 3 深裂；中部叶菱形，3 深裂；花序最上部的苞叶线形，全缘或具少数齿牙。穗状花序；花萼管状钟形，萼齿 5 枚；花冠粉红色至淡紫红色，冠檐二唇形，上唇全缘，下唇 3 裂；雄蕊 4 枚。小坚果倒卵状三棱形。花期 6~8 月，果期 7~9 月。

　　生于山麓冲沟、宽阔山谷河滩地上。见于东坡黄旗沟、苏峪口沟、甘沟；西坡拜寺沟、赵池沟、峡子沟。常见。

　　药用部位：全草。

　　药用功效：活血调经，利尿消肿，清热解毒。

　　益母草是蒙药，具有抗诱变、美容的功效。

389. 细叶益母草 益母蒿
Leonurus sibiricus L.

　　一年生或二年生草本。根长圆锥形。茎钝四棱形，具槽，棱上密被倒向平伏短毛。中部的叶轮廓为卵形，掌状 3 全裂；上部苞叶轮廓近菱形，3 全裂，裂片线形，中裂片通常再 3 裂。穗状花序；花萼管状钟形，萼齿 5 枚；花冠粉红色，冠檐二唇形；雄蕊 4 枚。小坚果椭圆状三棱形，顶端截平。花期 6~8 月，果期 9 月。

　　生于山麓冲沟、居民点附近。见于东坡苏峪口沟、黄旗沟、甘沟；西坡北寺沟、峡子沟、巴彦浩特。常见。

　　药用部位：全草。

　　药用功效：活血调经，利尿消肿，清热解毒。

　　细叶益母草是蒙药，具有抗诱变、美容的功效。

脓疮草属 *Panzeria* Moench

390. 脓疮草 _{白龙昌菜} *Panzeria alaschanica* Kupr.

多年生草本。主根粗壮，长圆锥形。茎直立，四棱形，密生白色绒毛。叶片轮廓卵圆形，茎生叶 3~5 深裂，上面绿色，叶脉下陷，被白色平伏短柔毛，下面灰白色，密被灰白色绒毛。顶生穗状花序；苞片线形，先端具硬刺尖；花萼管状钟形，萼齿 5 枚；花冠淡黄白色或白色，冠檐二唇形；雄蕊 4 枚；花柱短于雄蕊，先端等 2 浅裂。花期 5~7 月。

生于北部荒漠化较强的低山丘陵、宽阔山谷干河床及山麓覆沙地。东、西坡均有分布。多见。

药用部位：全草。

药用功效：调经活血，清热利水。

脓疮草是回药、蒙药。

兔唇花属 *Lagochilus* Bunge

391. 冬青叶兔唇花 *Lagochilus ilicifolius* Bunge

多年生草本。根木质，圆柱形。茎微四棱形，灰白色，密被白色短硬毛。叶楔状菱形，先端具 3~5 个裂齿，齿端具短芒状刺尖，硬革质；下部的叶常为倒卵状披针形。轮伞花序具 2~4 朵花，苞片针刺状；花萼钟形，硬革质，萼齿 5 枚，长圆状披针形；花冠淡黄色，上唇直立，矩圆形，先端 2 裂，下唇 3 裂；雄蕊 4 枚；花柱与前对雄蕊等长，先端等 2 浅裂。花期 6~7 月。

　　生于山麓荒漠草原及干燥石质山坡。东、西坡均有分布。常见。

黄芩属　　*Scutellaria* L.

392.　**甘肃黄芩**　*Scutellaria rehderiana* Diels

　　多年生草本。根状茎粗壮。茎直立，四棱形，沿棱被下曲的短柔毛。叶片三角状披针形，全缘或下部具 2~5 个不规则的锯齿或齿牙。总状花序顶生，密被头状腺毛；苞片菱状狭卵形；花萼盾片密生头状腺毛；花冠蓝紫色或淡紫色，花冠筒基部囊状膝曲，檐部二唇形，下唇 3 裂；雄蕊 4 枚，2 强；花柱细长，柱头不等 2 裂。小坚果卵状球形，黑色，有小瘤状突起。花期 6~7 月，果期 7~8 月。

　　生于海拔 1200~2200m 的山地沟谷石沙砾地、石质山坡及山麓冲沟内。见于东坡甘沟、苏峪口沟、榆树沟、大水沟；西坡峡子沟、南寺沟、三关口、哈拉乌沟。常见。

　　药用部位：根。

　　药用功效：清热解毒。

香薷属 | *Elsholtzia* **Willd.**

393. 香薷 土香薷
Elsholtzia ciliata (Thunb.) Hyland.

一年生草本。根长圆锥形。茎钝四棱形，具槽，沿槽被短柔毛。叶卵形，边缘具锯齿。穗状花序，花偏向一侧；苞片宽卵圆形；花萼钟形，萼齿 5 枚，狭长三角形；花冠粉红色，冠檐二唇形，下唇 3 裂；雄蕊 4 枚；花柱内藏，先端 2 浅裂。小坚果长圆形。花期 8~9 月，果期 9~10 月。

生于山麓村舍附近。见于东坡。少见。

药用部位：全草。

药用功效：发汗解毒，和中利湿。

香薷是回药，其嫩叶可食。

394. 密花香薷 *Elsholtzia densa* Benth.

　　一年生草本。根圆锥形。茎四棱形，被短柔毛。叶椭圆状披针形，边缘具粗锯齿。穗状花序生枝顶，圆柱形，密被紫红色长柔毛；苞片宽倒卵形，外面及边缘密被紫红色具节长柔毛；萼齿5枚；花冠淡紫色，冠檐二唇形；雄蕊4枚；花柱伸出，先端2裂。小坚果倒卵形，上半部疏具疣状小突起。花期5~6月，果期6~8月。

细穗密花香薷 *Elsholtzia densa* Benth. var. *ianthina* (Maxim. ex Kanitz) C. Y. Wu et S. C. Huang

本变种与正种的区别在于叶较狭，披针形；花序一般细长，长可达 8cm，直径约 6mm。

生于海拔 1500~2600m 的山地沟谷、河溪边、沙砾地、灌丛中。见于东坡苏峪口沟、大水沟、插旗沟；西坡哈拉乌北沟、南寺沟、黄土梁、北寺沟等。常见。

药用部位：全草。

药用功效：发汗解毒，和中利湿。

细穗密花香薷外用可治疗脓疮及皮肤病，其嫩叶可食。

糙苏属 *Phlomis* L.

395. **尖齿糙苏** *Phlomis dentosa* Franch.

多年生草本。根粗壮。茎直立，四棱形，被短星状毛及混生长硬毛，节部毛较密。基生叶三角形，边缘具不整齐的圆钝齿，下面灰白色，密被柔毛和星状柔毛；茎生叶三角状狭卵形；苞叶与茎生叶同形。轮伞花序；苞片锥形，密生星状毛混生长硬毛；花萼管状，齿端微凹，凹缺背面具向外展的小刺尖；花冠粉红色，花冠筒外面无毛，里面具间断毛环，冠檐二唇形；雄蕊 4 枚；花柱与后对雄蕊等长，先端不等 2 裂。花期 6~7 月。

生于海拔 1400~2200m 的山地沟谷、山麓冲沟、路旁。见于东坡黄旗沟、苏峪口沟、插旗沟；西坡华溪沟。常见。

薄荷属	*Mentha* L.

396. 薄荷 野薄荷 *Mentha haplocalyx* Briq.

多年生草本。根状茎直伸或横生。茎四棱形，具槽，常带紫红色，上部被倒向短柔毛。叶椭圆形，边缘基部以上具粗的浅锯齿，上面绿色，被短的糙伏毛，背面淡绿色，沿脉被短柔毛，其余部分被腺点。轮伞花序腋生；苞片披针形；花萼钟形，萼齿 5 枚；花冠淡紫红色，冠檐 4 裂；雄蕊 4 枚，伸出花冠；花柱稍长于雄蕊，先端等 2 裂。花期 7~9 月。

生于山口、山麓溪水边及水渠上。见于东坡苏峪口沟、拜寺沟、插旗沟、贺兰沟。少见。

药用部位：茎、叶。

药用功效：疏散风热，清利头目，利咽，透疹，疏肝行气。

薄荷是回药、蒙药，亦可作香料。

青兰属	*Dracocephalum* L.

397. 香青兰 枝子花
Dracocephalum moldavica L.

一年生草本。茎钝四棱形，被倒向短毛，常带紫色。叶三角状长卵形，边缘疏具锯齿，两面沿脉被短毛，背面被腺点。轮伞花序；苞片椭圆形；花萼二唇形，上唇 3 裂，裂片卵形，下唇 2 裂，裂片披针形；花冠淡蓝紫色，冠檐 2 唇形，上唇舟形，下唇 3 裂；雄蕊微伸出；花柱先端等 2 浅裂。小坚果长圆形，顶端平，光滑。

生于山地沟谷和山麓的村舍、路旁。少见。

药用部位：地上部分。

药用功效：清肺解表，凉肝止血。

香青兰是蒙医、维医传统药用植物，也可作香料植物。

398. 白花枝子花 ^{异叶青兰}
Dracocephalum heterophyllum Benth.

多年生草本。根粗壮，茎四棱形，密生短柔毛。叶三角状长卵形，边缘具圆锯齿，两面被短柔毛。顶生穗状花序；苞片狭倒卵形；花萼黄绿色，二唇形，3 裂，裂片卵形，先端具刺，裂片披针形；花冠白色，外面密被短柔毛，冠檐二唇形，上唇直伸，先端 2 浅裂，下唇 3 裂；雄蕊 4 枚，不伸出；花柱细长，伸出，先端等 2 浅裂。花期 5~7 月。

生于海拔 2100~3000m 的石质山坡草甸、灌丛和林缘及山地沟谷河滩上。见于东坡苏峪口沟、贺兰沟、黄旗沟、大水沟；西坡哈拉乌沟、南寺沟、黄土梁、高山气象站等。常见。

药用部位：全草。

药用功效：止咳，清肝火，散郁结。

白花枝子花是蒙药，亦是可开发利用的经济型香料植物。

399. 灌木青兰 　沙地青兰
Dracocephalum fruticulosum Steph. ex Willd.

　　矮小亚灌木。根粗壮。树皮灰褐色，不规则片状剥落，分枝微四棱形，带紫色，密被短柔毛。叶小，椭圆形，两面密被短毛及腺点。轮伞花序密集成穗状花序；苞片椭圆形，每侧边缘具 1~3 个小齿，齿端具细长刺；花萼为不明显的二唇形，上唇 3 裂，下唇 2 裂；花冠紫红色，冠檐二唇形，先端 2 浅裂，下唇 3 裂；雄蕊 4 枚，稍伸出；花柱与雄蕊等长，先端 2 浅裂。花期 6~7 月。

　　生于海拔 1500~2100m 的浅山区、山麓干燥石质山坡。见于东坡甘沟；西坡峡子沟。多见。

　　药用部位：全草。

　　药用功效：清肺止咳，清肝泻火。

荆芥属	*Nepeta* L.

400. 大花荆芥 *Nepeta sibirica* L.

多年生草本。根状茎斜伸。茎四棱形，微被短柔毛。叶三角状长圆形，边缘具锯齿，两面疏被短柔毛。轮伞花序；苞片线状披针形；花萼二唇形，上唇3裂，下唇2裂；花冠淡蓝紫色，花冠筒直伸，漏斗状，冠檐二唇形，上唇2裂，下唇3裂；雄蕊4枚，花柱与前对雄蕊等长，先端等2浅裂。花期6~7月。

生于海拔1600~2500m的山地沟谷、林缘、灌丛中。见于东坡苏峪口沟、贺兰沟、黄旗沟、小口子、插旗沟；西坡哈拉乌沟、水磨沟、北寺沟、南寺沟等。常见。

大花荆芥是观赏植物，其地上部分可提取香料。

百里香属	*Thymus* L.

401. 百里香 ^{地椒子}
Thymus mongolicus Ronn.

　　矮小半灌木。茎匍匐或上升，密被倒向的短柔毛。叶狭卵形，叶脉3对；叶柄具狭翅，密生缘毛。轮伞花序密集成头状；花萼钟形，二唇形，上唇3裂，裂齿三角形，下唇2裂；花冠紫红色或淡紫红色，冠檐二唇形，上唇倒卵状椭圆形，下唇3裂；雄蕊4枚；花柱细长，先端等2浅裂。花期6~7月。

　　生于海拔2000~2600m的石质山坡。见于东坡汝箕沟、大水沟、苏峪口沟、贺兰沟、黄旗沟；西坡哈拉乌沟、高山气象站、南寺沟、北寺沟。常见。

　　药用部位：全草。

　　药用功效：祛风解表，行气止痛，止咳，降压。

　　百里香是回药，可提取芳香油。

茄科 Solanaceae

枸杞属　　*Lycium* L.

402.　黑果枸杞 ^{黑枸杞}

黑枸杞
Lycium ruthenicum Murr.

灌木。多分枝，枝白色，坚硬，常呈之字形弯曲，小枝顶端渐尖成棘刺状，节间短，节上具短棘刺。叶 2~6 片簇生于短枝上，肥厚肉质，线形。花萼狭钟形，不规则 2~4 浅裂，果时稍膨大成半球形；花冠漏斗状，淡紫色，檐部 5 浅裂，裂片矩圆状卵形；雄蕊稍伸出花冠；花柱与雄蕊近等长。浆果紫黑色，球形。花、果期 6~10 月。

生于山麓与北部山谷盐碱地。见于东坡石炭井；西坡巴彦浩特。少见。

药用部位：果实。

药用功效：滋补强壮，降压。

黑果枸杞是蒙药，可以制茶，能耐盐、抗旱、防风固沙。

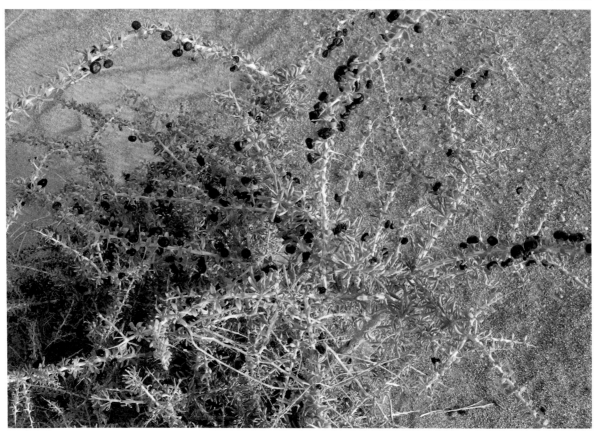

403. 枸杞 *Lycium chinense* Mill.

灌木。枝条细弱，弓状弯曲。单叶互生或 2~4 片簇生，卵状狭菱形，全缘，两面无毛。花在长枝上 1~2 朵生于叶腋，在短枝上同叶簇生；花萼钟形，通常 3 中裂或 4~5 齿裂，裂片边缘多少有缘毛；花冠漏斗形，淡紫色，檐部 5 深裂，裂片卵形；雄蕊稍短于花冠，花丝近基部密生一圈绒毛。浆果红色。花、果期 7~10 月。

生于山麓冲沟和山口、宽阔山谷坡脚下。见于东坡；西坡峡子沟、北寺沟。常见。

药用部位：果实与根皮。

药用功效：滋补肝肾，益精明目。

枸杞是蒙药，其嫩叶、果实均可食。

茄属	*Solanum* L.

404. 龙葵 野葡萄、天茄子
Solanum nigrum L.

一年生草本。单叶互生，卵形，全缘或具少数不规则的波状粗齿。蝎尾状单歧聚伞花序腋外生；花萼浅杯状，5深裂，椭圆形；花冠白色，5深裂，裂片卵圆形；子房卵形；花柱中部以下被白色绒毛，柱头头状。浆果球形，成熟时黑色。花、果期7~10月。

生于山麓路旁、冲沟和村舍附近。东、西坡均有分布。常见。

药用部位：全草。

药用功效：清热解毒，消肿散瘀，止血，利尿。

龙葵是回药、蒙药，其嫩梢、嫩茎和幼嫩叶均可食用；果实经过加工后可制成果汁、果酒、果醋、果酱、罐头等，还可作为人工色素、人工除草剂和杀虫剂。

405. 红果龙葵 _{红葵}

Solanum alatum Moench

　　直立草本。高约40cm，多分枝，小枝被糙伏毛状短柔毛，并具有棱角状的狭翅，翅上具瘤状突起。叶卵形至椭圆形，先端尖，基部楔形下延，边缘近全缘，浅波状或基部1~2齿，很少有3~4齿，两面均疏被短柔毛。花序近伞形，腋外生；萼杯状，萼5齿，近三角形；花冠白色；子房近圆形，中部以下被白色绒毛；柱头头状。浆果球状，朱红色。种子近卵形，两侧压扁。花、果期夏秋。

　　生于山坡或路旁。见于苏峪口沟，此种为贺兰山新记录种。少见。

406. 青杞 _{野茄子}
Solanum septemlobum Bunge

　　多年生草本或亚灌木。茎有棱。单叶互生，卵形，具不整齐的羽状 7 深裂，裂片卵状长椭圆形。二歧聚伞花序顶生或与叶对生；花萼杯状，疏被白色短柔毛，萼齿 5 枚，宽三角形；花冠蓝紫色，先端 5 深裂，裂片长圆形。浆果近球形，成熟时红色。花、果期 6~10 月。

　　生于山麓冲沟、村舍附近，也进入宽阔山谷沟边。东、西坡均有分布。多见。

　　药用部位：全草。

　　药用功效：清热解毒。

　　青杞是回药、蒙药。

天仙子属　　*Hyoscyamus* L.

407. # 天仙子 ^{莨菪}
Hyoscyamus niger L.

二年生草本。全体被黏性腺毛。根粗壮。基生叶莲座状；茎生叶互生，卵形，边缘羽状深裂或浅裂。花在茎中部单生叶腋，在茎上部单生于包状叶的叶腋内而聚生成蝎尾状总状花序，通常偏向一侧；花萼筒状钟形，密被细腺毛和长柔毛，5浅裂，花后增大成坛状，具10条纵肋；花冠钟形，黄色而具紫色脉纹。蒴果包藏于宿存萼内，长卵圆形。花期6~7月，果期7~9月。

生于山麓冲沟、洼地和村舍附近。东、西坡均有分布。少见。

药用部位：种子。

药用功效：解痉，止痛，安神。

天仙子是回药、蒙药，其根、叶可提制莨菪碱及东莨菪碱。

曼陀罗属	*Datura* L.

408. 曼陀罗 野茄子、洋金花
Datura stramonium L.

一年生草本。茎粗壮，圆柱形，上部二歧分枝，下部木质化。叶宽卵形，边缘具不规则波状浅裂。花单生于枝叉间或叶腋，直立，具短梗；花萼筒形，顶端5浅裂，裂片三角形，宿存部分增大并反折；花冠漏斗状，下半部带绿色，上半部白色或带紫色，檐部5浅裂；雄蕊不伸出花冠；子房卵形，密生柔针毛。蒴果卵形，表面生有坚硬针刺或无刺，4瓣裂。花期7~9月，果期8~10月。

生于山麓洼地、村舍附近，也进入宽阔山谷干河床内。见于东坡；西坡巴彦浩特。多见。

药用部位：花。

药用功效：平喘镇咳，解痉止痛。

曼陀罗是回药、蒙药，亦可作观赏植物。曼陀罗是有毒杂草。

玄参科 Scrophulariaceae

玄参属 *Scrophularia* L.

409. 贺兰玄参 *Scrophularia alaschanica* Batal.

多年生草本。根粗壮，灰褐色。茎四棱形，中空。叶卵形，边缘具不规则的粗重锯齿。聚伞花序；苞片线形；花萼密被短腺毛，5 深裂，裂片宽椭圆形；花冠黄绿色，冠檐二唇形，上唇 2 裂，下唇 3 裂；雄蕊短于下唇，退化雄蕊短匙形；子房三角状圆锥形。蒴果卵形，无毛。花期 6~7 月，果期 7~8 月。

生于海拔 1700~2500m 的沟谷阴湿处及山地草甸中。见于东坡苏峪口沟、大水沟、插旗沟、黄旗沟、贺兰沟；西坡北寺沟、哈拉乌沟、岔沟等。多见。

410. 砾玄参 *Scrophularia incisa* Weinm.

半灌木状草本。根茎粗壮，紫褐色，茎基部木质化。基生叶羽状深裂；茎生叶对生，长圆形。圆锥状聚伞花序顶生；花萼浅杯状，5 裂，裂片卵圆形，边缘膜质；花冠筒膨大成球形，檐部二唇形，上唇 2 裂，下唇 3 裂；雄蕊 4 枚，与上唇近等长；花柱无毛，柱头稍 2 裂。蒴果球形，先端具短喙。花期 6~7 月，果期 7 月。

生于北部荒漠化较强的低山丘陵间河床和沙质地。见于东坡石炭井。稀见。

药用部位：全草。

药用功效：清热解毒。

砾玄参是蒙药。

| 地黄属 | *Rehmannia* Libosch. ex Fisch. et Mey. |

411. **地黄** *Rehmannia glutinosa* (Gaetn.) Libosch. ex Fisch. et Mey.

多年生草本。根状茎肉质。茎紫红色，略四棱形，密被开展的棕褐色多细胞长柔毛及腺毛。叶基生，呈莲座状，叶片倒卵状长椭圆形，边缘具不整齐的圆钝齿。总状花序顶生；苞片叶状；花萼宽钟状，萼齿5枚，卵状披针形；花冠筒形，外面紫红色，花冠裂片5枚，外面紫红色；雄蕊4枚；柱头2裂。蒴果卵圆形，先端具喙。种子多数，褐色，卵状三角形，表面具蜂窝状网纹。花期5~6月，果期 6~7 月。

生于海拔 1600~2000m 的沟谷河滩地。见于东坡小口子、大口子、苏峪口沟；西坡锡叶沟。常见。

药用部位：根茎。

药用功效：鲜地黄能清热生津，凉血；生地黄能清热生津，润燥，凉血止血；熟地黄能滋阴补肾，补血调经。

地黄是"四大怀药"之一。

| 野胡麻属 | *Dodartia* L. |

412. 野胡麻 紫花草
Dodartia orientalis L.

多年生直立草本。无毛或幼嫩时疏被柔毛。根粗壮，带肉质，须根少。茎单一或束生，近基部被棕黄色鳞片，茎从基部起至顶端，多回分枝，枝伸直，细瘦，具棱角，扫帚状。叶疏生，茎下部的对生或近对生，上部的常互生，宽条形，全缘或有疏齿。总状花序顶生，伸长，花常 3~7 朵，稀疏；花萼近革质，萼齿宽三角形，近相等；花冠紫色或深紫红色，花冠筒长筒状，上唇短而伸直，卵形，端 2 浅裂，下唇褶襞密被多细胞腺毛，侧裂片近圆形，中裂片突出，舌状；雄蕊花药紫色，肾形；子房卵圆形。蒴果圆球形。种子卵形，黑色。花、果期 8~9 月。

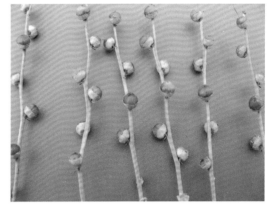

生于北部荒漠化较强的低山丘陵石质山坡。旱生植物。见于东坡石炭井。稀见。

药用部位：全草。

药用功效：清热解毒，祛风止痒。

野胡麻是蒙药。

小米草属　　*Euphrasia* L.

413. 小米草 *Euphrasia pectinata* Ten.

　　一年生草本。茎被白色柔毛。叶对生，卵形，每边具数个深的尖锯齿或齿牙，两面沿叶脉及边缘具短硬毛。穗状花序顶生；苞叶与茎生叶同形且较大，对生；花萼管状，4裂，裂片三角状披针形，被短硬毛；花冠白色或淡紫色，具暗紫色条纹，檐部二唇形，上唇2浅裂片，下唇3裂；雄蕊4枚，裂口处具白色须毛；花柱细长，柱头头状。蒴果卵状矩圆形，被柔毛。花期7~8月，果期9月。

　　生于海拔2000~2800m的阴坡草甸、林缘、沟谷、溪水边。见于东坡苏峪口沟、甘沟、黄旗沟、大口子；西坡哈拉乌沟、南寺沟、水磨沟。常见。

　　药用部位：全草。

　　药用功效：清热解毒。

　　小米草是蒙药。

疗齿草属　*Odontites* Ludwig.

414. **疗齿草** 齿叶草
Odontites serotina (Lam.) Dun.

　　一年生草本。全株被贴伏倒生的白色细硬毛。茎上部四棱形。叶披针形，边缘具不规则的疏生细锯齿，上面被平伏毛，下面被平伏短硬毛或仅沿叶脉被平伏短硬毛。总状花序顶生；苞叶叶状；花萼钟形，被长硬毛，萼筒 4 裂，裂片狭长三角形；花冠紫红色，外面被白色柔毛，檐部二唇形，上唇直立，略呈盔状，下唇 3 裂。蒴果矩圆形，被长硬毛。花期 7~8 月，果期 8~9 月。

　　生于海拔 1800~2200m 的山地沟谷溪水边、河漫地。见于东坡大水沟、汝箕沟、插旗沟；西坡哈拉乌北沟、南寺沟、水磨沟等。少见。

　　药用部位：全草。

　　药用功效：清热燥湿，凉血止痛。

　　疗齿草是蒙药。

马先蒿属 *Pedicularis* L.

415. 红纹马先蒿 细叶马先蒿
Pedicularis striata Pall.

多年生草本。根粗壮。茎直立，密被短卷毛。叶互生，基生叶丛生，开花时枯萎，叶片披针形，羽状裂，边缘具不规则浅锯齿。穗状花序顶生；苞片下部常叶状，上部的 3 裂；花萼管状钟形，萼齿 5 枚，三角形；花冠黄色，具绛红色条纹，花冠筒在喉部以下向右扭旋，使花冠稍偏向右方，盔向前端镰刀状弯曲。蒴果卵圆形，具短凸尖。花期 6~7 月，果期 7~8 月。

生于海拔 2000~2500m 的山地沟谷、石质山坡脚下。见于东坡黄旗沟、苏峪口沟；西坡哈拉乌沟、大柳门沟、水磨沟。多见。

药用部位：全草。

药用功效：利水涩精。

红纹马先蒿是蒙药。

416. 藓生马先蒿 *Pedicularis muscicola* Maxim.

多年生草本。根圆锥状，具分枝。茎被白色柔毛。叶互生，叶片长椭圆形，羽状全裂，裂片卵状披针形，边缘具锐重锯齿。花生叶腋；花萼长管状，萼齿 5 枚，近相等，基部近三角形；花冠玫瑰红色，花冠管细长，盔几在基部即向左方扭折使其顶部向下，前端渐细为卷曲或 S 形的长喙，喙反向上方卷曲；花柱稍伸出于喙端。蒴果卵圆形，包藏于宿存花萼内。花期 5~7 月，果期 7~8 月。

生于海拔 2000~2700m 的山地阴坡云杉林下、沟谷阴坡脚下、阴湿石质山坡石缝中。东、西坡均有分布。常见。

药用部位：根。

药用功效：生津安神，强心补气。

藓生马先蒿是蒙药。

417. 粗野马先蒿 *Pedicularis rudis* Maxim.

多年生草本。一般高约 60cm。根茎粗壮，密生须根。茎中空，圆形。叶无基生，茎生叶为披针状线形，无柄而抱茎，羽状深裂，多达 24 对，长圆形至披针形，缘有重锯齿，两面均有毛。花序长穗状，被腺毛；苞片下部者叶状，具浅裂，上部者渐变全缘，卵形，仅略长于萼；萼狭钟形，密被白色具腺之毛，齿 5 枚，略相等，卵形而有锯齿；花冠白色，盔上部紫红色，弓曲，前部成为舟形，端稍稍上仰而成一小凸喙，下缘有须毛，背部毛较密，下唇裂片 3 枚均为卵状椭圆形，有长缘毛，长约与盔部等；花丝无毛；花柱不在喙端伸出。蒴果宽卵圆形，略侧扁，前端有刺尖。种子肾脏状椭圆形，有明显的网纹。花期 7~8 月，果期 8~9 月。

生于海拔 2100~2500m 的山坡沟谷草甸、林缘。见于东坡苏峪口沟、贺兰口；西坡哈拉乌北沟、水磨沟等。少见。

（粗野马先蒿图片由白瑜提供）

418. 阿拉善马先蒿 *Pedicularis alaschanica* Maxim.

多年生草本。根圆锥形。茎呈丛生状，密被锈色短柔毛。叶片披针状长椭圆形，羽状全裂，裂片线形。穗状花序顶生；苞片叶状；花萼管状钟形，萼齿 5 枚；花冠黄色，花冠筒在中上部稍向前屈膝，盔镰状弓曲，额向前下方倾斜，端渐细成稍下弯的喙。蒴果卵形，先端凸尖。花期 7~8 月，果期 8~9 月。

生于海拔 2000~2500m 的山地阴坡云山林缘、灌丛下沟谷河滩地。见于东坡苏峪口沟、兔儿坑、大水沟、五道塘；西坡南寺沟、哈拉乌北沟、水磨沟等。少见。

药用部位：全草。

药用功效：清热，解毒，消肿，涩精。

阿拉善马先蒿是蒙药。

芯芭属	*Cymbaria* L.

419. 蒙古芯芭 光药大黄花
Cymbaria mongolica Maxim.

多年生草本。根状茎密生浅棕色绵毛。茎丛生，密生锈色短柔毛。叶片长椭圆形，全缘。小苞片 2 枚，披针形；萼齿 5 枚，线形，萼齿间具 2 小齿；花冠黄色，檐部二唇形，上唇略呈盔状，下唇 3 裂，裂片倒卵形；雄蕊 4 枚，2 强。蒴果长卵形。花期 5~6 月，果期 7~8 月。

生于山缘、山麓干燥石质山坡、丘陵坡脚下。见于东坡榆林沟、甘沟；西坡水磨沟、峡子沟、赵池沟、哈拉乌沟等。常见。

药用部位：全草。

药用功效：祛风除湿，清热利尿，凉血止血。

蒙古芯芭是蒙药。

婆婆纳属 | *Veronica* L.

420. 婆婆纳 *Veronica didyma* Tenore

一年生草本。茎疏被短柔毛，混生疏糙毛。叶对生，圆卵形，基部浅心形。总状花序顶生；苞片叶状，互生；花萼 4 深裂，裂片卵状披针形；花冠淡紫色，4 深裂，裂片圆形；雄蕊 2 枚；柱头头状。蒴果肾形。花期 4~5 月，果期 5~6 月。

生于山麓冲积扇缘、山地沟谷、居民点和城镇附近。见于西坡高山气象站、巴彦浩特。稀见。

药用部位：全草。

药用功效：补肾壮阳，凉血，止血，理气止痛。

婆婆纳是蒙药。

421. 光果婆婆纳 *Veronica rockii* Li

多年生草本。根状茎短。茎直立，单一，圆柱形，下部常呈紫红色，疏被白色长柔毛。叶对生，披针形，两面疏被白色长柔毛。总状花序；苞片线形；花萼 5 裂；花冠紫色，花冠筒 4 裂；雄蕊短于花冠；子房无毛，柱头头状。蒴果长卵形，无毛。花期7~8月，果期8~9月。

生于海拔 3000~3500m 的高山、亚高山灌丛、草甸中。见于主峰。少见。

药用部位：全草。

药用功效：生肌愈疮。

光果婆婆纳是蒙药。

422. 北水苦荬 水苦荬、仙桃草
Veronica anagallis-aquatica L.

多年生草本。根状茎粗壮，节上生多数须根。茎直立，呈暗紫色，无毛。叶对生，椭圆形，基部抱茎，两面无毛。总状花序腋生，苞片线状披针形；花萼4深裂，裂片卵状椭圆形；花冠淡紫色，4深裂，裂片宽卵形；雄蕊短于花冠；子房无毛。蒴果卵圆形，无毛，顶端凹缺。花期5~9月，果期6~10月。

生于海拔1500~2300m的山地沟谷溪水边、湿地。见于东坡苏峪口沟、黄旗沟、大水沟、插旗沟；西坡哈拉乌沟、南寺沟。常见。

药用部位：全草。

药用功效：活血止血，解毒消肿。

北水苦荬是蒙药。

紫葳科 Bignoniaceae

角蒿属 | *Incarvillea* Juss.

423. 角蒿 羊角蒿
Incarvillea sinensis Lam.

　　一年生草本。茎直立，圆柱状，有条纹。叶二至三回羽状裂，最终裂片线形。总状花序顶生；花萼钟形，被毛，顶端 5 裂，裂片钻形；花冠红色或红紫色，漏斗状，先端 5 裂，略呈二唇形，上唇 2 裂，下唇 3 裂；雄蕊 4 枚；子房圆柱形，花柱红色，柱头 2 裂。蒴果长角状，弯曲。种子卵形，平凸，褐色，具白色膜质翅。花期 6~8 月，果期 7~9 月。

　　生于山麓冲沟、居民点附近。见于东坡黄旗沟、贺兰沟、插旗沟；西坡哈拉乌沟、巴彦浩特、北寺沟等。常见。

　　药用部位：地上部分。

　　药用功效：祛风湿，活血止痛。

　　角蒿是蒙药、藏药。

列当科 Orobanchaceae

列当属   *Orobanche* L.

424. 列当   独根草
Orobanche coerulescens Steph.

一年生寄生草本。全株被蛛丝状绵毛。茎直立，肉质，粗壮，黄褐色。叶鳞片状，互生，狭卵形。穗状花序顶生；苞片卵状披针形；花萼2深裂达基部，每一裂片再2浅裂；花冠筒形，蓝紫色或淡紫色，檐部二唇形；雄蕊4枚；子房上位，椭圆形，柱头头状。蒴果卵状椭圆形，2瓣裂。花期7月，果期8月。

东、西坡均有分布。多见。

药用部位：全草。

药用功效：补肾助阳，强筋骨。

列当是蒙药。

425. **弯管列当** 欧亚列当
Orobanche cernua Loef ling

一年生寄生草本。全株被腺毛。茎直立，肉质，粗壮，褐黄色。叶鳞片状，卵形，褐黄色。穗状花序顶生；花萼 2 深裂达基部；花冠筒形，筒部淡黄色，檐部淡紫色，二唇形；雄蕊 4 枚；子房上位，柱头 2 裂。蒴果椭圆形，褐色，顶端 2 裂。花期 6~7 月，果期 7~8 月。

东、西坡均有分布。少见。

药用部位：全草。

药用功效：补肾助阳，强筋骨。

肉苁蓉属 *Cistanche* Hoff. et Link

426. **沙苁蓉** *Cistanche sinensis* G. Beck

多年生草本。茎直立，肉质，圆柱形，鲜黄色。叶鳞片状，卵形。穗状花序顶生，圆柱形；苞片矩圆状披针形，背面及边缘密被蛛丝状毛；花萼钟形，4 深裂，裂片矩圆状披针形；花冠淡黄色，管状钟形，花冠筒内雄蕊着生处有一圈长柔毛。蒴果 2 深裂。花期 5~6 月，果期 6~7 月。

东、西坡均有分布。少见。

药用部位：肉质茎。

药用功效：益肾壮阳，润肠。

沙苁蓉是蒙药。

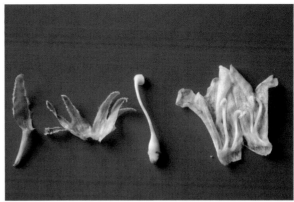

车前科 Plantaginaceae

车前属　　　*Plantago* L.

427. 小车前 ^{细叶车前}
Plantago minuta Pall.

一年生草本。主根黑褐色，细长。叶多数，基生，线形，全缘，两面密被长柔毛，基部无柄，鞘状。穗状花序顶生，椭圆形；苞片圆卵形；花萼裂片宽卵形，龙骨状突起明显；花冠裂片狭卵形。蒴果卵形，果皮膜质，无毛，盖裂。种子 2 枚，黑褐色。花期 6~7 月，果期 7~8 月。

生于山麓草原荒漠化和宽阔山谷干河床或干旱山坡。东、西坡均有分布。常见。

药用部位：全草与种子。

药用功效：利尿，清热止咳。

428. 平车前 小猪耳朵菜
Plantago depressa Willd.

一年生或二年生草本。直根圆柱状。叶基生，椭圆形，基部渐狭成长柄，边缘具稀疏小齿或不规则锯齿，背面被短柔毛。穗状花序；苞片三角状卵形，背面具绿色龙骨状突起，萼裂片长椭圆形；花冠裂片卵状披针形；雄蕊 4 枚，外露。蒴果狭卵形，盖裂。种子 4~6 枚，椭圆形，黑色。花期 6~7 月，果期 7~8 月。

生于海拔 1300~2500m 的山地沟谷溪水边湿地。东、西坡均有分布。常见。

药用部位：全草及种子。

药用功效：全草能清热利尿，祛痰；种子能清热利尿，明目，祛痰。

平车前是回药、蒙药。

429. **车前** 猪耳朵菜、车轱辘菜
Plantago asiatica L.

多年生草本。具须根。叶基生，卵形，边缘波状或具不规则的疏齿；叶基部扩展成鞘状。穗状花序，花绿白色；苞片三角状卵形，背面具龙骨状突起；花萼裂片卵状椭圆形；花冠裂片披针形。蒴果宽卵形。种子 5~6 枚，三角状卵形，棕褐色，表面密生小突起。花期 5~6 月，果期 7~8 月。

生于山麓涝坝、河渠边上。见于西坡巴彦浩特。少见。

药用部位：全草及种子。

药用功效：全草能清热利尿，祛痰；种子能清热利尿，明目，祛痰。

车前是回药、蒙药。

茜草科 Rubiaceae

拉拉藤属　　*Galium* L.

430. 北方拉拉藤 _{砧草}
Galium boreale L.

多年生草本。茎直立，四棱形。叶4片轮生，披针形，全缘，具短硬毛，上背面沿脉被短刺毛，基脉3出，无叶柄。聚伞花序组成顶生圆锥花序；萼筒被白色硬毛；花冠白色，4深裂，裂片宽椭圆形；雄蕊4枚，伸出；花柱2裂达近基部，柱头头状。果爿近球形，密被钩状毛。花期6~8月，果期8~9月。

生于海拔1700~2500m的山地林缘及灌丛中。见于东坡黄旗沟、苏峪口沟、小口子；西坡北寺沟、南寺沟、强岗梁。常见。

药用部位：全草。

药用功效：止咳祛痰，祛湿止痛。

431. 蓬子菜 *Galium verum* L.

多年生草本。茎直立，四棱形，被短柔毛。叶6~10片轮生，线形，具短硬毛，背面被短柔毛，具1条脉，无叶柄。聚伞花序组成顶生圆锥花序；萼筒小；花冠黄色，4深裂，裂片卵形；雄蕊4枚；花柱2深裂达中部以下，柱头头状。果爿双生，近球形，无毛。花期7月，果期8~9月。

生于海拔1800~2300m的山地林缘、灌丛及草甸中。见于东坡黄旗沟、苏峪口沟、贺兰沟；西坡哈拉乌北沟。多见。

药用部位：全草。

药用功效：清热解毒，利湿止痒，行瘀消肿。

432. 细毛拉拉藤 *Galium pusillosetosum* Hara

多年生草本。茎簇生，具四角棱，被疏硬毛，无皮刺。叶纸质，每轮 4~6 片，倒披针形，1 脉。聚伞花序少花；苞片叶状；花小；花冠淡紫色、黄绿色或白色，辐状，花冠裂片 4 枚，卵形，顶端锐尖；雄蕊 4 枚；子房被紧贴的白色硬毛，花柱 2 个，柱头头状。果近球形，散生钩毛。花、果期 5~8 月。

生于海拔 2000~2300m 的林缘、沟谷边缘灌丛中。见于东坡苏峪口沟、小口子、黄旗沟、贺兰沟；西坡南寺沟、哈拉乌沟、北寺沟、水磨沟。常见。

433. **四叶葎** *Galium bungei* Steud.

　　多年生草本。茎丛生，多分枝，四棱形，下部铺卧，无毛或疏具刺毛。叶4枚轮生，卵状披针形或长圆状披针形，先端急尖，基部渐狭，上面疏生短刺毛，下面沿脉疏生短刺毛，边缘具短刺毛；近无柄。总状花序状聚伞花序顶生和腋生，具苞片，线形；花萼被短刺毛，檐部近截形；花冠黄绿色，檐部4深裂，裂片宽卵形；雄蕊4枚，着生于花冠筒上部；花柱2裂至中部，柱头头状。果实被鳞片状短毛。花期6~7月，果期7~9月。

　　生于沟谷山坡、林缘。见于东坡小口子。少见。

茜草属　　*Rubia* L.

434. **茜草** 血茜草、红丝线
Rubia cordifolia L.

多年生缠绕草本。根须状，紫红色。茎四棱形，沿棱具倒生小刺。叶常4片轮生，纸质，叶片卵形，全缘，边缘具倒生刺，上面粗糙，疏被短硬毛，背面疏被糙毛；叶柄具棱，沿棱具倒生小刺，基出脉3~5条。聚伞花序组成疏松的圆锥花序；小苞片卵状披针形；花萼筒近球形；花冠辐状，黄白色或白色，5裂，裂片长卵形；雄蕊5枚；花柱2个，深裂达中部，柱头头状。果实近球形，橙红色。花期6~7月，果期7~9月。

生于海拔1500~2200m的山地沟谷灌丛中。东、西坡均有分布。常见。

药用部位：根。

药用功效：凉血止血，活血祛瘀。

茜草是回药、蒙药，其根可作染料。

野丁香属 　*Leptodermis* Wall.

435. 内蒙野丁香 　*Leptodermis ordosica* H. C. Fu et E. W. Ma

矮小灌木。多分枝。叶对生，椭圆形，全缘，两面无毛；托叶三角状披针形。花 1~3 朵簇生叶腋或枝端；小苞片 2 枚，膜质；花萼常顶端 4~5 裂，裂片先端尖，边缘具睫毛；花冠长漏斗形，紫红色，里面疏被柔毛，外面密被乳头状微毛，边缘 4~5 裂，裂片卵状披针形；雄蕊 4~5 枚；柱头 3 个，线形。蒴果椭圆形，黑褐色，外包宿存的萼裂片及小苞片。花期 6~7 月，果期 7~8 月。

生于海拔 1400~2300m 的山地阳坡、浅山区及北部石质山坡。东、西坡均有分布。常见。

内蒙野丁香是观赏花卉。

忍冬科 Caprifoliaceae

荚蒾属	*Viburnum* L.

436. 蒙古荚蒾 *Viburnum mongolicum* (Pall.) Rehd.

灌木。树皮褐色，纵裂。叶片卵形，卵状椭圆形，边缘具浅锯齿；叶柄被星状毛。复伞形状聚伞花序顶生，总花梗被星状毛；花萼管状，萼齿5枚，三角形；花冠钟形，黄绿色，花冠裂片5枚；雄蕊5枚。核果椭圆形，核扁。花期6月，果期6~8月。

生于海拔1500~2300m的阴坡、半阴坡和沟谷灌丛中。见于东坡苏峪口沟、小口子、贺兰沟、黄旗沟；西坡哈拉乌北沟、北寺沟、南寺沟、拜寺沟、峡子沟。多见。

蒙古荚蒾是优良的园林美化和抗污染灌木树种。

忍冬属	*Lonicera* L.

437. 蓝靛果 蓝靛果忍冬 *Lonicera caerulea* L. var. *edulis* Turcz. ex Herd.

灌木。老枝黑褐色，条状剥落。叶对生，椭圆形，两面被平伏柔毛；叶柄长密被浅黄棕色柔毛。花对生；苞片锥形，被毛，小苞片合生成坛状花杯，完全包被子房，成熟时肉质；花冠黄白色，基部一侧膨大成浅囊状，5等裂；雄蕊5枚，稍伸出花冠之外；花柱无毛，伸出花冠之外。浆果蓝色，成熟后黑色，卵状长椭圆形。花期5月，果期6~7月。

生于海拔2500~2800m的山地阴坡云杉林下。见于西坡北寺沟和哈拉乌北沟。稀见。

蓝靛果的果实可鲜食，可加工成饮料、果酱、果糕和果酒，适于提取天然紫红色素。

438. 小叶忍冬 *Lonicera microphylla* Willd.

灌木。老枝灰白色，条状剥落。叶对生，倒卵形，下面灰绿色，被短柔毛，边缘具疏缘毛。花对生，无毛，苞片线形；花萼无毛，相邻的两个花萼大部至几乎全部合生，萼檐环状；花冠淡黄色，基部膨大成囊状，二唇形，上唇4裂，裂片矩圆形；雄蕊5枚，稍伸出花冠；花柱被柔毛，伸出花冠。浆果近球形，红色。花期6月，果期7~8月。

生于海拔1600~2600m的灌丛和杂木林中。东、西坡均有分布。常见。

小叶忍冬树形美观，花期、果期较长，有较高的观赏价值。

439. **葱皮忍冬** *Lonicera ferdinandii* Franch.

灌木。老枝黑褐色，条状剥落，壮枝具圆形叶柄间托叶。叶对生，卵形，上面被平伏柔毛，背面被硬毛。花密被硬毛；苞片卵形，小苞片合生成壶状花杯，完全包围子房，厚革质；相邻的两花萼分离，萼齿小，三角形，被毛；花冠黄色，二唇形，上唇4裂；雄蕊5枚，与花冠近等长；花柱被毛，伸出花冠。浆果红色，外包开裂的花杯。花期6月，果期7~8月。

生于海拔1700~2000m的山地沟谷、灌丛及杂木林中。见于东坡小口子；西坡镇木关沟、峡子沟。常见。

440. 金花忍冬 *Lonicera chrysantha* Turcz.

灌木。枝黑灰色；冬芽鳞片边缘具白色长缘毛，背面被较短的白色柔毛。叶菱形，两面被毛，边缘具缘毛。花对生叶腋；苞片锥形，小苞片近圆形；萼筒分离，萼齿短；花冠黄白色，后变黄色，基部膨大成囊状，花冠筒上唇4浅裂；雄蕊5枚，与花冠裂片等长或稍短；花柱较雄蕊短，被毛。浆果红色。花期6月，果期7~8月。

生于海拔2000~2300m的山地沟谷、阴坡灌丛及杂木林中。见于东坡小口子、插旗沟、苏峪口沟、贺兰沟；西坡赵池沟、哈拉乌北沟、水磨沟。多见。

药用部位：花。

药用功效：清热解毒，消散痈肿。

金花忍冬是集花、果为一体的观赏植物。

败酱科 Valerianaceae

缬草属 **Valeriana L.**

441. 小缬草 西北缬草、小香草
Valeriana tangutica Batal.

多年生细弱草本。根状茎短。基生叶矩圆形，羽状全裂，两面无毛；茎生叶 2 对，5 深裂。伞房状聚伞花序顶生；总苞片线状披针形，苞片线形；花萼内卷；花冠漏斗形，白色，檐部 5 裂，裂片卵形；雄蕊 3 枚。瘦果卵状披针形，扁，一面 1 脉，一面 3 脉，顶端具多数羽毛状宿萼。花期 6~7 月，果期 7~8 月。

生于海拔 2000~2700m 的阴湿山坡、云山林缘或岩石缝中。见于东坡苏峪口沟和贺兰沟；西坡哈拉乌沟、南寺沟、北寺沟、水磨沟等。常见。

药用部位：根状茎及根。

药用功效：清热解毒，镇静，消肿，止痛。

小缬草是蒙药。

葫芦科 Cucurbitaceae

赤爬属 *Thladiantha* Bunge

442. 赤爬 ^{赤包}
Thladiantha dubia Bunge

多年生攀缘草本。块根黄褐色。茎具纵棱，被长柔毛状硬毛；卷须单一，与叶对生，被毛。单叶互生，叶片宽卵状心形，两面被长柔毛状硬毛。花单性，雌雄异株，雌雄花均单生叶腋；雄花无苞片；花萼裂片线状披针形；花冠黄色，5 深裂；雄蕊 5 枚，离生，退化子房半球形；雌花花梗粗壮，被长柔毛；子房长圆形，密被长柔毛，花柱深 3 裂，柱头肾形。浆果椭圆形，橙红色，具 10 条不明显的纵纹。花期 7~8 月，果期 9 月。

生于海拔 1300~1500m 的山地沟谷溪边灌丛中和山口居民点附近。见于东坡贺兰沟、苏峪口沟、小口子等。稀见。

药用部位：果实及块根。

药用功效：理气活血，祛痰利湿。

赤爬是蒙药。

桔梗科 Campanulaceae

沙参属　　　*Adenophora* Fisch.

443. 宁夏沙参 *Adenophora ningxianica* Hong

多年生草本。根粗壮，木质。茎直立，不分枝。茎生叶互生，狭卵状披针形，基部楔形，边缘具不规则的疏锯齿。总状花序顶生；花萼无毛，裂片钻形，边缘常有 1 对瘤状小齿；花冠筒状钟形，蓝色或蓝紫色，5 浅裂，裂片卵状三角形；花盘短筒状，花柱稍伸出花冠。蒴果长椭圆形。花期 7~8 月，果期 9 月。

生于海拔 1600~2500m 的山坡沟谷崖壁石缝中。见于东坡苏峪口沟、贺兰沟、大水沟、黄旗沟、插旗沟、甘沟；西坡哈拉乌沟、北寺沟、南寺沟、峡子沟、古拉本沟。常见。

药用部位：根。

药用功效：消肿，解痉，止痛。

宁夏沙参是蒙药。

菊科 Compositae

紫菀木属 *Asterothamnus* Novopokr.

444. 中亚紫菀木 *Asterothamnus centraliasiaticus* Novopokr.

亚灌木。基部多分枝，老枝木质化，幼枝细长，灰绿色，被灰白色短绒毛。叶互生，矩圆状线形，上面绿色，中脉明显下陷，下面灰白色，密被蛛丝状绵毛。头状花序；总苞宽倒卵形，总苞片 3~4 层，边缘膜质，外层总苞片较短，卵状披针形，内层线状长椭圆形；舌状花淡紫红色，管状花花冠裂片三角状狭卵形。瘦果倒披针形，冠毛糙毛状，白色。花期 7~9 月，果期 8~10 月。

生于山麓沟谷、干河床及沙砾地。见于东坡甘沟、贺兰沟、汝箕沟、苏峪口沟等沟口；西坡峡子沟、南寺沟、哈拉乌沟等沟口。常见。

狗娃花属　　*Heteropappus* Less.

445. # 阿尔泰狗娃花　　阿尔泰紫菀
Heteropappus altaicus (Willd.) Novopokr.

多年生草本。茎基部多分枝，被弯曲的硬毛。基生叶开花时枯萎；茎生叶互生，线形，全缘，两面被弯曲的短硬毛。头状花序；总苞半球形，总苞片 2~3 层，草质，背面被短硬毛，外层总苞片线状长椭圆形，内层菱状长椭圆形；舌状花淡蓝紫色，管状花黄色，顶端 5 裂。瘦果倒卵状矩圆形，密被长柔毛；管状花冠毛红褐色，糙毛状。花期 5~9 月，果期 6~10 月。

生于山麓荒漠草原、草原化荒漠、山地草原、石质山坡和干河床上。东、西坡均有分布。常见。

药用部位：全草。

药用功效：清热降火，排脓，止咳。

阿尔泰狗娃花是蒙药。

紫菀属 *Aster* L.

446. 三褶脉紫菀 ^{三脉叶马兰}
Aster ageratoides Turcz.

多年生草本。茎直立，圆柱形，被弯曲的短硬毛。叶卵形，边缘疏具圆钝锯齿，齿端具小尖头，两面疏被短硬毛。头状花序；总苞宽钟形；总苞片3层，外层总苞片短，卵状椭圆形，内层长椭圆形；舌状花紫红色或淡红色，管状花黄色。瘦果倒卵状椭圆形，棕褐色，被白色柔毛；冠毛1层，糙毛状，红褐色。花期7~9月，果期9~10月。

生于海拔1500~1900m之间的山地林缘、灌丛下。见于东坡黄渠沟、甘沟；西坡峡子沟和赵池沟等。多见。

药用部位：全草。

药用功效：清热解毒，止咳祛痰，利尿，止血。

飞蓬属 *Erigeron* L.

447. 长茎飞蓬 *Erigeron elongatus* Ledeb.

多年生草本。茎直立，具纵条棱，疏被柔毛。基生叶莲座状，倒披针形，全缘，两面被硬毛；茎生叶长椭圆形，两面无毛。头状花序；总苞半球形，总苞片3层，线形，外层总苞片稍短，背面被短腺毛，带紫色，内层较长；边花2型，外层舌状，淡紫红色，内层细管状，盘花管状，顶端5裂。瘦果长椭圆形，稍扁，褐色，被短毛；冠毛2层，糙毛状，淡褐色。花期7~8月，果期8~9月。

生于海拔2500~3000m的山地林缘、灌丛中及沟谷溪边。见于西坡哈拉乌沟、南寺雪岭子沟、黄土梁。少见。

药用部位：全草。

药用功效：解毒，消肿，活血。

448. **飞蓬** *Erigeron acer* L.

二年生草本。茎直立，上部具分枝，具纵条棱，密被伏柔毛，并混生硬毛。基生叶与茎下部叶倒披针形或匙状倒披针形，先端钝或稍尖，基部渐狭并延长成长柄，全缘或具少数小尖齿，两面被硬毛；茎中部及上部的叶披针形或线状长椭圆形，先端尖，全缘或有齿，无柄。头状花序多数，在茎顶排列成伞房花序或圆锥花序；总苞半球形，总苞片 3 层，线状披针形，先端长渐尖，边缘膜质，背面密被硬毛；边花 2 型，外层舌状，淡红紫色，内层细管状，长，盘花管状，顶端 5 裂。瘦果长椭圆形，褐色，稍扁，密被短毛；冠毛 2 层，外层甚短，内层糙毛状，淡褐色。花期 7~8 月，果期 8~9 月。

生于海拔 2500m 左右的山地林缘、沟谷。见于西坡哈拉乌沟。少见。

白酒草属 *Conyza* Less.

449. 小蓬草 *Conyza canadensis* (L.) Cronq.

一年生草本。根纺锤状。茎直立，圆柱状，被疏长硬毛。基部叶花期常枯萎，下部叶倒披针形，中部和上部叶线状披针形。头状花序；总苞近圆柱状，总苞片2~3层，淡绿色，线状披针形，外层约短于内层之半背面被疏毛；雌花多数，舌状，白色；两性花淡黄色，花冠管状，上端具4或5个齿裂。瘦果线状披针形，冠毛污白色，1层，糙毛状。花期5~9月。

生于山麓村舍、庭院。见于东坡马莲口。稀见。

药用部位：全草。

药用功效：消炎止血，祛风湿。

小蓬草是外来入侵植物，其嫩茎、叶可作猪饲料。

花花柴属　　*Karelinia* Less.

450.　**花花柴**　　胖姑娘娘
　　　　Karelinia caspia (Pall.) Less.

多年生草本。茎直立，粗壮，圆柱形，中空。叶互生，卵形，基部有戟形或圆形小耳，抱茎，质厚。头状花序；总苞卵圆形，总苞片约 5 层，外层卵圆形，内层披针形；小花黄色或紫红色，雌花花冠长细管状，两性花花冠细管状；花药超出花冠；雌花冠毛有纤细的微糙毛，两性花冠毛顶端稍粗。瘦果圆柱形，具 4~5 条纵棱。花期 7~9 月，果期 9~10 月。

生于山麓重盐碱地。见于东坡。少见。

花花柴是泌盐植物。

  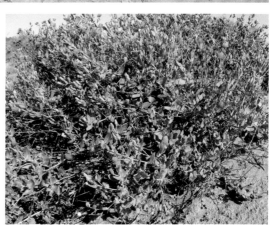

火绒草属 *Leontopodium* R. Br.

451. 矮火绒草 *Leontopodium nanum* (Hook. f. et Thoms.) Hand.-Mazz.

多年生草本。垫状,根状茎分枝细,木质。不育枝叶呈莲座状;花茎单生,直立,密生白色长绵毛。基部叶丛生;茎生叶匙形,两面密被长柔毛状绵毛。头状花序;总苞被灰白色绵毛,总苞片4~5层,线形,褐色;花雌雄异株,雄花花冠漏斗状;雌花花冠细管状,先端4裂,花柱外露,柱状2裂。冠毛白色,雌花冠毛细丝状,雄花冠毛上部增粗。花期5~6月,果期6~7月。

生于海拔2900~3500m的高山、亚高山草甸或灌丛下。见于主峰山脊两侧。多见。

452. 绢茸火绒草 *Leontopodium smithianum* Hand.-Mazz.

多年生草本。不育枝直立，具密生叶而无顶生的莲座状叶丛。基生叶花期枯萎；茎生叶直立，线状倒披针形，无柄，上面被绵毛状长柔毛，背面密生绵毛状茸毛；苞叶线状披针形，两面密被白色茸毛，组成不整齐的开展苞叶群。头状花序成伞房状；总苞密被白色绵状茸毛，总苞片 3~4 层，披针形；雄雌异株，雄花花冠细漏斗状；雌花花冠细管状。瘦果圆柱形，被短粗毛；冠毛白色。花期 5~7 月，果期 7~9 月。

生于海拔 2400~2900m 的山地灌丛下、林缘岩石缝中。见于西坡哈拉乌沟。少见。

453. 火绒草 火线蒿
Leontopodium leontopodioides (Willd.) Beauv.

　　多年生草本。根状茎粗壮，被枯萎残存叶鞘，具多数丛生的花茎和不育枝，无莲座状叶丛。茎生叶披针形，无柄，两面密被绵毛状茸毛；苞叶披针形，两面密被茸毛，不组成展开的苞叶群。头状花序密集；总苞半球形，密被白色绵毛状茸毛，总苞片约4层，披针形；小花雌雄异株；雄花花冠狭漏斗形，雌花花冠细管状。瘦果长圆柱状，冠毛白色。花期6~7月，果期7~9月。

　　生于海拔1800~2500m的山地干燥山坡、林缘、灌丛间。东、西坡均有分布。常见。

　　药用部位：地上部分。

　　药用功效：清热凉血，利尿。

　　火绒草是蒙药。

旋覆花属　*Inula* L.

454. **蓼子朴**　*Inula salsoloides* (Turcz.) Ostenf.

　　多年生草本。根状茎横走，具褐色披针形的膜质鳞片。茎被短粗毛。叶互生，三角状卵形，半抱茎，全缘。头状花序单生枝端；总苞倒卵形；总苞片 4~5 层，不等长，外层苞片披针形，内层披针状长椭圆形，最内层线形，黄绿色；边缘雌花舌状，舌片线状长椭圆形，淡黄色；中央盘花管状。瘦果圆柱形，被腺毛和疏粗毛。花期 6~8 月，果期 8~10 月。

　　生于山麓农舍附近的盐碱地、覆沙地。东、西坡均有分布。常见。

　　药用部位：全草。

　　药用功效：解热，利尿。

　　蓼子朴是回药、蒙药。

455. 旋覆花 金沸草
Inula japonica Thunb.

多年生草本。根状茎短粗。茎直立，单生。叶互生，长椭圆形，半抱茎。头状花序；总苞半球形，总苞片约 5 层，外层披针形，内层线形，中肋绿色；边花舌状，黄色，舌片倒披针状线形；中央盘花管状，黄色，顶端具 5 齿。冠毛 1 层。瘦果圆柱形。花期 6~9 月，果期 9~10 月。

生于山麓河溪、塘坝及农田附近。东、西坡均有分布。常见。

药用部位：根、叶和花。

药用功效：平喘镇咳，健胃祛痰。

旋覆花是回药、蒙药。

456. 线叶旋覆花 *Inula lineariifolia* Turcz.

多年生草本。茎直立，上部被短柔毛混生腺毛。叶线状披针形，全缘，下面被长柔毛和腺点。头状花序；总苞半球形，总苞片5层，外层较短，革质，内层干膜质，被短柔毛和腺毛，有缘毛。舌状花黄色，管状花雄蕊和花柱外露。冠毛1层，白色。瘦果被短毛。花期6~9月，果期9~10月。

生于山麓水田及沟渠中。见于东坡。多见。

药用部位：根。

药用功效：健脾和胃，调气解郁，止痛安胎。

苍耳属　*Xanthium* L.

457. **苍耳** 苍子、刺儿苗
Xanthium sibiricum Patrin ex Widder

一年生草本。根长圆锥形。茎直立，被灰白色短粗毛。叶互生，三角状卵形，边缘具不明显的3~5浅裂，两面被平伏的短毛。雄性头状花序近球形，总苞片披针状长椭圆形，花冠钟形；雌性头状花序椭圆形，外层总苞披针形，内层总苞片结合成囊状，外面被钩状刺。花期7~8月，果期8~9月。

生于山麓农田、村舍附近，沿道路、干河床也进入山地。东、西坡均有分布。常见。

药用部位：果实。

药用功效：发汗利尿，镇痉止痛。

苍耳是回药、蒙药，其种子可榨油供工业用。

鬼针草属 *Bidens* L.

458. 狼把草 *Bidens tripartita* L.

一年生草本。茎直立，基部常带紫红色。叶对生，不裂、基部深裂成 1 对小裂片或 3 深裂，边缘具短缘毛。头状花序单生；总苞盘状，总苞片 2 层，外层长椭圆形，叶质，内层总苞片椭圆形，黄棕色；头状花序全部为管状两性花，花冠顶端 4 裂；托片线状披针形。瘦果扁平，楔形，边缘具倒刺毛，顶端具 2 有倒刺的芒。花期 6~8 月，果期 8~10 月。

生于山麓村舍、道路附近。见于东坡。多见。

药用部位：全草。

药用功效：清热解毒，养阴敛汗。

459. 小花鬼针草 *Bidens parviflora* Willd.

　　一年生草本。茎直立，疏被柔毛。叶二至三回羽状分裂，最终裂片线形。头状花序单生；总苞筒形，外层总苞片线形，内层长椭圆形；花全为管状花，两性，顶端 4 裂。瘦果线形，略具 4 棱，被短毛，顶端具 2 个生倒刺毛的芒。花期 6~8 月，果期 8~9 月。

　　生于山麓和浅山沟谷、干河床、村舍、农田、路旁。东、西坡均有分布。多见。

　　药用部位：全草。

　　药用功效：清热解毒，活血散瘀。

　　小花鬼针草是回药。

短舌菊属   *Brachanthemum* DC.

460. # 星毛短舌菊 *Brachanthemum pulvinatum* (Hand.-Mzt.) Shih

半灌木。老枝褐色；小枝圆柱形密被星状毛。叶近对生；叶片椭圆形，3~5 羽状或近掌状深裂，裂片线形，两面密被星状毛。头状花序单生茎顶；总苞半球形，总苞片4 层，边缘褐色膜质，外层卵形或宽卵形，中层椭圆形，内层倒披针形，外面密被星状毛。舌状花黄色，先端具 2~3 小齿。瘦果圆柱形，无毛。花期 7~8 月，果期 9~10 月。

生于山麓砾石质丘陵、坡地。见于西坡巴彦浩特。少见。

菊属 *Dendranthema* (DC.) Des Moul.

461. 小红菊 *Dendranthema chanetii* (Levi.) Shih

多年生草本。根状茎横走。茎疏被柔毛。基生叶和茎下部叶宽卵形，通常 3~5 掌状或羽状浅裂或半裂；上部叶边缘羽状浅裂。头状花序在茎顶排列成疏的伞房状；总苞浅杯状，总苞片 4~5 层，外层线形，中、内层渐短。舌状花粉红色、紫红色或白色。瘦果倒卵形，先端截形，具纵肋。花、果期 8~10 月。

生于海拔 1800~2400m 的山地林缘、灌丛下和山地草甸。见于东坡小口子、苏峪口沟、黄旗沟、贺兰沟；西坡哈拉乌沟、峡子沟、南寺沟、水磨沟等。常见。

462. 楔叶菊 *Dendranthema naktongense* (Nakai) Tzvel.

多年生草本。具根状茎。茎直立，茎枝有稀疏的柔毛。中部茎叶长椭圆形、椭圆形或卵形，掌式羽状或羽状 3~7 浅裂、半裂或深裂。基生叶和下部茎叶与中部茎叶同形，但较小。上部茎叶倒卵形、倒披针形或长倒披针形，3~5 裂或不裂。全部茎叶基部楔形或宽楔形，有长柄，柄基有或无叶耳，两面无毛或几无毛。头状花序 2~5 个在茎枝顶端排成疏松伞房花序，极少单生。总苞碟状。总苞片 5 层。外层线形或线状披针形，顶端圆形，扩大成膜质，中内层椭圆形，边缘及顶端膜质，中外层外面被稀疏柔毛。舌状花白色、粉红色或淡紫色，顶端全缘或 2 齿。花期 7~8 月。

生于海拔 2000~2300m 的山坡沟谷、灌丛。见于西坡峡子沟等。稀见。

| 女蒿属 | *Hippolytia* Poljak. |

463. 贺兰山女蒿 *Hippolytia alashanensis* (Ling) Shih

　　小灌木或半灌木。老枝灰褐色，密被灰白色平伏短毛。叶倒卵状矩圆形，不规则羽状深裂，背面密被灰白色平伏短柔毛。头状花序在枝端排列成束状伞房花序；总苞宽钟形，总苞片约 4 层，外层卵形，中层椭圆形，内层倒卵状矩圆形；小花漏斗状，全为两性花，花冠外面被腺点，顶端 5 裂，裂片三角形。瘦果倒卵状矩圆形，有腺点。花期 7~8 月，果期 9~10 月。

　　生于海拔 1500~2400m 的石质山坡、悬崖石缝中。见于东坡插旗沟、甘沟、黄旗沟、苏峪口沟、汝箕沟等；西坡哈拉乌沟、南寺沟、北寺沟、峡子沟等。常见。

絮蒿属 **_Elachanthemum_ Ling et Y. R. Ling**

464. **絮蒿** _Elachanthemum intricatum_ (Franch.) Ling et Y. R. Ling

一生年草本。根圆锥形。茎直立紫红色，疏被柔毛。叶羽状分裂，被绵毛。头状花序在茎顶排列成疏松的伞房花序；总苞杯状半球形，总苞片 3~4 层，卵形，外面密被白色长绵毛；小花花冠黄色，顶端裂片狭三角形。瘦果斜倒卵形。花、果期 9~10 月。

生于山麓草原化荒漠及干河床上。见于北部山麓。多见。

小甘菊属　　*Cancrinia* Kar. et Kir.

465. **小甘菊** *Cancrinia discoidea* (Ledeb.) Poljak.

　　二年生草本。主根细。茎自基部分枝，直立或斜升，被白色绵毛。叶肉质，灰绿色，被白色绵毛至近无毛，叶片长圆形或卵形，二回羽状深裂，裂片 2~5 对，每个裂片又 2~5 深裂或浅裂，少有全部或部分全缘，末次裂片卵形至宽线形，顶端钝或短渐尖；叶柄长，基部扩大。头状花序单生；总苞被疏绵毛至几无毛；总苞片 3~4 层，草质，疏被绵毛，外层少数，线状披针形，顶端尖，几无膜质边缘，内层较长，线状长圆形，边缘宽膜质；花托明显凸起，锥状球形；花黄色，花冠檐部 5 齿裂。瘦果无毛，具 5 条纵肋；冠毛膜质，5 裂，分裂至中部。花、果期 5~10 月。

　　生于东坡南麓洪积扇的石质山坡或沙质地。少见。

亚菊属 *Ajania* **Poljak.**

466. 蓍状亚菊 *Ajania achilloides* (Turcz.) Poljak.

小半灌木。茎密被灰色短柔毛或叉状毛。茎下部和中部叶卵形，二回羽状全裂，小裂片线形，两面密被短柔毛。头状花序在茎枝端排列成伞房状；总苞钟形，总苞片 3~4 层，黄色，有光泽，外层卵形，中内层卵形，淡褐色；雌花花冠细管状，两性花花冠管状，被腺点。瘦果褐色。花、果期 8~9 月。

生于山麓荒漠草原和草原化荒漠群落中。东、西坡均有分布。常见。

467. 束伞亚菊 *Ajania parviflora* (Grun.) Ling

　　小半灌木状。老枝水平伸出，发出的花茎和不育茎密集成簇。中部茎叶全形卵形，二回羽状分裂。上部和中下部叶 3~5 羽状全裂。不育枝上的叶密集簇生。末回裂片线形。全部叶两面异色，下面淡灰白色，被稠密的短柔毛。头状花序在茎顶排成规则束状伞房花序。总苞圆柱状，总苞片 4 层，麦秆黄色，外层披针形，内中层长椭圆形。边缘雌花 4 枚，花冠与两性花花冠同形，管状，顶端 5 深裂。瘦果。花、果期 8~9 月。

　　生于海拔 2000~2200m 的山地草原和石质山坡。见于西坡古拉本沟。少见。

468. **灌木亚菊** *Ajania fruticulosa* (Ledeb.) Poljak.

小半灌木。根木质，细长。茎基部麦秆黄色或淡红色，被白色短柔毛。中部叶轮廓为圆形，二回掌状或掌式羽状 3~5 全裂，末回裂片线形；茎上部和下部的叶 3~5 全裂，两面被顺向贴状的短柔毛。头状花序排列成伞房花序；总苞钟形，总苞片 4 层，外层总苞片卵形，中内层椭圆形；边花雌性，约 5 朵，花冠细管状，顶端 3 齿裂；盘花两性，具腺点，顶端 5 齿裂。瘦果椭圆形。花、果期 7~9 月。

生于山麓草原化荒漠群落中。见于东坡甘沟、苏峪口沟、石炭井；西坡南寺沟、北寺沟、哈拉乌沟、峡子沟等。常见。

药用部位：全草。

469. **铺散亚菊** *Ajania khartensis* (Dunn) Shih

多年生草本。须根系。茎多数，铺散，密被贴伏长柔毛。叶轮廓为圆形，二回掌状或几掌状 3~5 全裂，末回裂片椭圆形，茎上部和下部的叶通常 3 裂，两面密被灰白色贴伏的短柔毛。头状花序在茎顶排列成伞房花序；总苞宽钟形，总苞片 4 层，背面被短柔毛，外层总苞片披针形，中内层宽披针形；边花雌性，6~8 朵，细管状，顶端 3~4 齿裂；盘花两性，管状，顶端 5 齿裂。瘦果椭圆形。花、果期 8~9 月。

生于海拔 1400~2300m 的山地沟谷砾石地、石质山坡。见于东坡甘沟、黄旗沟、苏峪口沟；西坡峡子沟、南寺沟等。多见。

栉叶蒿属 *Neopallasia* Poljak.

470. 栉叶蒿 *Neopallasia pectinata* (Pall.) Poljak.

一年生或二年生草本。茎直立，带淡紫色，被白色绢毛。叶长椭圆形，一至二回栉齿状羽状分裂，小裂片刺芒状，质稍硬，无毛。头状花序卵形；总苞片 3~4 层，椭圆状卵形，边缘雌花 2~4 朵；花冠狭管状，能育；盘花两性，花冠管状钟形，下部的能育，上部的不育。瘦果椭圆形，黑色。花、果期 7~9 月。

生于山麓草原化荒漠、荒漠草原和山地沟谷、干河床、干山坡上。东、西坡均有分布。常见。

药用部位：地上部分。

药用功效：清利肝胆，消炎止痛。

蒿属	*Artemisia* L.

471. 大籽蒿 ^{白蒿}
Artemisia sieversiana Ehrhart ex Willd.

一年生或二年生草本。主根单一，垂直。茎直立，单一，被灰白色微柔毛。茎下部叶与中部叶片宽卵形，二至三回羽状全裂，小裂片线形。头状花序半球形；总苞片3~4层，近等长，外、中层总苞片长卵形，内层长椭圆形，膜质；边花雌性，2层，花冠狭圆锥形，先端4~3齿裂，黄色；盘花两性，花冠管状。瘦果长圆形。花、果期7~9月。

生于山地冲沟、村舍附近。东、西坡均有分布。常见。

药用部位：全株。

药用功效：消炎止血，消肿止痛。

大籽蒿是蒙药，其植株青贮后可作为饲料使用，亦可作为香皂和化妆品（唇膏、发蜡等）的香料原料。

472. 碱蒿 *Artemisia anethifolia* Web. ex Stechm.

一年生或二年生草本。主根垂直。基生叶椭圆形，二至三回羽状全裂，小裂片狭线形，两面密被短柔毛；茎中部叶卵形，二回羽状全裂，小裂片狭线形。头状花序半球形；总苞片3~4层，外、中层椭圆形，背面被灰白色蛛丝状毛，内层卵形，边缘宽膜质，无毛；边花雌性，花冠狭管状，黄色；盘花两性，花冠管状，顶端5齿裂。瘦果椭圆状倒卵形。花、果期7~9月。

生于山麓盐碱地和村舍附近。东、西坡均有分布。常见。

碱蒿是强盐碱土的指示植物，亦可作中等饲用植物。

473. 冷蒿 小白蒿
Artemisia frigida Willd.

多年生草本。主根粗短。茎斜升，丛生，密被灰棕色短绒毛。茎下部叶椭圆形，二至三回羽状全裂，小裂片线状披针形；茎中部叶片长圆形，一至二回羽状全裂；茎上部叶与苞叶羽状全裂。头状花序半球形；总苞片 3~4 层，外、中层总苞片卵形，背面密被短绒毛，内层长卵形，背面近无毛；边花雌性，花冠狭管状；盘花两性，能育，花冠管状，黄色。瘦果长圆形。花、果期 7~10 月。

生于海拔 1600~2500m 的山地石质、土质山坡、山麓荒漠草原群落中。见于东坡苏峪口沟、黄旗沟、贺兰沟、甘沟；西坡哈拉乌沟、南寺沟、北寺沟、水磨沟等。常见。

药用部位：花蕾、叶。

药用功效：祛风燥湿，化痰止喘，消炎止痛。

冷蒿是蒙药。

474. 白莲蒿 *Artemisia sacrorum* Ledeb.

多年生草本。根粗壮木质。茎直立，丛生，褐色，下部常木质。茎下部叶与中部叶片长卵形，二至三回栉齿状羽状分裂，小裂片披针形，背面密被灰白色平伏短柔毛。头状花序球形；总苞片3~4层，外层总苞片长椭圆形，被灰白色短柔毛，中、内层倒卵状椭圆形，背面无毛；边花雌性，花冠狭管状，顶端2齿裂；盘花两性，花冠管状，顶端5齿裂。瘦果卵状狭椭圆形。花、果期8~9月。

生于海拔1600~2500m的石质山坡、沟谷石壁、林缘及灌丛中。东、西坡均有分布。常见。

密毛白莲蒿 *Artemisia sacrorum* Ledeb. var. *messerschmidtiana* (Bess.) Y. R. Ling

本变种与正种区别在于叶两面密被灰白色或淡灰黄色短柔毛。

分布同正种。

475. **褐苞蒿** *Artemisia phaeolepis* Krasch.

多年生草本。主根稍粗壮。茎直立。基生叶与茎下部叶片椭圆形，二至三回栉齿状羽状分裂，背面微有灰白色长柔毛；茎中部叶片椭圆形，二回栉齿状羽状分裂；茎上部叶片一至二回栉齿状羽状分裂；苞叶披针形。头状花序半球形；总苞片 3~4 层，外层总苞片长卵形，中、内层长倒卵形；边花雌性，花冠狭管状，顶端 2 齿裂；盘花两性，能育或中央一些花不育，花冠管状，外面具腺点。瘦果倒卵状长圆形。花、果期 7~9 月。

生于海拔 1800~2400m 的山地灌丛、林缘及山地草甸中。见于东坡黄旗沟；西坡南寺沟、哈拉乌沟。少见。

476. 黄花蒿 臭蒿、青蒿
Artemisia annua L.

一年生草本。根单一，垂直。茎直立，多分枝，无毛。茎下部叶片宽卵形，三至四回栉齿状羽状深裂；茎中部叶二至三回栉齿状羽状深裂；茎上部叶与苞叶无柄，一至二回栉齿状羽状深裂。头状花序球形；总苞片 3~4 层，外层总苞片卵形，中、内层宽卵形；边花雌性，花冠狭管状，黄色，顶端 3~2 齿裂，外面被腺点；盘花两性，能育或中央少数花不育，花冠管状。瘦果长椭圆形。花、果期 8~10 月。

生于海拔 2300m 以下的山地沟谷、山麓冲沟、村舍附近。东、西坡均有分布。常见。

药用部位：全草。

药用功效：清热解暑，凉血，利尿，健胃。

黄花蒿是回药、蒙药，外用可治疥癣、蜂毒、烫伤等。

477. 艾 艾蒿、艾叶
Artemisia argyi Levl. et Van

多年生草本。主根垂直。茎直立，被灰白色蛛丝状毛。茎下部叶近圆形，羽状深裂，裂片椭圆形，表面被灰白色短柔毛，背面密被灰白色蛛丝状毛；茎中部叶卵形，羽状深裂；茎上部叶与苞叶羽状分裂。头状花序椭圆形；总苞片 3~4 层，外层总苞片小，卵形，背面密被灰白色蛛丝状毛，中层长卵形，内层无毛；边花雌性，花冠狭管状，顶端 2 齿裂，紫色；盘花两性，花冠管状，顶端紫色。瘦果长卵状椭圆形。

生于山麓村舍附近、渠边、人工林下。见于东坡。少见。

药用部位：全草。

药用功效：调经止血，安胎止崩，散寒除湿。

艾是蒙药。

478. 蒙古蒿 *Artemisia mongolica* (Fisch. ex Bess.) Nakai

多年生草本。具多数棕褐色侧根。茎直立，被灰白色蛛丝状柔毛。叶卵形，二回羽裂，背面密被灰白色蛛丝状绒毛。头状花序椭圆形；总苞片 3~4 层，外层总苞片较小，卵形，背面密被灰白色蛛丝状毛，内层椭圆形，背面近无毛；边花雌性，花冠狭管状；盘花两性，花冠管状，紫红色，外面具腺点。瘦果长椭圆形。花、果期 8~10 月。

生于山麓边缘村舍及山谷河滩、沙质地。东、西坡均有分布。常见。

药用部位：全草。

药用功效：调经止血，安胎止崩，散寒除湿。

蒙古蒿提取的精油具有驱蚊效果。

479. 辽东蒿 *Artemisia verbenacea* (Kom.) Kitag.

多年生草本。具多数褐色侧根。茎直立，灰黄色，被蛛丝状短绒毛。茎下部叶卵圆形，一至二回羽状深裂，背面密被灰白色蛛丝状绵毛；茎中部叶宽卵形，二回羽状全裂，小裂片长椭圆形；茎上部叶羽状全裂。头状花序长圆形；总苞片 3~4 层，外层较小，外、中层总苞片卵形，背面密被灰白色蛛丝状绵毛，内层长卵形；边花雌性，花冠狭管状，顶端 2 齿裂，紫色；盘花两性，花冠管状，紫色。瘦果倒卵状长椭圆形。花、果期 8~10 月。

生于海拔 1800~2400m 的山地沟谷河滩地、泉溪湿地。见于东坡插旗沟、苏峪口沟；西坡哈拉乌沟、南寺沟、北寺沟、峡子沟等。常见。

480. 圆头蒿 _{白沙蒿}
Artemisia sphaerocephala Krasch.

半灌木。主根粗壮而深长。茎直立，老枝灰白色。叶在短枝上密集成簇生状；茎中部叶宽卵形，二回羽状全裂，小裂片线形；茎上部叶羽状分裂；苞叶线形。头状花序球形；总苞片 3~4 层，外层卵状披针形，中、内层卵圆形；边花雌性，花冠狭管状，顶端 2 齿裂；盘花两性，花冠管状，不育。瘦果小，卵状椭圆形。花、果期 8~10 月。

生于北部荒漠化较强的山麓干河床和覆沙地。见于北部山麓。多见。

药用部位：瘦果。

药用功效：消炎，杀虫。

圆头蒿是优良的固沙植物。

481. **黑沙蒿** ^{油蒿}
Artemisia ordosica Krasch.

半灌木。主根长圆锥形。茎直立，老枝灰白色。叶黄绿色，半肉质，茎下部叶二回羽状全裂，小裂片狭线形；茎中部叶卵形，一回羽状全裂；茎上部叶 3~5 全裂；苞叶 3 全裂。头状花序卵形；总苞片 3~4 层，外、中层总苞片卵形，内层长卵形；边花雌性，花冠狭圆锥状，顶端 2 齿裂；盘花两性，花冠管状，不育。瘦果倒卵状长椭圆形。花、果期 8~10 月。

生于山麓覆沙地、冲沟沙地。东、西坡均有分布。常见。

药用部位：全草、根、花蕾、种子。

药用功效：根能止血；茎叶及花蕾能祛风湿，清热，拔脓；种子能利尿。

黑沙蒿是回药，亦是良好的固沙先锋植物。

482. 甘肃蒿 *Artemisia gansuensis* Ling et Y. R. Ling

多年生草本。主根粗壮，垂直。茎丛生，黄褐色。基生叶及茎下部叶宽卵形，二回羽状全裂；茎中部叶宽椭圆形，羽状全裂，小裂片狭线形；茎上部叶与苞叶 5 或 3 全裂。头状花序卵形；总苞片 3 层，外、中层卵形，无毛，边缘宽膜质，内层半膜质；边花雌性，花冠狭圆锥状，顶端 2 齿裂；盘花两性，花冠管状。瘦果小，长倒卵形。花、果期 8~10 月。

生于海拔 1800~2300m 的山地石质山坡和山地沟谷。见于东坡苏峪口沟和黄旗沟；西坡哈拉乌沟、峡子沟、北寺沟等。少见。

483. 猪毛蒿 *Artemisia scoparia* Waldst. et Kit.

一年生或二年生草本。主根长圆锥形，具侧根。茎直立，单一，红褐色，被灰黄色绢质柔毛。基生叶近圆形，二至三回羽状全裂，两面被灰白色绢质柔毛；茎下部叶长卵形，二至三回羽状全裂；茎中部叶长圆形，一至二回羽状全裂。头状花序近球形；总苞片 2~3 层，外层卵形，边缘膜质，中、内层长卵形；边花雌性，花冠狭圆锥形，顶端 2 齿裂；盘花两性，花冠管状，不育。瘦果倒卵状长椭圆形。花、果期 7~10 月。

生于山麓荒漠草原和草原化荒漠群落中。东、西坡均有分布。常见。

药用部位：全草。

药用功效：清热利湿，利胆退黄。

猪毛蒿是蒙药，其提取物可作生物除草剂或者杀虫剂。

484. 糜蒿 *Artemisia blepharolepis* Bunge

一年生草本。有臭味。茎直立，呈帚状，密被白色短柔毛。中下部叶长椭圆形，二回羽状全裂，小裂片卵形，两面或下面密被白色短柔毛；上部叶小，羽状全裂。头状花序；总苞筒状钟形，总苞片 4~5 层，被白色柔毛；雌花能育，两性花不育。瘦果淡褐色，无毛。花、果期 8~10 月。

生于北部荒漠化较强的浅山区干河床和覆沙地。见于山地北端。少见。

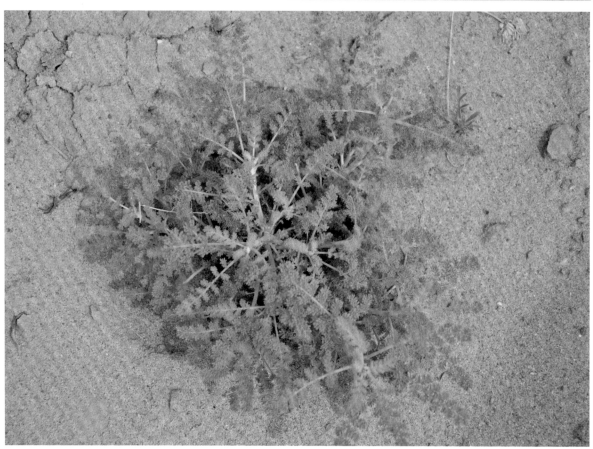

485. 无毛牛尾蒿 *Artemisia dubia* Wall. ex Bess. var. *subdigitata* (Mattf.) Y. R. Ling

多年生草本。主根粗壮，木质。茎直立，暗紫褐色。基生叶与茎下部叶卵形，羽状 5 深裂；茎中部叶卵形，羽状 5 深裂，裂片椭圆状披针形，全缘；茎上部叶片与苞叶椭圆状披针形。头状花序卵球形；总苞片 3~4 层，外层稍短小，背面无毛；边花雌性，花冠短狭管状，顶端 2 齿裂；盘花两性，花冠管状，不育。瘦果小，卵状椭圆形。花、果期 7~9 月。

生于山地河溪边湿地及干河床。见于东坡插旗沟口。少见。

药用部位：地上部分。

药用功效：清热解毒，杀虫利湿。

486. 华北米蒿 *Artemisia giraldii* Pamp.

多年生草本。主根长圆锥形。茎直立，暗紫褐色。茎下部叶卵形，指状3深裂，裂片披针形，表面被短柔毛，背面密被灰白色蛛丝状柔毛；茎中部叶椭圆形，指状3深裂，裂片线形。头状花序宽卵形；总苞片2~3层，外、中层卵形，内层椭圆形；边花雌性，花冠狭圆锥形，顶端2齿裂；盘花两性，花冠管状，黄色或紫红色，不育。瘦果倒卵状椭圆形。花、果期8~10月。

生于宽阔山谷干河床沙砾地和山口冲沟内。见于东坡黄旗沟、汝箕沟、甘沟；西坡北寺沟和峡子沟。常见。

药用部位：地上部分。

药用功效：清热解毒，利肺。

橐吾属 *Ligularia* Cass.

487. 掌叶橐吾 *Ligularia przewalskii* (Maxim.) Diels

多年生草本。根状茎短粗。茎直立，单生，常带暗紫色。基生叶轮廓近圆形，基部深心形，掌状深裂，上面疏被短硬毛，下面无毛。头状花序在茎顶排列成总状花序；苞叶狭线形，疏被白色短毛；总苞圆筒形，总苞片5枚，外层线形，内层长椭圆形；舌状花2朵，顶端3齿裂，黄色，管状花冠黄色。瘦果圆柱形，具纵肋，褐色；冠毛紫褐色，糙毛状。花期7~8月，果期8~9月。

生于海拔2400m左右的山地林缘、灌丛下。见于西坡水磨沟。稀见。

药用部位：根、幼叶、花序。

药用功效：根能润肺，止咳，化痰；幼叶能催吐；花序能清热利湿，利胆退黄。

合耳菊属 *Synotis* (C. B. Clarke) C. Jeffrey et Y. L. Chen

488. 术叶合耳菊 术叶菊、术叶千里光
Synotis atractylidifolia (Ling) C. Jeffrey et Y. L. Chen

半灌木。地下茎粗壮，木质。茎丛生，常带暗紫红色。基生叶花期枯萎；茎生叶互生，披针形，边缘具细锯齿。头状花序多数；总苞筒状钟形，总苞片 1 层，线形，带紫红色，外层具 1~3 枚小总苞片，线形；舌状花舌片黄色。瘦果圆柱形，褐色，具纵棱；冠毛糙毛状，白色。花期 6~9 月，果期 8~10 月。

生于海拔 1400~2400m 的山地沟谷、岩石缝及干河床上。东、西坡均有分布。常见。

489. 大丁草 *Leibnitzia anandria* (L.) Nakai

多年生草本。有春秋 2 型。叶基生，呈莲座状，倒卵状长椭圆形，大头羽状分裂，下面灰白色，密被蛛丝状绵毛。花茎密被灰白色蛛丝状绵毛；总苞宽钟形，总苞片约 3 层，边缘紫红色，外层稍短，披针形，内层线状披针形；舌状花冠紫红色。瘦果纺锤形，绿棕色，具 5 棱；冠毛多层，浅棕色，糙毛状。春型花期 5~6 月，果期 6 月；秋型花期 7~9 月，果期 9 月。

生于海拔 1800~2400m 的山地沟谷、林缘、灌丛下。见于东坡苏峪口沟、汝箕沟、小口子、黄旗沟、插旗沟、大水沟等；西坡见哈拉乌沟、南寺沟、北寺沟、水磨沟等。常见。

药用部位：全草。

药用功效：清热利湿，解毒消肿，止咳，止血。

蓝刺头属	*Echinops* L.

490. 砂蓝刺头 *Echinops gmelini* Turcz.

　　一年生草本。根为直根，棕褐色，木质。茎直立，白色，被白色绵毛或腺毛。叶线形，半抱茎，边缘具不整齐的齿牙，齿牙先端具硬刺，两面被蛛丝状绵毛。复头状花序单生，淡蓝色或白色；基毛污白色；外层总苞片菱状倒披针形，内层总苞片长矩圆形，先端具芒尖；花冠筒白色，花冠裂片线形，淡蓝色。瘦果倒圆锥状矩圆形，密被棕黄色毛。花期 6~7 月，果期 7~8 月。

　　生于山麓草原化荒漠覆沙地和干河床中。东、西坡均有分布。少见。

　　药用部位：根。

　　药用功效：清热解毒，消痈肿，通乳。

　　砂蓝刺头是蒙药。

491. **火焰草** *Echinops przewalskii* Iljin

多年生草本。根粗壮，颈部被多数黑褐色残存叶柄。茎直立，单生，密被蛛丝状灰白色绵毛。叶质厚，革质，茎下部叶和中部叶卵状长椭圆形，羽状深裂，顶端具长刺芒，上面黄绿色，被蛛丝状绵毛，下面灰白色，密被蛛丝状绵毛。复头状花序单生茎顶。外层总苞片菱形，内层长椭圆形，顶端具芒尖，先端边缘具羽状缘毛；花冠裂片线形，蓝色。瘦果圆柱形，密被黄棕色柔毛。花期6月，果期7~8月。

生于低山带杂草类草原和石质、砾石质山坡。见于东坡苏峪口沟、甘沟、黄旗沟、汝箕沟、大水沟；西坡哈拉乌沟、南寺沟、北寺沟、高山气象站等。常见。

蓟属 *Cirsium* Mill.

492. # 牛口刺 *Cirsium shansiense* Petrak

多年草本。根直伸。茎直立。中部茎叶披针形或长椭圆形, 羽状浅裂、半裂或深裂, 侧裂片 3~6 对, 全部裂片顶端或齿裂顶端及边缘有针刺; 自中部叶向上的叶渐小。全部茎叶两面异色, 上面绿色, 下面灰白色。头状花序伞房花序, 少有单生。总苞卵形或卵球形, 总苞片 7 层, 覆瓦状排列。小花粉红色或紫色。瘦果偏斜椭圆状倒卵形; 冠毛浅褐色。花、果期 7~9 月。

生于海拔 2000m 左右的河溪边和沟谷湿地。见于西坡哈拉乌沟。少见。

493. 刺儿菜 *Cirsium arvense* var. *integrifolium* Wimmer & Grabowski

多年生草本。根状茎横走。茎直立。茎下部叶及中部叶长椭圆形，齿端及边缘具刺，上面绿色，下面灰白色，被蛛丝状毛。头状花序；总苞钟形，总苞片多层，外层较短，长椭圆状披针形，先端具刺尖，内层较长，线状披针形，先端长渐尖；雌雄异株，花冠紫红色。瘦果椭圆形，无毛；冠毛羽状。花、果期 7~9 月。

生于山麓村舍、路旁及农田。东、西坡均有分布。常见。

药用部位：全草。

药用功效：凉血止血，祛瘀消肿。

刺儿菜是回药。

494. 丝路蓟 *Cirsium arvense* (L.) Scop.

多年生草本。根直伸。茎直立，上部分枝，被蛛丝毛。下部叶椭圆形或椭圆状披针形，羽状浅裂或半裂，基部渐狭。侧裂片偏斜三角形或偏斜半椭圆形，边缘有 2~3 个刺齿，齿顶有针刺，齿缘针刺较短；中部及上部茎叶渐小。全部叶两面同色，绿色或下面色淡，两面无毛或有时下面有极稀疏的蛛丝毛。头状花序较多数在茎枝顶端，排成圆锥状伞房花序。总苞钟形，但通常无毛。总苞片约 5 层，覆瓦状排列，向内层渐长，外层及中层卵形；内层及最内层椭圆状披针形、长披针形至宽线形。小花紫红色，雌性小花细管部为细丝状；两性小花花冠细管部为细丝状。全部小花檐部 5 裂几达基部。瘦果淡黄色，圆柱形。冠毛污白色；冠毛刚毛长羽毛状。花、果期 7~9 月。

生于山麓湿地、水塘或涝坝。东、西坡山麓均有分布。常见。

革苞菊属	*Tugarinovia* Iljin

495. 革苞菊 *Tugarinovia mongolica* Iljin

多年生草本。有粗壮的根状茎。茎基被绵状污白色厚茸毛。花茎不分枝，被白色密茸毛，无叶。叶生于茎基上成莲座状叶丛；叶片长圆形，革质，被蛛丝状毛或茸毛，羽裂，有硬刺；内层叶较狭。头状花序在茎端单生。总苞倒卵圆形，总苞片 3~4 层，外层革质，绿色，有黄色刺；内层较短，线状披针形；花冠干后近白色，裂片卵圆披针形；花柱分枝短，卵圆形，

基部膨大。冠毛污白色。瘦果无毛。

　　生于山麓砾石质坡地。见于东坡三关口、西坡水磨沟口。少见。

　　革苞菊是一级国家重点保护野生植物、珍稀植物。

| 飞廉属 | *Carduus* L. |

496. **丝毛飞廉** ^{飞廉}
Carduus crispus L.

　　二年生草本。根长圆锥形，暗褐色。茎直立，单生，被多细胞皱曲的长柔毛和绿色的具刺齿的翅。茎下部的叶长椭圆形，羽裂，裂片卵形，具刺尖，上面绿色，被多细胞的皱曲柔毛；上部叶渐小，披针形。头状花序常 2~3 个聚生于茎端；总苞宽钟形，总苞片多层，外层短，披针形，黄棕色，先端渐尖成刺状，上部背面疏被柔毛，内层长椭圆状披针形；管状花紫红色，花冠裂片线形。瘦果长椭圆形。花、果期 6~8 月。

　　生于山麓村舍、道旁、农田，沿干河床、道路进入山地中部。东、西坡均有分布。常见。

　　药用部位：全草。

　　药用功效：清热解毒，消肿，凉血止血。

　　丝毛飞廉是蒙药。

| 蝟菊属 | *Olgaea* Iljin |

497. **蝟菊** *Olgaea lomonosowii* (Trautv.) Iljin

多年生草本。根粗壮，圆柱形，木质。茎直立，密被灰白色绵毛。基生叶长椭圆状披针形，羽裂，裂片三角线，边缘具不规则的小刺齿，背面灰白色；茎生叶线状长椭圆形。头状花序单生；总苞宽钟形，总苞片多层，长针状，先端具硬长刺尖，暗紫色，被蛛丝状绵毛；管状花紫红色，花冠裂片 5 枚，线形。瘦果长椭圆形。冠毛污黄色，不等长，基部合生。花、果期 8~9 月。

生于海拔 2000m 左右的砾石质山坡和干河床。见于东坡苏峪口沟；西坡南寺沟和峡子沟。多见。

药用部位：全草。

药用功效：清热解毒，凉血止血。

498. **火媒草** ^{鳍蓟}
Olgaea leucophylla (Turcz.) Iljin

多年生草本。根长圆锥形，黑褐色。茎直立，密被白色绵毛。叶长椭圆状披针形，具长硬刺，基部沿茎下延成翅，齿端及边缘具不等长的硬刺，下面灰白色，密被灰白色蛛丝状绵毛。头状花序单生；总苞宽钟形。总苞片多层，线状披针形，先端具长刺尖，外层短，内层长，淡紫红色；管状花粉红色，花冠裂片线形。瘦果矩圆形，冠毛黄褐色。花期 7~9 月，果期 8~10 月。

生于山麓干河床和覆沙地。东、西坡均有分布。常见。

药用部位：地上部分及根。

药用功效：破血行瘀，凉血，止血。

火媒草是优质炙材，城市、乡镇沙质土地的绿化植物，低等饲用植物。

| 牛蒡属 | *Arctium* L. |

499. 牛蒡 大力子
Arctium lappa L.

二年生草本。根肥大，肉质。茎直立，具纵条棱，疏被短柔毛。基生叶大形，丛生，宽卵形，下面灰绿色，密被灰白色绵毛；茎生叶互生，宽卵形，具短柄。头状花序；总苞球形；总苞片多层，刚硬，下部边缘具骨质齿，顶端具钩状刺；管状花紫红色。瘦果椭圆形，具 3 条棱；冠毛短，刚毛状。花、果期 6~8 月。

生于山麓水沟、村舍附近。见于东坡苏峪口沟、小口子；西坡巴彦浩特。少见。

药用部位：果实。

药用功效：散风热，透疹，利咽，消肿解毒。

牛蒡是回药、蒙药。

| 漏芦属 | *Stemmacantha* Cass |

500. **漏芦** 祁州漏芦
Stemmacantha uniflora (L.) Dittrich

多年生草本。根粗壮，圆柱形，颈部被褐色残存叶柄。茎直立，单生，被白色绵毛或短柔毛。叶长椭圆形，羽裂，裂片矩圆形，两面被蛛丝状绵毛与短糙毛。头状花序；总苞宽钟形；总苞片多层，外层与中层总苞片宽卵形，掌状撕裂状，内层披针形；花冠淡紫红色。瘦果倒圆锥形，棕褐色；冠毛淡褐色，具羽状短毛。花期 6~7 月，果期 7~8 月。

生于海拔 1800~2000m 的石质山坡。见于东坡黄旗沟、苏峪口沟、大水沟、甘沟等；西坡峡子沟、镇木关沟、南寺沟等。少见。

药用部位：根。

药用功效：清热解毒，消痈肿，通乳。

漏芦是蒙药、藏药。

顶羽菊属　　*Acroptilon* Cass.

501. 顶羽菊 *Acroptilon repens* (L.) DC.

　　多年生草本。根状茎长，暗紫褐色。茎直立，密被灰白色短绵毛。叶长椭圆状披针形，具小尖头，下面疏被灰白色绵毛，两面密生腺点。头状花序单生；总苞卵形；总苞片 4~5 层，外层总苞片宽卵形，内层披针形；花冠紫红色。瘦果圆柱形，褐色；冠毛白色。花期 6~7 月，果期 7~8 月。

　　生于山麓盐碱地、居民点附近。见于东坡苏峪口沟、汝箕沟、石炭井；西坡哈拉乌沟、水磨沟口等。常见。

　　药用部位：地上部分。

　　药用功效：清热解毒，活血消肿。

　　顶羽菊是田间杂草。

麻花头属	*Serratula* L.

502. 缢苞麻花头 _{蕴苞麻花头}
Serratula stranglata Iljin

多年生草本。根颈部被纤维状残存叶柄。茎直立，下部疏被皱曲毛。基生叶与茎下部的叶椭圆形，下半部边缘羽裂，上半部边缘具尖齿牙，两面被皱曲的毛；茎中部及上部的叶大头羽状深裂。头状花序单生；总苞半球形，总苞片5~6层，外层和中层总苞片卵形，内层矩圆形，顶端具线形淡黄色的附片；花冠紫红色。瘦果椭圆形，褐色，具纵肋；冠毛浅棕色，糙毛状。花期6~7月，果期7~9月。

生于海拔2400~2600m的石质山坡和岩石缝。见于东坡苏峪口沟；西坡南寺沟。少见。

苓菊属 | *Jurinea* Cass.

503. **蒙疆苓菊** 地棉花
Jurinea mongolica Maxim.

　　多年生草本。根圆柱形，颈部具极厚的白色绵毛团。茎直立，密被蛛丝状白色绵毛。基生叶与茎下部叶长椭圆状披针形，羽裂，两面被蛛丝状白色绵毛；茎中部及上部叶披针形。头状花序单生枝端；总苞钟形；总苞片5~6层，黄绿色，背面疏被蛛丝状绵毛，外层总苞片狭卵形，中层卵状披针形，内层线状披针形；花冠红紫色，檐部外面疏被短柔毛。瘦果倒圆锥形，褐色，具4条棱；冠毛污黄色，羽毛状。花期6~7月，果期7~8月。

　　生于山麓草原化荒漠、荒漠草原的覆沙地和干河床。见于东坡。常见。

　　药用部位：茎叶基部之绵毛。

　　药用功效：止血。

　　蒙疆苓菊是回药。

风毛菊属	*Saussurea DC.*

504. 倒羽叶风毛菊 *Saussurea runcinata DC.*

多年生草本。根粗壮，圆柱形，黑褐色，颈部被褐色残存叶柄。茎直立，单生，不分枝，具纵沟棱，被短柔毛，具齿的狭翅或无翅。基生叶与茎下部叶长椭圆形或长椭圆状披针形，羽状深裂至全裂，顶裂片线形或狭披针形，先端渐尖，全缘，侧裂片疏离，线状长椭圆形、线状披针形或线状倒披针形，平展，或稍向下或稍向上，先端尖或钝，具小尖头，全缘或下部疏具小齿牙，边缘稍反卷，两面被短糙毛；叶柄具狭翅，柄基扩展成鞘；上部叶较小，狭披针形或线形，不规则羽状深裂或具不规则的裂片或齿牙。头状花序多数，在茎顶排列成复伞房花序；总苞钟形；总苞片5~6层，背面被短柔毛，外层总苞片狭卵形或卵形，先端尖或稍钝，中层卵状披针形，先端稍扩展，呈截形或圆形，内层线状长椭圆形或线形，先端扩展成淡紫红色膜质的附片；花冠紫红色。瘦果圆柱形，褐色；冠毛2层，外层糙毛状，白色，内层羽毛状，淡黄色。花期7~8月，果期8~9月。

生于山麓泉溪边或涝坝湿润的土壤。见于西坡巴彦浩特和东部中段。

505. **禾叶风毛菊** *Saussurea graminea* Dunn.

　　多年生草本。根长圆锥形，颈部被多数褐色残存叶柄。茎常带紫褐色，被白色长柔毛。基生叶狭线形，柄基成鞘状，下面被灰白色蛛丝状绵毛。头状花序单生茎顶；总苞宽钟形，总苞片 4~5 层，外层总苞片卵状披针形；花紫红色，花冠裂片线形。瘦果圆柱形，褐色；冠毛淡褐色，2 层，外层刚毛状，内层羽毛状。花期 7~8 月，果期 8~9 月。

　　生于海拔 3000~3500m 的高山草甸、灌丛下。见于主峰两侧。少见。

　　药用部位：全草。

　　药用功效：清热凉血。

506. 西北风毛菊 *Saussurea petrovii* Lipsch.

半灌木。根粗壮，木质，外皮纤维状纵裂。茎丛生，直立，密被灰白色短绵毛。叶倒披针状线形，上面绿色，被短绵毛，下面灰白色，密被灰白色绵毛。头状花序排列成伞房花序；总苞筒状钟形；总苞片 5 层，外层卵形，中层卵状椭圆形，内层披针形；花冠粉红色，被腺点。瘦果倒卵状圆柱形，褐色，具黑色斑点；冠毛 2 层，外层糙毛状，内层羽毛状。花期 7~8 月，果期 8~9 月。

生于海拔 2000m 左右的石质山坡。见于东坡甘沟、汝箕沟；西坡峡子沟。多见。

药用部位：全草。

药用功效：消炎止痛，止血化瘀。

西北风毛菊是蒙药。

507. 阿拉善风毛菊 *Saussurea alaschanica* Maxim.

多年生草本。根状茎短，黑褐色，颈部被黑褐色残存叶柄。茎直立，被蛛丝状白色绵毛。基生叶与茎下部的叶卵形，边缘具不整齐的浅尖齿，下面灰白色，密生灰白色蛛丝状绵毛；上部叶椭圆状披针形。头状花序；总苞钟形，总苞片约4层，外层总苞片卵形，中层卵状椭圆形，内层长椭圆状披针；花冠淡紫红色，花冠裂片线形。瘦果圆柱形，褐色；冠毛2层，外层糙毛状，内层羽状，白色。花期7~8月，果期8~9月。

生于海拔2000~2800m的山地林缘、沟谷和湿润山坡。见于东坡苏峪口沟、插旗沟等；西坡哈拉乌沟、南寺雪岭子沟、水磨沟等。常见。

508. 小花风毛菊 *Saussurea parviflora* (Poir.) DC.

多年生草本。根状茎横走。茎具全缘狭翅。叶长椭圆形，下面灰绿色，被白色细绵毛。头状花序；总苞筒状钟形，总苞片 3~4 层，外层总苞片卵形，中层总苞片卵状椭圆形，内层总苞片长椭圆形，与中层总苞片背面均被短柔毛；花冠紫色，花冠裂片线形。瘦果圆柱形，黑色；冠毛 2 层，外层刚毛状，内层羽毛状。花期 7~8 月，果期 8~9 月。

生于海拔 2100m 左右的山地林缘、灌丛下。见于东坡大水沟。稀见。

509. 盐地风毛菊 *Saussurea salsa* (Pall.) Spreng.

多年生草本。根粗壮，圆柱形，黄褐色，颈部被褐色残存叶柄。叶质厚，基生叶与茎下部叶卵形，大头羽裂，下面无毛，具腺点；茎生叶向上较小，长椭圆形。头状花序；总苞筒形，总苞片约 5 层，粉红色，外层卵形，中层卵状披针形，内层线状披针形；花冠粉紫红色。瘦果圆柱形；冠毛 2 层，污白色，外层刚毛状，内层羽毛状。花期 6~7 月，果期 7~8 月。

生于山麓盐生草甸或盐碱地上。见于东坡山麓。少见。

510. 贺兰山风毛菊 *Saussurea japonica* Z. Y. Chu et C. Z. Liang

多年生草本。根粗壮，暗褐色，颈部具残存枯叶柄。茎直立，单生，密被长柔毛。基生叶披针形或条状披针形，羽状全裂，侧裂片 5~8 对，条形，先端渐尖或锐尖，上面近无毛，下面被蛛丝毛和腺点；茎生叶少，条形，羽状 5 裂，裂片条形，具 2~3 枚小齿。头状花序单生；总苞半球形；总苞片 5~6 层，红褐色，先端渐尖，反折，被长柔毛和腺点；外层卵形或卵状披针形，内层条状披针形或卵状披针形，先端渐尖；花冠紫红色。瘦果圆柱形；冠毛 2 层，污白色。

生于海拔 2500~2700m 的石质山坡或石缝。见于西坡哈拉乌沟和东坡苏峪口。

（贺兰山风毛菊图片由赵生林提供）

鸦葱属　　*Scorzonera* L.

511. **拐轴鸦葱** *Scorzonera divaricata* Turcz.

多年生草本。根圆柱形，不分枝。茎叉状分枝，灰绿色，具白粉。叶线形，先端反卷弯曲，两面被短柔毛。头状花序单生枝顶；总苞圆柱状，总苞片3~4层，外层卵形，内层披针形，背面密生白色蛛丝状短毛；舌状花4~5个，黄色，两性，结实。瘦果圆柱形，淡黄褐色，具纵棱，无毛；冠毛羽状。花期5~6月，果期7~8月。

生于山麓荒漠草原群落的砾沙地段和干河床。东、西坡均有分布。常见。

药用部位：汁液。

药用功效：消肿散结。

512. 帚状鸦葱 假叉枝鸦葱
Scorzonera pseudodivaricata Lipsch.

多年生草本。根粗壮，圆柱形，颈部具多数纤维状残存枯叶。茎被短柔毛。叶线形。头状花序单生枝顶；总苞圆柱状，总苞片约5层，外层三角形，内层披针状长椭圆形；舌状花黄色，两性，结实。瘦果圆柱形，无毛或上部疏被短柔毛，暗褐色；冠毛羽状。花期5~6月，果期7~8月。

生于荒漠化较强山丘的石质山坡。见于北端山丘上。多见。

513. 蒙古鸦葱 羊角菜
Scorzonera mongolica Maxim.

多年生草本。根圆柱形，黄褐色；颈部具多数鞘状残叶柄。茎自根颈发出。叶厚，稍肉质，基生叶披针形，柄基扩大成鞘状。头状花序单生于茎顶或分枝顶端；总苞圆柱形，总苞片3~4层，无毛，外层三角状卵形，内层长椭圆形，先端尖；舌状花黄色，干后红色。瘦果圆柱形，黄褐色，具纵条棱，上部被疏柔毛；冠毛羽状。花期6~7月，果期7~8月。

生于山麓草原化荒漠的重盐碱地上。见于东坡汝箕沟和苏峪口沟；西坡巴彦浩特。少见。

药用部位：根。

药用功效：清热解毒，活血消肿。

蒙古鸦葱是蒙药，亦是口感较好的野菜，常用于出口。

514. **绵毛鸦葱** *Scorzonera capito* Maxim.

多年生草本。根黑褐色，粗壮。茎簇生，茎基粗大成球形或几球形，被稠密的鞘状残遗，鞘内被稠密的污白色长绵毛。基生叶莲座状，卵形；茎生叶卵形；全部叶质地坚硬。头状花序单生茎端；总苞钟状，总苞片 4~5 层，向内层渐长，外层卵形，中层长椭圆状披针形，内层长披针形；舌状小花黄色。瘦果圆柱状，淡黄色；冠毛白色。花、果期 5~8 月。

生于海拔 1600~2200m 的山地石质山坡和岩石缝中。东、西坡均有分布。常见。

515. 鸦葱 *Scorzonera austriaca* Willd.

多年生草本。根粗壮，圆柱形，根颈部被稠密而厚实的纤维状残叶，深褐色。基生叶线形，两面无毛，叶脉白色；茎生叶披针形。头状花序单生茎顶；总苞钟形，总苞片 3~4 层，外层三角状卵形，内层披针形；舌状花黄色，顶端 5 齿裂。瘦果圆柱形，黄棕色；冠毛羽状。花期 6~7 月，果期 7~8 月。

生于海拔 2000~2500m 的石质山坡和沟谷岩石缝中。见于东坡甘沟、苏峪口沟等；西坡哈拉乌沟、南寺沟、北寺沟、水磨沟等。常见。

药用部位：根。

药用功效：清热解毒，活血消肿。

鸦葱是蒙药、藏药，可作蔬菜、牧草、蚕饲料等。

蒲公英属	*Taraxacum* Weber.

516. **蒲公英** 黄花地丁
Taraxacum mongolicum Hand.-Mazz.

　　多年生草本。根长圆锥形。叶倒卵状披针形，叶柄及主脉常带红色。花葶顶端被蛛丝状毛；总苞宽钟形；外层总苞片卵状披针形，边缘膜质，背面绿色，内层总苞片线状披针形；舌状花黄色。瘦果倒披针形，棕褐色，具纵沟，全体具刺状突起，并有横纹相连；冠毛白色。花、果期 5~7 月。

　　生于山地沟谷、干河床及河溪边湿地。东、西坡均有分布。常见。

　　药用部位：全草。

　　药用功效：清热解毒，消肿散结，利尿通淋。

　　蒲公英是蒙药，可作野菜，亦可作为饮料、糖果、糕点等保健食品的添加剂。

517. 白缘蒲公英 *Taraxacum platypecidum* Diels

多年生草本。根长圆锥形，根颈部具残存黑褐色叶基。叶倒卵状披针形，紫红色，羽状浅裂，两面被蛛丝状长柔毛。花葶密生蛛丝状毛；总苞宽钟形，外层总苞片宽卵形，内层卵状披针形；舌状黄色，外围舌片背面具橘红色条纹。瘦果淡褐色，具纵肋，上部具刺状突起。花、果期6~7月。

生于海拔1800~2200m的山地沟谷、溪旁湿地。见于东坡苏峪口沟和黄旗沟；西坡北寺沟。多见。

药用部位：全草。

药用功效：清热解毒。

白缘蒲公英可作野菜。

518. 多裂蒲公英 *Taraxacum dissectum* (Ledeb.) Ledeb.

多年生草本。根长圆锥形，根颈部具多数褐色残存叶柄。叶倒披针形，全缘，两面被稀疏的蛛丝状毛或近无毛。花葶顶端被蛛丝状毛；总苞宽钟形，外层总苞片三角状披针形，带紫色，内层总苞片线状披针形；舌状花黄色，外围舌片具暗色条纹。瘦果淡褐色，具纵棱，全体具刺状突起。花、果期 7~8 月。

生于山麓河流旁湿地。见于西坡。多见。

药用部位：全草。

药用功效：清热解毒，通利小便，凉血散结。

多裂蒲公英是蒙药，亦可作野菜。

519. 东北蒲公英 *Taraxacum ohwianum* Kitam.

多年生草本。叶倒披针形，不规则羽裂，两面疏生短柔毛或无毛。花葶近顶端处密被白色蛛丝状毛；头状花序；外层总苞片花期伏贴，宽卵形，暗紫色，具狭窄的白色膜质边缘；内层总苞片线状披针形；舌状花黄色，边缘花舌片背面有紫色条纹。瘦果长椭圆形，麦秆黄色，上部有刺状突起；冠毛污白色。花、果期 4~6 月。

生于海拔 2300~2800m 的山地沟谷、溪旁湿地。见于西坡哈拉乌沟、雪岭子沟、南寺沟等。少见。

药用部位：全草。

药用功效：清热解毒，清利湿热。

东北蒲公英是蒙药，可作野菜。

苦苣菜属　　*Sonchus* L.

520. 苣荬菜　甜苣苦苦菜
Sonchus arvensis L.

多年生草本。根长圆锥形。茎直立，不分枝，下部常带紫红色。基生叶与茎下部的叶长椭圆形，基部渐狭成具翅的柄，两面无毛；茎中部叶与下部叶相似，无柄，基部耳状抱茎，耳圆形；茎上部叶小，披针形。头状花序；总苞宽钟形，总苞片约3层，外层总苞片狭卵形，中层披针形，内层线状披针形；舌状花黄色。瘦果长椭圆形，褐色；冠毛白色。花、果期6~8月。

生于山麓、农田、地埂、村舍附近。见于东、西坡。常见。

药用部位：全草。

药用功效：清热解毒，利尿通淋，消痈排脓。

苣荬菜是回药、蒙药，可作败酱草入药，亦可作野菜。

521. 苦苣菜 ^{苦苣}
Sonchus oleraceus L.

一年生或二年生草本。根长圆锥形，黄棕色。茎直立，中空，上部具头状腺毛。叶互生，质薄，长椭圆形，大头羽裂，两面无毛。头状花序；花梗及总苞以下具蛛丝状毛；总苞钟形；总苞片约3层，外层卵状披针形，中层披针形，内层线状长椭圆形；舌状花黄色。瘦果长椭圆状倒卵形，压扁，褐色，边缘具微齿，两面各具3条纵棱，棱间有细皱纹；冠毛白色。花、果期5~8月。

生于山麓农田、地埂、村舍附近。见于东、西坡。常见。

药用部位：全草。

药用功效：祛湿，清热解毒。

苦苣菜是蒙药，亦可作野菜。

岩参属	*Cicerbita* **Wallr.**

522. 川甘毛鳞菊
青甘岩参、青甘莴苣
Chaetoseris roborowskii (Maxim.) Shih

多年生草本。根长圆柱形，棕褐色。茎直立，单一，具纵条棱。基生叶与茎下部叶长椭圆状披针形，基部渐狭成具翅的短柄，倒向羽状深裂；茎上部叶披针形，基部半抱茎。头状花序；总苞圆筒形，总苞片3层，带紫色，外层总苞片卵形，中层总苞片狭卵形，内层总苞片线状长椭圆形，具短缘毛；舌状花紫色。瘦果椭圆形，每面有3条纵肋，上收缩成喙状；冠毛2层，外层短毛状，内层长毛状。花、果期6~8月。

生于山地沟谷及村舍、寺庙附近。见于西坡哈拉乌北沟和北寺沟。多见。

乳苣属	*Mulgedium* **Cass.**

523. 乳苣
蒙山莴苣、苦苦菜
Mulgedium tataricum (L.) DC.

多年生草本。根圆柱形。茎具纵棱，无毛。基生叶及茎下部叶质厚，长椭圆形，基部渐狭成具翅的柄，半抱茎，羽裂，侧裂片三角形，两面无毛，灰绿色；茎上部叶披针形，全缘。头状花序；总苞圆筒形，总苞片3层，背部带紫红色，外层总苞片狭卵形，中层卵状披针形，内层总苞片线状长椭圆形；舌状花紫色。瘦果长椭圆形，具5~7条纵肋；冠毛白色。花、果期6~8月。

生于山麓农田、地埂、盐碱地。见于东、西坡。常见。

乳苣的嫩株可作蔬菜食用。

还阳参属	*Crepis* L.

524. 还阳参 *Crepis crocea* (Lam.) Babcock

多年生草本。根长圆锥形。茎直立，被毛。基生叶多数，丛生，倒披针形，羽裂，裂片三角形；茎生叶线形，全缘，无柄。头状花序；总苞钟形，总苞片 2 层，外层披针形，内层线状长椭圆形，被短柔毛及长硬刺状腺毛；舌状花黄色。瘦果纺锤状，暗褐色，上部具小刺；冠毛白色。花、果期5~8 月。

生于海拔 1600~2500m 的土石质山坡疏松土壤上。见于东坡苏峪口沟、小口子、黄旗沟、甘沟、大水沟；西坡峡子沟、北寺沟等。常见。

药用部位：全草。

药用功效：补肾阳，益气血，健脾胃。

小苦荬属   *Ixeridium* (A. Gray) Tzvel.

525. **山苦荬** 中华小苦荬
Ixeridium chinense (Thumb.) Tzvel.

多年生草本。具乳汁，全体无毛。茎丛生。基生叶莲座状，线状披针形；叶柄基部扩展；茎生叶披针形，基部稍抱茎，无柄。头状花序；总苞圆筒状，总苞片2层，外层总苞片小，卵形，内层总苞片线状披针形；舌状花黄色。瘦果狭披针形，红棕色；冠毛白色。花、果期5~8月。

生于山地沟谷、林缘或灌丛中，也生于农田、村舍附近。东、西坡均有分布。常见。

药用部位：全草。

药用功效：清热解毒，凉血活血，排脓化瘀。

山苦荬是回药、蒙药，其嫩茎叶可食，亦可作饲草。

526. 抱茎小苦荬 苦荬菜
Ixeridium sonchifolium (Maxim.) Shih

多年生草本。主根直伸。茎直立。基生叶铺散，倒卵状披针形；茎生叶线状披针形。头状花序；总苞圆筒形，总苞片2层，外层小，卵形，内层线形。舌状花淡黄色。瘦果线状披针形，黑色，具10条等粗的纵棱，棱上具刺状小突起；冠毛白色。花、果期6~8月。

生于山地沟谷、灌丛下，也见于浅山区农舍附近。东、西坡均有分布。常见。

药用部位：全草。

药用功效：清热解毒，消肿止痛。

抱茎小苦荬是回药、蒙药。

黄鹌菜属 *Youngia* Cass.

527. **细茎黄鹌菜** *Youngia tenuicaulis* (Babc. et Stebb.) Czerep.

多年生草本。根粗壮，圆柱形，黑褐色，颈部有黑褐色残存叶柄。茎丛生，直立，具纵条棱，无毛，由基部开始呈二叉状分枝。基生叶多数，长椭圆状披针形或倒披针形，先端渐尖或锐尖，基部渐狭成柄，羽状深裂，裂片三角形或三角状卵形，全缘或具 1~2 个尖齿牙，两面无毛；茎生叶线形，全缘，无柄。头状花序在茎顶排列成聚伞状圆锥花序；总苞圆筒形，2 层，外层总苞片短小，卵形或卵状披针形，顶端背面具小角，内层总苞片线状长椭圆形，边缘膜质，顶端背面具小角；舌状花黄色。瘦果纺锤形，黑色，具粗细不等的纵肋；冠毛白色。花、果期 7~8 月。

生于海拔 1800~2500m 的石质山坡及岩石缝中。见于东坡苏峪口沟等；西坡南寺沟、哈拉乌沟等。少见。

香蒲科 Typhaceae

香蒲属 | *Typha* L.

528. 小香蒲 ^{蒲草}
Typha minima Funk.

多年生草本。根状茎细长。茎直立，细瘦。基部具数叶鞘，披针状渐尖，无叶片或叶片不发育；茎生叶具叶片，叶片狭线形。雌雄花序相离，雌花序椭圆形，雌花具小苞片，小苞片与基部白色柔毛近等长，花柱稍长于基部白色柔毛。花期 6~7 月，果期 8~9 月。

生于山麓沼泽地、水泡子。见于东坡大武口。少见。

药用部位：全草。

药用功效：利水消肿，排脓消痈。

小香蒲是回药、蒙药。

529. 长苞香蒲 *Typha angustata* Bory et Chaubard.

多年生草本。根状茎粗壮，具多数须根。茎直立，圆柱形。叶线形，基部扩展成鞘，抱茎。雌雄花序相离；雌花序长圆柱形；雌花具小苞片，小苞片与基部的白色柔毛等长；子房椭圆形，柱头线状矩圆形，稍长于基部白色柔毛。花期6~7月，果期8~9月。

生于山麓水田边及沼泽地中。见于东坡大武口和龟头沟。少见。

药用部位：全草。

药用功效：利水消肿，排脓消痈。

长苞香蒲可作为农村污水的净化植物。

眼子菜科 Potamogetonaceae

眼子菜属 | *Potamogeton* L.

530. 篦齿眼子菜
龙须眼子菜
Potamogeton pectinatus L.

多年生草本。茎细长，多分枝。叶全部沉水，丝形，具 1 条中肋；托叶下部与叶柄结合成鞘状，抱茎。穗状花序自茎顶叶腋抽出，由 2~5 轮间断的花簇组成，花簇间隔自下而上渐短；总花梗细弱。小坚果斜卵形，背部圆形，先端具短喙。花期 6~7 月，果期 7~8 月。

生于山麓塘坝中。见于西坡巴彦浩特。稀见。

药用部位：全草。

药用功效：清热解毒。

篦齿眼子菜是藏药，可以去除水中氮、磷元素。

531. 眼子菜 水案板
Potamogeton distinctus A. Benn.

　　多年生草本。茎较细弱。茎上部叶浮于水面，长椭圆形，全缘；托叶线状披针形，与叶柄离生；茎下部的叶为沉水叶，狭长椭圆形，全缘。穗状花序花密集；总花梗着生于浮水叶腋。小坚果倒卵形，背部具 3 条脊，中间的脊呈狭翅状，先端具短喙。花期 7~8 月，果期 8 月。

　　生于溪水、流水缓弯处。见于东坡汝箕沟。稀见。

　　药用部位：全草。

　　药用功效：清热解毒，利尿，消积。

　　眼子菜是回药。

532. 穿叶眼子菜
抱茎眼子菜
Potamogeton perfoliatus L.

多年生草本。茎稍粗，具分枝。叶全部沉水，互生，花序下的叶对生，质较薄，卵形，基部心形，抱茎，全缘，波状皱折；无柄；托叶薄膜质，成筒状抱茎，后破裂为纤维状脱落。穗状花序花密集；总花梗生叶腋。小坚果倒卵形，背部具 3 条不明显的脊，顶端具短喙。花期 7~8 月，果期 8~10 月。

生于溪水缓弯处及水库、塘坝中。见于东坡拜寺沟口；西坡巴彦浩特。少见。

药用部位：全草。

药用功效：渗湿解表。

角果藻属　　*Zannichellia* L.

533. **角果藻** *Zannichellia palustris* L.

　　多年生草本。根状茎横走。茎细丝形，具分枝。叶全部沉没水中，细丝形，对生，基部具鞘状的膜质托叶。花单性，几无梗，雌雄花各 1 个同生于 1 佛焰苞内；雄花具 1 枚雄蕊；雌花具 2~6 个分离心皮；花柱顶具盾状柱头。小坚果簇生，长圆形，扁平，先端具喙，背部具有齿的脊。花、果期 6~9 月。

　　生于溪水缓弯处。见于东坡拜寺沟口和汝箕沟。少见。

水麦冬科 Juncaginaceae

水麦冬属 *Triglochin* L.

534. 水麦冬 *Triglochin palustre* L.

　　多年生草本。根状茎直伸，具多数细密须根。叶全部基生，线形，基部扩大成鞘状；叶舌膜质。花葶直立，总状花序顶生，花多数，疏生；无苞片；花被片6枚，卵状长圆形，绿紫色；雄蕊6枚；心皮3个；柱头羽毛状。蒴果长棒状，成熟时开裂为3个果爿，果梗直。花、果期5~9月。

　　生于山麓溪水边湿地上。见于东坡拜寺沟口和汝箕沟；西坡巴彦浩特。少见。

　　药用部位：果实。

　　药用功效：消炎，止泻。

535. **海韭菜** *Triglochin maritimum* L.

多年生草本。根状茎短、粗，具多数稍粗的须根。叶全部基生，线形，基部扩大成鞘状，边缘膜质。花葶直立，总状花序顶生；花多数，密生；花被片6枚，外轮3片宽卵形，内轮3片较狭，紫绿色；雄蕊6枚，花丝极短；心皮6个，合生；柱头6裂，羽毛状。蒴果卵状椭圆形，成熟时自基部开裂。花、果期6~10月。

生于山麓溪边盐湿地上。见于东坡插旗沟、拜寺沟、汝箕沟；西坡巴彦浩特。少见。

药用部位：全草。

药用功效：清热养阴，生津止渴。

泽泻科 Alismataceae

慈姑属   *Sagittaria* L.

536. **野慈姑** 慈果子
Sagittaria trifolia L.

多年生草本。具根茎，根茎顶端膨大成球茎。叶全部基生，挺水，叶片箭形，顶端裂片长卵形，下部 2 裂片三角状披针形，全缘基部扩展成鞘状。花数轮排列成总状；花序上部为雄花，下部为雌花；苞片卵形；萼片 3 枚，卵形；花瓣 3 片，宽倒卵形，白色；雄蕊多数；心皮多数，密集成球形。瘦果斜宽倒卵形，扁平，两侧具翅，喙向上直立。花期 6~7 月，果期 8 月。

生于水库、塘坝中。见于东坡大武口；西坡巴彦浩特。少见。

药用部位：球茎。

药用功效：行血通淋。

野慈姑是回药，亦是蔬菜供应淡季的主要水生蔬菜之一。

禾本科 Gramineae

| 芦苇属 | *Phragmites* Trin. |

537. 芦苇　芦草、苇子
Phragmites australis (Cav.) Trin. ex Steud.

多年生草本。根状茎粗壮，横走。秆直立，节下通常具白粉。叶鞘无毛或被细毛；叶舌有毛；叶片扁平。圆锥花序卵状长椭圆形，下部分枝腋间具白色长柔毛；小穗含 3~7 朵花；颖不等长，具 3 脉，第一颖先端稍钝，第二颖先端尖；第一小花通常雄性；第二小花两性，外稃顶端长渐尖，基盘密生白色长柔毛。内稃具脊，脊上粗糙。花、果期 7~11 月。

生于山麓溪渠边湿地、盐湿地。见于东坡大水沟、黄旗沟、苏峪口沟。常见。

药用部位：根状茎。

药用功效：利尿，解毒。

芦苇是回药、蒙药，其幼嫩植株可作饲料；秆粗壮坚韧，可供编织；秆纤维为优良的造纸原料。芦苇亦可用于治理污水。

披碱草属   *Elymus* L.

538. 老芒麦 *Elymus sibiricus* L.

多年生草本。根须状。秆直立，丛生或单生。叶鞘光滑无毛，下部的长于节间，上部的短于节间；叶片扁平，两面粗糙，下面无毛，上面生细柔毛。穗状花序较疏松，下垂，通常每节着生 2 个小穗，有时基部和上部各节仅着生 1 个小穗；穗轴边缘粗糙至具小纤毛；小穗灰绿色或带紫色，含 3~5 朵花，小穗轴密生微毛，颖狭披针形，具 3~5 脉，脉上粗糙，先端渐尖或具短芒；外稃披针形，全部密生微毛，具 5 脉，脉在基部不甚明显，芒开展或向外反曲；内稃与外稃几等长，先端 2 裂，脊上全部具小纤毛。花、果期 6~9 月。

生于海拔 2200~2500m 的山地草甸、灌丛下及阴湿沟谷。东、西坡均有分布。常见。

539. **垂穗披碱草** *Elymus nutans* Griseb.

多年生草本。根须状。秆直立。叶鞘基部叶鞘密被长柔毛；叶舌短，叶片两面粗糙。穗状花序较紧密，小穗的排列多少偏于一侧，曲折而先端下垂，穗轴每节具2小穗；小穗成熟后带紫色，含3~4朵花；小穗轴节间密生微毛；颖长圆形，先端渐尖，具3~4脉；外稃披针形，具5脉，全部被微短毛，第一外稃顶端具芒，内稃等长于外稃，脊上具纤毛，脊间疏被短微毛。花、果期7~10月。

生于海拔1700~2200m的山地林缘、灌丛下及石质山坡。东、西坡均有分布。常见。

垂穗披碱草是良等牧草。

540. **披碱草** *Elymus dahuricus* Turcz.

多年生草本。秆直立，丛生。叶鞘光滑无毛，叶舌截平；叶片上面疏被长柔毛。穗状花序直立，各节着生2个小穗，颖披针形，先端长渐尖，具3~5脉，外稃披针形，5脉，全体被短小糙毛，第一外稃顶端延伸成芒，芒向外开展，内稃等长于外稃，先端截平，脊上被纤毛。花、果期5~11月。

生于1900~2400m的山地沟谷、林缘、灌丛下及干河床上。见于东坡苏峪口沟、小口子、黄旗沟、插旗沟等；西坡哈拉乌沟、南寺沟、北寺沟、水磨沟等。常见。

披碱草是优良牧草。

541. 圆柱披碱草 *Elymus cylindricus* (Franch.) Honda

多年生草本。叶鞘无毛；叶舌极短；叶片上面粗糙，下面平滑，两面无毛。穗状花序直立，每节具2小穗，顶端各节仅具1小穗；小穗绿色，含2~3朵花；颖披针形，3~5脉，先端渐尖，外稃披针形，第一外稃具5脉，顶端具芒，芒直立或稍开展；内稃与外稃等长，先端圆钝，脊上被纤毛，脊间被微小短毛。花、果期7~9月。

生于海拔2000~2500m的山地沟谷、林缘及灌丛下。东、西坡均有分布。常见。

圆柱披碱草是良等饲用禾草。

赖草属 *Leymus* Hoch.

542. 赖草 *Leymus secalinus* (Georgi) Tzvel.

多年生草本。秆直立，质地坚硬，具2~3节，上部密生短柔毛。叶鞘短于节间，叶舌膜质，截平；叶片两面密生短毛或上面粗糙。穗状花序直立，穗轴被柔毛，每节着生2~3小穗，小穗含4~8朵小花；颖锥形，先端狭窄呈芒状，具1脉，上半部粗糙，第一颖短于第二颖；外稃披针形，先端延伸成芒，上部具5脉，基盘被毛，内稃与外稃等长，先端微2裂，上半部脊上具短纤毛。花期6~7月。

生于山麓盐碱地、盐湿地及农田、村舍附近。东、西坡均有分布。常见。

药用部位：根。

药用功效：清热，止血利尿。

赖草是回药，亦可作为牧草。

鹅观草属   *Roegneria* C. Koch

543. **阿拉善鹅冠草** *Roegneria alashanica* Keng.

多年生草本。秆疏丛生，质刚硬，具3节。叶鞘紧密裹茎，短于节间，无毛；叶舌透明膜质，截平；叶片坚韧直立，内卷成针状。穗状花序直立；小穗贴生穗轴，淡黄色，含4~6朵花；颖矩圆状披针形，边缘膜质具3脉；外稃披针形，第一外稃顶端无芒，基盘无毛，内稃与外稃等长或略长于外稃，顶端微凹，脊粗糙或下部近于平滑。

生于海拔 1800~2200m 的石质山坡及岩石缝中。东、西坡均有分布。常见。

阿拉善鹅冠草是良等牧草。

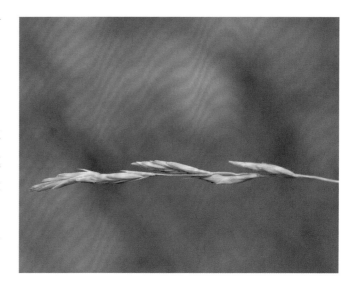

冰草属	*Agropyron* Gaertn.

544. 沙芦草 *Agropyron mongolicum* Keng

多年生草本。具根状茎，须根长而密集，具沙套。秆具 2~3 节。叶鞘紧密裹茎；叶舌干膜质，先端截平；叶片先端渐尖，上面及边缘粗糙，背面光滑。穗状花序；小穗具 5~8 朵花，两颖不等长，具 3~5 脉；外稃光滑或上部边缘微被毛，先端尖或具小尖头，具 5 脉，内稃等长于外稃或略长于外稃，先端钝，脊上具短纤毛；花药黄色，线形。花、果期 7~8 月。

生于山麓荒漠草原及山地沟谷、覆沙地、干河床上。见于东坡苏峪口沟、甘沟、黄旗沟；西坡峡子沟、哈拉乌沟等。多见。

沙芦草是二级国家重点保护野生植物，亦是优良牧用禾草之一

545. **冰草** *Agropyron cristatum* (L.) Gaertn.

多年生草本。须根具沙套。秆疏丛生，基部节常膝曲，具 2~3 节。叶鞘紧密裹茎，边缘狭膜质，短于节间；叶舌干膜质，顶端截平，具微小齿；叶片扁平。穗状花序直立，卵状椭圆形；小穗紧密排列 2 行，呈篦齿状，具 7~8 朵花；颖舟形，边缘膜质，背面被长柔毛；外稃背部被柔毛，基盘圆钝，内稃与外稃等长，脊上具短纤毛，顶端 2 裂；花药黄色。花、果期 6~9 月。

生于海拔 1800~2100m 的干燥山坡、草地、疏林、灌丛下。东、西坡均有分布。常见。
冰草是回药，亦是优良牧草。

臭草属	*Melica* L.

546. 抱草 *Melica virgata* Turcz.

多年生草本。秆直立，丛生。叶鞘长于节间，叶舌干膜质，叶片质较硬，上面疏生柔毛，下面微粗糙，内卷。圆锥花序细长，小穗柄先端稍膨大，被微毛；小穗具 2~3 朵孕性小花，成熟后呈紫色，颖不相等，先端尖，第一颖卵形，具 3~5 不明显的脉，第二颖宽披针形，具明显的 5 脉；外稃披针形，顶端钝，具 7 脉，背部颗粒状粗糙且具长糙毛；内稃略短于或等长于外稃，脊具微细纤毛。花、果期 7~8 月。

生于海拔 2000~2200m 的石质山坡、山地草原及岩石缝中。见于东坡黄旗沟、苏峪口沟等；西坡峡子沟、哈拉乌沟等。常见。

抱草全草有毒。

547. **臭草** *Melica scabrosa* Trin.

多年生草本。秆直立或基部膝曲，丛生，基部常密生分蘖。叶舌透明膜质，顶端撕裂而两侧下延；叶片质较薄。圆锥花序狭窄；小穗柄短，线形弯曲；小穗含 2~4 朵孕性小花，顶部由数个不孕外稃集成小球形；颖几等长，膜质，具 3~5 脉，背部中脉常生微小纤毛，外稃具 7 脉，背部颗粒状粗糙，内稃短于外稃或上部花中等长于外稃，先端钝，脊具微小纤毛。花、果期 6~8 月。

生于海拔 2000~2400m 的山地石质山坡、岩石缝中。见于东坡苏峪口沟、插旗沟、黄旗沟等；西坡哈拉乌沟、锡叶沟、水磨沟等。多见。

548. **细叶臭草** *Melica radula* Franch.

多年生草本。秆直立，基部密生分蘖。叶鞘长于节间；叶舌短；叶片纵卷成线形。圆锥花序极狭窄，小穗含 2 朵孕性小花，顶生不孕外稃结成球形或长圆形；颖几等长，长圆状披针形，先端尖，第一颖具 1 明显的脉（侧脉不明显），第二颖具 3~5 脉，外稃披针形，先端稍钝，具 7 脉，背部颗粒状粗糙，内稃短于外稃，脊具短纤毛。花、果期 6~8 月。

生于海拔 1700~2300m 的山地沟谷、阴坡及干河床，为低山区和山口习见植物。东、西坡均有分布。多见。

雀麦属	*Bromus* L.

549. **无芒雀麦** *Bromus inermis* Leyss.

多年生草本。根状茎横走。秆直立。叶鞘紧密包茎，闭合近于鞘口处开裂，无毛；叶舌质硬，叶片质地较硬。圆锥花序开展，每节具 3~5 个分枝；小穗含 4~8 朵小花；颖不等长，先端渐尖，边缘膜质，第一颖具 1 脉，第二颖具 3 脉；外稃宽披针形，第一外稃具 5~7 脉，脉上具短纤毛，先端稍钝；内稃短于外稃，脊上具纤毛。花、果期 6~8 月。

生于海拔 1800~2000m 的山地林缘、灌丛下及草甸中。见于东坡贺兰沟、苏峪口沟、黄旗沟、小口子等；西坡南寺沟等。少见。

无芒雀麦是耐盐性较强的优良牧草，亦是水土保持植物。

羊茅属 *Festuca* L.

550. 紫羊茅 *Festuca rubra* L.

多年生草本。根状茎横走,褐色。秆直立,基部常倾斜或膝曲,光滑,节褐色。叶鞘松弛,短于节间;叶舌极短,顶端裂成齿牙状;叶片扁平或对折,两面光滑。圆锥花序开展,每节具 1~2 个分枝;小穗淡紫色,含 3~6 朵花;颖狭披针形,外稃长圆形,具不明显的 5 脉,第一外稃先端微 2 齿,内稃与外稃近等长,脊上部微粗糙,脊间被微毛,向基毛渐少或近于无毛。花、果期 6~8 月。

生于海拔 2900~3400m 的高山、亚高山草甸、灌丛中。见于主峰两侧。少见。

紫羊茅是牧草。

早熟禾属 *Poa* L.

551. 草地早熟禾 *Poa pratensis* L.

多年生草本。具匍匐根状茎。秆直立，呈圆筒形，光滑，具 2~3 节。叶鞘疏松裹茎；叶舌膜质，先端截平；叶片线形。圆锥花序开展，每节具 3~5 个分枝，2 次分枝，小枝上着生 2~4 个小穗；小穗绿色，成熟后呈草黄色，含 2~4 朵花；颖大都光滑或脊上粗糙，第一颖具 1 脉，第二颖具 3 脉；外稃纸质，脊及边脉在中部以下具长柔毛，间脉明显，基盘具稠密的白色长绵毛，脊粗糙或具小纤毛。花期 6~7 月。

生于海拔 2200~2500m 的山地沟谷、干河床上。见于东坡苏峪口沟；西坡哈拉乌沟、南寺沟、水磨沟。少见。

草地早熟禾是重要的牧草。

552. 硬质早熟禾 *Poa sphondylodes* Keng ex L. Liu

多年生草本。秆直立，密丛生，具 3~4 节。叶鞘无毛，无脊；叶舌膜质，先端锐尖，叶片狭窄，扁平。圆锥花序稠密且紧缩；小穗绿色，成熟后草黄色，含 4~6 朵小花；颖披针形，第

一颖稍短于第二颖，具 3 脉；外稃披针形，具 5 脉，基盘具中量绵毛，内稃等长于外稃或上部小花中则稍长于外稃，脊上粗糙以至具极微小的纤毛。花、果期 6~8 月。

生于海拔 1800~2200m 的山地草原。见于东坡甘沟、苏峪口沟；西坡三关口北、锡叶沟、峡子沟等。多见。

药用部位：地上部分。

药用功效：清热解毒，利尿，止痛。

落草属	*Koeleria* Pers.

553. 落草 *Koeleria cristata* (L.) Pers.

多年生草本。须根纤细。秆直立，丛生，在花序下密生绒毛，基部残存纤维状枯萎叶鞘。叶鞘灰白色；叶舌膜质，顶端截平；叶片灰绿色，狭窄。圆锥花序紧缩呈穗状或具凹缺，草绿色或带紫色；小穗含 2~3 朵小花；颖倒卵状长圆形，先端尖，脊上粗糙，第一颖具 1 脉，第二颖具 3 脉，外稃披针形，具 3 脉，先端尖，边缘膜质，无芒，内稃稍短于外稃，先端 2 裂。花、果期 6~7 月。

生于海拔 1900~2300m 的山地草原和干山坡。见于西坡南寺沟、北寺沟、哈拉乌沟等。多见。

落草是良等牧草。

燕麦属 *Avena* L.

554. 野燕麦 燕麦、燕麦草
Avena fatua L.

一年生草本。秆直立，光滑。叶鞘松弛，叶舌透明膜质，叶片扁平。圆锥花序开展，小穗含 2~3 朵小花；颖草质，通常具 9 脉；外稃质地坚硬，第一外稃背面中部以下具硬毛，基盘密生短髭毛，芒自稃体中部稍下处伸出，膝曲，芒柱棕色，扭转。花、果期 5~9 月。

生于山地林缘、沟谷及山麓农田、村舍附近。见于东坡苏峪口沟和大水沟；西坡哈拉乌沟口和巴彦浩特。多见。

药用部位：全草。

药用功效：补虚，敛汗，止血。

野燕麦是回药、蒙药。

异燕麦属 *Helictotrichon* Bess.

555. 天山异燕麦 *Helictotrichon tianschanicum* (Roshev.) Henr.

多年生草本。秆较细瘦，直立，丛生，光滑无毛，具 1~2 节。叶鞘紧裹秆，无毛；叶舌极短，被短毛；叶片纵卷成针状。圆锥花序紧缩；小穗黄褐色，含 2~3 朵小花，小穗轴被短柔毛；颖宽披针形，第一颖具 1~3 脉，第二颖具 3~5 脉；外稃宽披针形，第一外稃具 5~7 脉，顶端齿裂，芒自稃体中部稍上处伸出，一回膝曲，芒柱扭转，基盘被柔毛；内稃稍短于外稃，顶端齿裂，脊上具短纤毛。花期 6~7 月。

生于海拔 2800~3400m 的高山、亚高山草甸、灌丛中。见于主峰两侧。少见。

看麦娘属 *Alopecurus* L.

556. 苇状看麦娘 *Alopecurus arundinaceus* Poir.

多年生草本。根状茎细长，横走。秆直立，2~4 节，无毛。叶鞘松弛，短于节间，无毛；叶舌膜质，叶片斜升，背面粗糙，上面平滑。圆锥花序圆柱状，颖等长；先端尖，基部边缘连合，脊上具纤毛，

两侧无毛或上部疏生短毛；外稃膜质，稍短
于颖；芒自稃体中部伸出。花、果期 6~8 月。

　　生于山麓溪渠边、塘坝附近。见于西坡
巴彦浩特。稀见。

　　苇状看麦娘是优良牧草。

拂子茅属　　*Calamagrostis* Adans.

557. 假苇拂子茅　*Calamagrostis pseudophragmites* (Hall. f.) Koel.

　　多年生草本。根状茎细长，横走。秆直立，无毛。叶鞘无毛；叶舌膜质，顶端圆形，常撕裂；
叶片线形，上面及边缘粗糙，下面较平滑。圆锥花序开展，长椭圆状披针形；颖不等长，线状披针
形，脊上糙涩，第一颖具 1 脉，先端长渐尖，第二颖具 3 脉；外稃透明膜质，芒自顶端伸出，内稃
长为外稃的近一半；基盘具柔毛；雄蕊 3 枚，花药黄色。花、果期 6~9 月。

　　生于山麓溪渠边、塘坝附近湿地。东、西坡均有分布。常见。

　　假苇拂子茅是中等牧草。

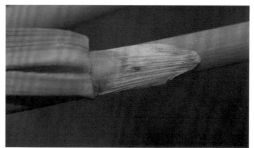

558. **拂子茅** *Calamagrostis epigejos* (L.) Roth Tent.

　　多年生草本。具细长横走根状茎。秆直立，无毛。叶鞘稍粗涩；叶舌膜质，先端尖而常撕裂；叶片上面粗糙，下面光滑。圆锥花序紧密，圆柱形，下部具间断；小穗灰绿色或稍带紫色；颖近等长或第二颖稍短，先端长渐尖，具1脉或第二颖具3脉，主脉上粗糙；外稃透明膜质，先端齿裂，芒自背面中部或稍上处伸出，内稃长为外稃的2/3；雄蕊3枚，花药黄色。花、果期6~9月。

　　生于山地沟谷、河溪边湿地、干河床、浅水砂地。东、西坡均有分布。常见。

　　药用部位：全草。

　　药用功效：催产助生。

　　拂子茅是中等牧草。

棒头草属　*Polypogon* Desf.

559. 长芒棒头草　*Polypogon monspeliensis* (L.) Desf.

　　一年生草本。根须状，细弱。秆直立，4~5 节，无毛。叶鞘疏松裹茎，无毛；叶舌厚膜质，不规则撕裂为狭披针形；叶片上面粗糙，下面光滑，两面无毛。圆锥花序穗状，颖等长或第二颖微短，倒卵状长椭圆形，具1脉，先端2浅裂，芒自裂口处伸出，粗糙，或第一颖的芒稍短；外稃无毛，先端具微齿，中脉延伸成与稃体近等长的细芒，芒易脱落。花、果期7~9月。

生于海拔1300~1500m的沟谷溪边湿地。见于东坡大水沟和插旗沟。少见。

长芒棒头草是中等牧草。

| 莔草属 | *Beckmannia* Host |

560. 莔草 *Beckmannia syzigachne* (Steud.) Fernald.

一年生草本。叶鞘无毛；叶舌透明膜质，叶片背面粗糙，两面无毛。圆锥花序狭窄，由穗状花序组成分枝；小穗压扁，近圆形，含1朵小花，颖草质，背部灰绿色，边缘稍薄，基部疏生长柔毛；外稃披针形，具5脉，与颖等长，先端具伸出颖外之短尖头，内稃与外稃等长。花、果期6~9月。

生于海拔2000m左右的沟谷溪水边。见于东坡大水沟。少见。

莔草是中等牧草。

针茅属 *Stipa* L.

561. 长芒草 *Stipa bungeana* Trin ex Bunge

多年生草本。须根常具沙套。秆直立，丛生，具 2~5 节。叶鞘短于节间，无毛；叶舌膜质，卵状披针形；叶片纵卷成针形。圆锥花序开展，2~5 个丛生；小穗灰绿色或成熟后呈淡紫色；颖等长或第一颖稍短，先端延伸成细芒状，膜质，第一颖具 3 脉，第二颖具 5 脉；外稃长背面具成纵行分布的短毛，顶端关节处具 1 圈短毛，其下微具刺毛，基盘尖锐，密被柔毛；芒二回膝曲，扭转，无毛。花、果期 5~8 月。

生于山麓干沟、河床和山坡。东、西坡均有分布。常见。

长芒草是良等牧草。

562. 甘青针茅 *Stipa przewalskyi* Roshev.

多年生草本。须根常具沙套。秆丛生，具 2~3 节，光滑。叶鞘松弛，无毛；秆生叶舌披针形；叶片纵卷成针状。圆锥花序分枝并生；小穗灰绿色，成熟后变紫色；两颖近等长，披针形，先端膜质尖尾状，第一颖具 3 脉，第二颖具 5 脉；外稃具 5 脉，顶端关节处生 1 圈短毛，其下具微刺毛，背部具成纵行分布的短毛，基盘尖锐，密被毛；芒二回膝曲，扭转，角棱上具短刺毛。花、果期 5~6 月。

生于海拔 1600~2400m 的山地林缘、山坡、沟谷。见于东坡大水沟、苏峪口沟、汝箕沟、甘沟等；西坡峡子沟。常见。

甘青针茅是良等牧草。

563. 大针茅 *Stipa grandis* P. Smirn.

多年生草本。须根粗，外具沙套。秆直立，丛生。叶鞘下部者长于节间；秆生叶舌膜质；叶片纵卷成针状。圆锥花序，小穗淡绿色或成熟后呈紫色；颖近等长，膜质，狭披针形，先端丝状，第一颖具 3 脉，第二颖具 5 脉；外稃具 5 脉，顶端关节处周围生 1 圈短毛，其下无刺毛，背部具成纵行分布的贴生短毛，基盘尖锐，密生柔毛，芒二回膝曲，扭转，无毛，边缘微粗糙，芒针丝状，卷曲。花、果期 6~8 月。

生于海拔 2000~2400m 的干燥山坡。见于东坡苏峪口沟、汝箕沟、大水沟、甘沟等；西坡北寺沟、哈拉乌沟、峡子沟等。常见。

大针茅是优良牧草。

564. **短花针茅** *Stipa breviflora* Griseb.

多年生草本。须根常具沙套。秆丛生。叶鞘短于节间；叶舌膜质，圆钝，叶片纵卷成针状。圆锥花序稍开展，下部为叶鞘所包被，小穗灰绿色或淡紫褐色；颖近等长，具 3 脉，外稃具 5 脉，顶端关节处之周围有短毛，其下具短硬毛，背部具排列成纵行的短毛，基盘尖，密生柔毛；芒二回膝曲，扭转，全体被白色柔毛，芒针弧形弯曲。花、果期 5~6 月。

生于山麓、浅山区干燥山坡。东、西坡均有分布。常见。

短花针茅是优等牧草。

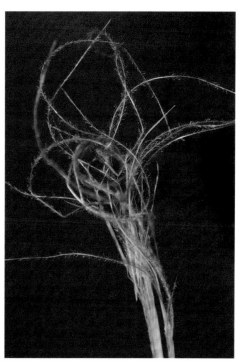
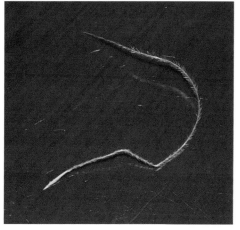

565. 戈壁针茅 *Stipa gobica* Roshev.

多年生草本。须根细弱，稠密，具沙套。秆丛生。叶鞘短于节间，光滑；叶舌膜质，具纤毛；叶片内卷成针形。圆锥花序；小穗灰绿色或淡黄色，颖尖披针形，两颖等长或第一颖稍长，第一颖具 1 脉，第二颖具 3 脉；外稃具 5 脉，草质，背部具排列成纵行的短毛；基盘尖呈喙状，密生白色短柔毛，芒一回膝曲，芒柱扭转，无毛，芒针具白色长柔毛；内稃具 2 脉，无脊，为外稃紧包裹。花、果期 5~6 月。

生于海拔 2000~2200m 的石质山坡中。东、西坡均有分布。常见。

戈壁针茅是优等饲用植物。

566. **沙生针茅** *Stipa glareosa* Smirn.

多年生草本。须根粗韧，具沙套。秆直立，丛生，具 1~2 节。秆生叶舌具纤毛或无毛；叶片纵卷成针状，粗糙。圆锥花序；颖近等长，膜质，尖披针形，基部具 3~5 脉；外稃具 5 脉，革质，草黄色或带紫色，背面具排列成纵行的短毛，顶端关节处具一圈短毛，基盘尖锐，芒有白色长柔毛，一回膝曲，芒柱扭转；内稃与外稃等长，具 1 脉，背部略被短柔毛。花、果期 5~7 月。

生于山麓洪积扇缘草原化荒漠和冲沟、干河床及外缘沙砾地。东、西坡均有分布。常见。

沙生针茅是优等饲用植物。

芨芨草属 *Achnatherum* Beauv.

567. **芨芨草** 积机草
Achnatherum splendens (Trin.) Nevski

多年生草本。须根粗壮，具沙套。秆直立，密丛生。叶鞘无毛，边缘膜质；叶舌膜质，叶片纵卷，无毛。圆锥花序开展，灰绿色或带紫色；颖膜质，披针形，具1~3脉，外稃具5脉，背部密生柔毛，基盘钝圆，被柔毛，顶端具2裂齿，芒自裂齿间伸出，不扭转，粗糙，易断落；内稃具2脉，间脉有毛。花、果期6~8月。

生于山麓盐湿地、盐碱地及干河床。东、西坡均有分布。常见。

药用部位：茎基部及花、根状茎。

药用功效：利尿清热。

芨芨草是回药，还可作为改良盐碱地、防护渠坝、水土保持植物。芨芨草的早春幼嫩时为牲畜的重要饲料；秆叶坚韧，为优良的造纸、人造丝和编织原料。

568. 醉马草 醉针茅
Achnatherum inebrians (Hance) Keng

多年生草本。秆直立，丛生。叶鞘短于节间；叶舌膜质，较硬，顶端截平；叶片质地较硬，直立。圆锥花序紧缩成线形；小穗灰绿色，成熟后褐铜色或带紫色；颖近等长，先端尖常破裂，膜质，具 3 脉；外稃顶端具微 2 齿，背部遍生柔毛，具 3 脉，基盘钝，被柔毛；芒部以下稍扭转；内稃具 2 脉，脉间被柔毛；花药顶端具毫毛。花、果期 7~8 月。

生于海拔 1800~2200m 的山地沟谷、山脚坡地。东、西坡均有分布。常见。

药用部位：全草。

药用功效：解毒消肿。

醉马草是蒙药，亦是有毒植物，对牲畜有危害。

细柄茅属 *Ptilagrostis* Griseb.

569. 中亚细柄茅 *Ptilagrostis pelliotii* (Danguy) Grub.

　　多年生草本。须根较坚韧，具沙套。秆直立，丛生，具 2~4 节。叶片纵卷成针状；叶鞘紧密裹茎。圆锥花序开展；小穗含 1 花，枯黄色或淡绿色；颖狭披针形，近等长，膜质，外稃全体被白色柔毛，具 5 脉；芒自顶端裂齿间伸出，芒羽毛状，弯曲或呈镰刀状；内稃披针形，膜质；雄蕊 3 枚，花药无毛；花柱 2 个，略叉开，羽毛状。花、果期 6~9 月。

　　生于浅山区低山丘陵石质山坡。东、西坡均有分布。常见。

　　中亚细柄茅是良等牧草。

| 落芒草属 | *Oryzopsis* Michx. |

570. 中华落芒草 *Oryzopsis chinensis* Hitchc.

多年生草本。具根头。秆密丛生，直立，具 3~4 节，平滑无毛。叶鞘短于节间；叶舌极短，叶内卷成针状。圆锥花序开展，分枝孪生，上部分生小枝成三叉状；颖膜质，近等长，先端尖，具 3~5 脉，侧脉仅位于下部；外稃被短毛，芒易脱落；花药顶生毫毛。花、果期 6~7 月。

生于浅山区石质山坡。见于东坡甘沟、插旗沟、大水沟等；西坡峡子沟、镇木关沟、北寺沟等。常见。

中华落芒草对水土保持起较大作用。

| 沙鞭属 | *Psammochloa* Hitchc. |

571. 沙鞭 沙竹
Psammochloa villosa (Trin.) Bor.

多年生草本。根状茎长，横走，节上生根，向上抽出花枝。秆直立，光滑。叶鞘光滑；叶舌膜质，叶片质地坚韧；圆锥花序紧密；两颖近等长或第一颖较短，具 3~5 脉，被微毛；外稃背部密生柔毛；具 5~7 脉，顶端具 2 微齿，基盘无毛；芒易脱落；内稃被柔毛，具 5 脉，背部圆形，中脉不甚明显。花、果期 5~9 月。

生于山麓草原化荒漠区覆沙地。见于北端山麓。少见。

沙鞭不仅是较好的牧草，亦是良好的固沙植物。

| 九顶草属 | *Enneapogon* Desv. ex Beauv. |

572. 九顶草 *Enneapogon borealis* (Griseb.) Honda

　　一年生草本。须根细弱，外具沙套。秆密丛生，被柔毛。叶鞘短于节间，密被柔毛；叶舌短，顶端具柔毛；叶片狭线形，卷折，两面被短柔毛。圆锥花序穗状，铅灰色；小穗含 2 朵小花；颖质薄，披针形，具 3~5 脉，第一外稃疏被短柔毛，基盘被长柔毛，顶端具 9 条直立的羽状芒；内稃与外稃等长，具 2 脊，脊上疏生纤毛。花、果期 5~10 月。

　　生于山麓草原化荒漠和荒漠草原群落中。东、西坡均有分布。常见。

　　九顶草是优等牧草。

獐毛属	***Aeluropus* Trin.**

573. **獐毛** 马牙头
Aeluropus sinensis (Debeaux) Tzvel.

多年生草本。具短而坚硬的根头及匍匐茎。秆基部密生鳞片状叶鞘，节密生柔毛。叶鞘长于节间，无毛；叶舌短，顶生纤毛；叶片质硬。圆锥花序紧密呈穗状；小穗含4~10朵花，颖革质，第一颖狭窄，具3条不明显的脉，第二颖具5~7脉；外稃卵形，先端尖，具9~10脉，背部无毛；内稃与外稃近等长，脊上具微毛。花、果期5~8月。

生于山麓盐化湿地、盐碱地。东、西坡均有分布。常见。

药用部位：全草。

药用功效：清热利尿，退黄。

獐毛是牧草，亦可作固沙植物。

画眉草属 *Eragrostis* wolf

574. 小画眉草 星星草
Eragrostis minor Host

一年生草本。叶鞘具腺点；叶舌为一圈纤毛，叶片主脉及边缘具腺体。圆锥花序开展，分枝单生，腋间无毛，小穗柄具腺体；小穗含4至多花；颖锐尖，近等长或第一颖稍短，具1脉，脉上常具腺体；外稃宽卵圆形，先端钝，侧脉明显，光滑无毛，主脉上亦常具腺体；内稃稍短于外稃，脊上具极短的纤毛。花、果期6~8月。

生于山麓荒漠草原群落中。东、西坡均有分布。常见。

药用部位：全草。

药用功效：清热解毒，疏风利尿。

小画眉草是回药。

隐子草属　　*Cleistogenes* Keng

575. # 无芒隐子草　*Cleistogenes songorica* (Roshev.) Ohwi

多年生草本。秆直立，具多节，密丛生，无毛。叶鞘长于节间；叶舌短，顶端截形，叶片上面及边缘粗糙，背面光滑。圆锥花序开展，下部各节具1分枝，小穗含3~8朵小花，成熟时带紫色；颖不等长，膜质，具1脉；外稃质较薄，上部边缘宽膜质，具5脉，主脉及边脉疏生长柔毛，基盘疏生短毛；内稃与外稃等长或稍短，脊下部具长纤毛；雄蕊3枚，花药黄色。花、果期7~9月。

生于山麓荒漠草原群落中。东、西坡均有分布。常见。

无芒隐子草是优等放牧型小禾草。

576. **丛生隐子草** *Cleistogenes caespitosa* Keng

多年生草本。秆丛生，直立，无毛。叶舌为一圈纤毛；叶片背面平滑无毛。圆锥花序开展，小穗含 3~5 朵花，颖不等长，膜质而稍透明，第一颖具 1 脉或无脉，第二颖具 1 脉；外稃具 5 脉或间脉不太明显，边缘疏生柔毛，第一外稃先端具小尖头；内稃等长或稍长于外稃，脊上部粗涩。花、果期 7~8 月。

生于海拔 2000~2500m 的石质山坡、沟谷。见于东坡苏峪口沟和插旗沟。常见。

丛生隐子草是良等牧草。

草沙蚕属 *Tripogon* Roem. et Schult.

577. **中华草沙蚕** *Tripogon chinensis* (Franch.) Hack.

多年生草本。须根稠密。秆直立，紧密丛生。叶鞘多短于节间，口部具长柔毛，带紫红色；叶舌膜质，具纤毛；叶片内卷成细针状。穗状花序细瘦，小穗黑绿色，含 2~8 朵花；颖质薄，第一颖先端尖，第二颖具 1 脉，脉延伸成小尖头；外稃质薄，近膜质，具 3 脉，主脉延伸成芒，基盘具长柔毛；内稃与外稃等长或稍短于外稃。花、果期 7~9 月。

生于山麓荒漠草原与浅山区干燥山坡及干河床上。见于东坡黄旗沟口、马连口、苏峪口、甘沟口；西坡哈拉乌沟口、峡子沟口等。常见。

中华草沙蚕是中等牧草。

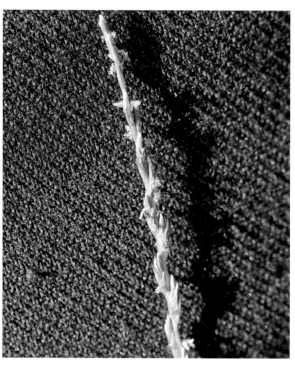

虎尾草属 *Chloris* Swartz

578. **虎尾草** *Chloris virgata* Swartz

一年生草本。根须状。秆丛生。叶鞘无毛，最上部的叶鞘常肿胀而包藏花序；叶舌具小纤毛；叶片扁平或折卷。穗状花序 4~10 个成指状簇生于茎顶；颖膜质，具 1 脉，第二颖具短芒，第一外稃具 3 脉，芒自顶端以下伸出，内稃稍短于外稃；不孕花外稃顶端截平。花、果期 6~10 月。

生于山麓荒漠草原群落中。东、西坡均有分布。常见。

药用部位：全草。

药用功效：祛风除湿，解毒杀虫。

虎尾草是耐盐碱性很强的中等饲用牧草。

锋芒草属 *Tragus* Haller

579. **锋芒草** *Tragus mongolorum* Ohwi

一年生草本。秆斜升或平卧地面。叶鞘短于节间，无毛；叶舌具柔毛；叶片边缘具刺毛。花序紧密呈穗状，小穗 2 个簇生而常具第三个退化小穗；第一颖退化，薄膜质，微小，第二颖革质，背部具 5 条肋刺，顶端具伸出刺外的尖头；外稃膜质，具 3 条不明显的脉纹；内稃较外稃稍短而质薄，脉更不显。花、果期 6~8 月。

生于山麓荒漠草原的冲沟、局部低洼地。东、西坡均有分布。常见。

锋芒草是良等牧草。

| 隐花草属 | *Crypsis* Aiton |

580. 隐花草 *Crypsis aculeata* (L.) Ait.

　　一年生草本。须根细弱。秆丛生，平卧或斜升，无毛，常带紫红色。叶鞘短于节间，松弛，边缘膜质，无毛；叶舌短小；叶片质硬，两面无毛。圆锥花序短缩成头状，小穗颖不等长，具1脉，第一颖狭窄，线形，第二颖较宽，外稃具1脉；内稃与外稃等长或稍长于外稃；雄蕊2枚。花、果期8~9月。

　　生于山麓盐湿地、盐渍地。东、西坡均有分布。多见。

三芒草属　　*Aristida* L.

581. 三芒草　*Aristida adscensionis* L.

　　一年生草本。秆丛生，无毛。叶鞘大都短于节间；叶舌短小，具白色纤毛；叶片纵卷成针状，上面稍粗糙，下面光滑。圆锥花序，小穗线形，常带紫红色；颖膜质，具 1 脉，脉上粗糙，外稃与第二颖等长，具 3 脉，中脉上粗糙；芒粗糙，侧芒较短，基盘尖，被毛。花、果期 5~8 月。

　　生于山麓荒漠草原群落中。东、西坡均有分布。常见。

　　三芒草是牧草。

稗属   *Echinochloa* Beauv.

582. **稗** 稗子
Echinochloa crusgalli (L) Bearv.

一年生草本。秆直立，光滑无毛。叶鞘松弛，平滑无毛；叶片无毛。圆锥花序的主轴具角棱；总状花序具小枝，穗轴基部具有硬刺疣毛；小穗密集于穗轴的一侧；第一颖三角形，基部包卷小穗，具 5 脉，边脉仅于基部较明显，具短硬毛或硬刺疣毛；第二颖先端成小尖头，具 5 脉；第一外稃草质，上部具 7 脉，具硬刺疣毛；内稃与外稃等长，膜质，具 2 脊。花、果期 7~10 月。

生于山麓水田、渠道。东、西坡均有分布。常见。

药用部位：全草、根、种子。

药用功效：调经止血，益气，健脾，透疹止咳，补中利水。

狗尾草属　　*Setaria* Beauv.

583. **金色狗尾草** *Setaria glauca* (L.) Beauv.

　　一年生草本。节上生根。叶鞘下部者压扁具脊，上部者为圆形；叶舌为一圈柔毛；叶片无毛。圆锥花序紧密，圆柱形，刚毛金黄色；小穗椭圆形，通常在一簇中仅 1 个发育；第一颖广卵形具 3 脉，第二颖长约为小穗的一半，具 5~7 脉；第一外稃与小穗等长，具 5 脉；内稃膜质，几等长于外稃，等宽于谷粒，含雄蕊 3 枚；谷粒等长于第一外稃，成熟时具明显的横皱纹，背部极隆起，黄色。花、果期 7~9 月。

　　生于山坡沟谷。东、西坡均有分布。常见。

　　药用部位：全草。

　　药用功效：清热，明目，止泻。

　　金色狗尾草是牧草。

584. **狗尾草** 谷莠子
Setaria viridis (L.) Beauv.

　　一年生草本。叶鞘较松弛；叶舌具纤毛；叶片扁平，无毛。圆锥花序密呈圆柱形，刚毛绿色、黄色或变紫色；小穗椭圆形；第一颖卵形，具 3 脉；第二颖几与小穗等长，具 5（7）脉；第一外稃与小穗等长，具 5~7 脉，具一狭窄的内稃；谷粒长圆形，顶端钝，具细点状皱纹。花期 6~8 月。

　　生于山坡沟谷。东、西坡均有分布。常见。

药用部位：全草。

药用功效：祛风明目，清热利尿。

狗尾草是回药、蒙药，亦是良等牧草。

| 狼尾草属 | *Pennisetum* Rich. |

---

585. **白草** *Pennisetum flaccidum* Griseb.

多年生草本。具横走的根状茎。秆直立，上部者多松弛；叶舌短，叶片线形。圆锥花序穗状，呈圆柱形；刚毛灰白色或带紫褐色；小穗单生，第一颖先端钝圆，脉不明显，第二颖具 3~5 脉；第一外稃与小穗等长，具 7~9 脉，内稃膜质或退化；雄蕊 3 枚或退化，花药顶端无毛。花、果期 6~10 月。

生于浅山区和山麓干山坡、坡脚、干河床及山麓覆沙地。东、西坡均有分布。常见。

药用部位：根茎。

药用功效：清热利尿，凉血止血。

白草是良好牧草。

荩草属　*Arthraxon* Beauv.

586.　**荩草** *Arthraxon hispidus* (Thunb.) Makino

　　一年生草本。秆细弱，具多节。叶鞘短于节间，生短硬疣毛；叶舌膜质；叶片卵状披针形，基部心形抱秆。总状花序细弱；小穗卵状披针形，灰绿色或带紫色；第一颖草质，具 7~9 脉；第二颖近于膜质，舟形，具 3 脉，第一外稃透明膜质，第二外稃与第一外稃等长，膜质但基部质较硬，近基部伸出 1 膝曲的芒，下部扭转。花、果期 8~10 月。

　　生于海拔 2000~2400m 的山地沟谷溪泉边。见于东坡苏峪口沟、插旗沟、贺兰沟等；西坡南寺沟（牦牛淌）、哈拉乌沟。多见。

　　药用部位：根、全草。

　　药用功效：清热，降逆，止咳平喘，解毒，祛风湿。

　　荩草是良等牧草。

孔颖草属 *Bothriochloa* Kuntze

587. 白羊草 *Bothriochloa ischaemum* (L.) Keng

多年生草本。秆丛生，具3至多节。叶鞘短于节间，无毛；叶舌膜质；叶片狭线形。总状花序4至多数簇生于秆顶，灰绿色或带紫色；穗轴节间与小穗柄两侧具白色丝状毛；无柄小穗基盘具髯毛；第一颖草质，背部中央稍下凹，具5~7脉；第二颖舟形；第二外稃退化成线形，先端延伸成1膝曲的芒，有柄小穗雄性，无芒，第一颖背部无毛，具9脉，第二颖具5脉，两边内折，边缘具纤毛。花、果期7~10月。

生于海拔 1250~1500m 的山麓及浅山区的沟谷阳坡坡麓及干河床边。见于东坡马连口、黄旗沟、苏峪口沟；西坡。常见。

白羊草是极有经济价值的牧草和水土保持植物。

莎草科 Cyperaceae

藨草属　　　*Scirpus* L.

588. 扁秆藨草 ^{水莎草} *Scirpus planiculmis* Fr. Schmidt

多年生草本。具细长匍匐根状茎及球茎。秆直立，单生，三棱形，具秆生叶。叶鞘较长，叶片扁平，叶状苞片 1~3 枚，长于花序。长侧枝聚伞花序短缩成头状，具 1~9 个小穗；小穗卵形，具多数花；鳞片褐色，膜质，长椭圆形，背面中央具 1 条稍宽的中肋，顶端成撕裂状，具芒；下位刚毛具倒生刺毛；雄蕊 3 枚，花药线形；花柱细长，柱头 2 个。小坚果宽倒卵形，扁平。花、果期 7~9 月。

生于山麓低洼积水地和水库、涝坝中。见于东坡大武口、拜寺沟口；西坡巴彦浩特。少见。

药用部位：块茎。

药用功效：祛瘀通经，行气消积。

扁秆藨草是回药，亦是粗等牧草。

589. **藨草** *Scirpus triqueter* L.

　　多年生草本。匍匐根状茎细长。秆直立，散生，三棱形。叶鞘膜质，叶片扁平，线状披针形。苞片 1 枚，三棱形。长侧枝聚伞花序简单，假侧生，具 3~8 个辐射枝，扁三棱形，顶端各具 1~3 个小穗；小穗卵形，具多花；鳞片宽卵形；背面具 1 条中脉；下位刚毛 3~6 条，具倒生刺毛；雄蕊 3 枚，花药线形；柱头 2 个。小坚果倒卵形，平凸状。花、果期 6~9 月。

　　生于山麓低洼积水处、水库、涝坝中。见于东坡大武口；西坡巴彦浩特。稀见。

　　药用部位：全草。

　　药用功效：开胃。

　　藨草是粗等牧草，其茎叶可编织、造纸。

590. 水葱 *Scirpus tabernaemontani* Gmel.

多年生草本。匍匐根状茎粗壮。秆直立，丛生，圆柱形。叶鞘，膜质，带淡紫红色，叶舌膜质，叶片扁平，线形。苞片 1 枚，钻形。长侧枝聚伞花序简单，假侧生，辐射枝长短不等，一面平，一面圆；小穗狭卵形，具多数花；鳞片卵状椭圆形，背面具 1 条中脉，两侧棕褐色，具短缘毛；下位刚毛 6 条，与小坚果等长，具倒生刺毛；雄蕊 3 枚，花药线形；柱头 2 个，较花柱长。小坚果倒卵形，一面平，一面凸。花、果期 6~9 月。

生于山麓低洼积水处、水库和涝坝中。见于东坡大武口；西坡巴彦浩特。少见。

药用部位：地上部分。

药用功效：除湿利尿。

水葱是回药，亦是粗等牧草，可以净化河道水质。

| 荸荠属 | *Heleocharis* R. Br. |

591. 卵穗荸荠 *Heleocharis soloniensis* (Dubois) Hara

无匍匐根状茎。秆多数丛生，圆柱状。叶鞘下部微红色，鞘口斜。小穗卵形，锈色，含多数花；小穗基部 2 片鳞片无花，鳞片卵形，背面绿色，具 1 条脉，两边红色，边缘狭膜质；下位刚毛 6 条，长为小坚果的 1.5 倍，具倒刺；柱头 2 个。小坚果倒卵形，背面微凸，腹面微凹；花柱基为扁三角形。花期 8~12 月。

生于山地沟谷溪水边。见于东坡汝箕沟。稀见。

莎草属 *Cyperus* L.

592. 褐穗莎草 *Cyperus fuscus* L.

一年生草本。具须根。秆直立，丛生，锐三棱形。叶鞘短，带紫红色，苞片 2~3 枚，叶状，中脉明显，两面无毛。长侧枝聚伞花序，具 3~5 个辐射枝；小穗线状披针形，具 8~18 朵花，5~15 个小穗排列成稍疏松的头状花序；鳞片两行排列，宽卵形，中部黄绿色，具 3 条不明显的脉；雄蕊 2 枚，花药椭圆形，黄色，花丝线形；柱头 3 个。小坚果椭圆形，三棱形，光滑。花、果期 7~9 月。

生于山地沟谷溪水边、山前水塘、涝坝中。见于东坡汝箕沟和大水沟；西坡巴彦浩特。少见。

水莎草属   *Juncellus* (Griseb.) Clarke

593. **花穗水莎草** *Juncellus pannonicus* (Jacq.) C. B. Clarke

多年生草本。具须根。秆密丛生，扁三棱形，基部具 1 片叶。叶鞘较长，叶片刚毛状。苞片 3 枚，边缘膜质。长侧枝聚伞花序简单，具 2~6 个无柄小穗，聚集成头状，呈假侧生；小穗椭圆形具 10~30 朵花；鳞片两行排列，卵圆形，两侧暗红色；雄蕊 3 枚，花药线形；柱头 2 个。小坚果椭圆形，平凸状，黄色，光滑。花、果期 7~9 月。

生于海拔 2000~2400m 的山地沟谷溪水边。见于东坡插旗沟口和苏峪口沟。少见。

嵩草属 *Kobresia* Willd.

594. 高山嵩草 *Kobresia pygmaea* C. B. Clarke

　　垫状草本。秆圆柱形，基部具密集的褐色的宿存叶鞘。叶与秆近等长，线形。穗状花序雄雌顺序，椭圆形，顶生的 2~3 个雄性，侧生的雌性；雄花鳞片长圆状披针形，膜质，有 3 枚雄蕊；雌花鳞片宽卵形，纸质。先出叶椭圆形。小坚果椭圆形，扁三棱形；柱头 3 个。退化小穗轴扁。

　　生于海拔 2800~3500m 的高山灌丛、高山草甸。见于主峰和西坡哈拉乌北沟。常见。

　　高山嵩草是良等牧草。

薹草属　*Carex* **L.**

595. **黄囊薹草** *Carex korshinskyi* Kom.

多年生草本。根状茎细长。秆密丛生，扁三棱形，老叶鞘常细裂成纤维状。叶具叶鞘。苞片鳞片状。小穗 2~3 (4) 个，顶生小穗为雄小穗，棒形；其余小穗为雌小穗，卵形。雄花鳞片披针形，膜质，具 1 条中脉；雌花鳞片卵形，具 1 条中脉。果囊斜展，椭圆形，鼓胀三棱形，革质，鲜黄色，平滑，具光泽，顶端急缩为很短的喙，喙口斜截形。小坚果紧包于果囊内，椭圆形，三棱形，灰褐色，顶端具小短尖；柱头 3 个。花、果期 7~9 月。

生于海拔 2000~2400m 的山地林缘、灌丛。见于东坡插旗沟、苏峪口沟、黄旗沟、甘沟；西坡北寺沟、南寺沟、哈拉乌沟和峡子沟。多见。

黄囊薹草是良等牧草。

596. **干生薹草** *Carex aridula* Krecz.

多年生草本。具细长匍匐根状茎。秆丛生，扁三棱形，基部具紫褐色细裂成网状的残存叶鞘。叶片较秆短。小穗 2~3 个，顶生小穗雄性，棒状，侧生小穗雌性，矩圆形；苞片鳞片状，边缘膜质，最下 1 片刚毛状，无鞘；雌花鳞片宽卵形，具 1 脉；果囊倒卵圆形，膨胀，钝三棱形，褐绿色，顶端急缩成短喙，喙口白色，斜裂。花柱基部稍膨大，柱头 3 个。小坚果倒卵形，三棱形。花、果期 5~7 月。

生于海拔 3000m 左右的高山灌丛的石缝中。见于主峰两侧；西坡北寺沟和哈拉乌北沟。多见。

干生薹草是良等牧草。

天南星科 Araceae

天南星属　*Arisaema* Mart.

597. 一把伞南星 ^{天南星}

天南星

Arisaema erubescens (Wall.) Schott

多年生草本。块茎扁球形，密生须根。芽苞叶膜质，白色。叶单一，叶片放射状分裂，裂片 7~10 枚，长椭圆状披针形。花序梗短于叶柄；佛焰苞绿色，具白色条纹，檐部卵状长椭圆形；雄花序花无柄，花药球形，附属器棒状；雌花序附属器棒状。浆果橘红色。花期 5~6 月，果期 7 月。

生于海拔 2700m 左右的云杉林间溪边湿地。见于西坡哈拉乌北沟。稀见。

药用部位：块茎。

药用功效：燥湿化痰，祛风解痉；外用消肿止痛。

灯心草科 Juncaceae

灯心草属 *Juncus* L.

598. 细灯心草 *Juncus grancillimus* (Buch.) Krecz. et Gontsch.

　　多年生草本。根状茎短缩，横走。茎直立，丛生，基部具褐色残存叶鞘。叶片细线形，边缘常向上反卷。花在分枝上单生，组成圆锥状聚伞花序；其下具 2 片叶状总苞，小苞片 2 枚，卵形，膜质；花被片 6 枚，外轮 3 片较狭，内轮 3 片较宽，雄蕊 6 枚；雌蕊具很短的花柱，柱头 3 个。蒴果卵形，褐色；种子小，褐色。花期 5 月，果期 6 月。

　　生于山地沟谷溪水边。见于东坡拜寺沟；西坡巴彦浩特。稀见。

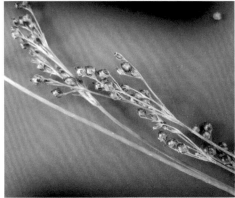

599. 小花灯心草 *Juncus articulatus* L.

多年生草本。根壮茎短缩，横走。茎直立，丛生，圆柱形。叶近圆柱形；叶鞘松弛抱茎，边缘膜质；具狭叶耳。头状花序数个再集成聚伞花序；头状花序含 4~10 朵花；花被片 6 枚，披针形，边缘膜质；雄蕊 6 枚；雌蕊具短花柱，柱头 3 个。蒴果三棱状椭圆形，褐色；种子椭圆形，黄褐色，两端尖。花期 6~7 月，果期 7~8 月。

生于沟谷溪边。见于东坡汝箕沟和大水沟；西坡巴彦浩特。稀见。

百合科 Liliaceae

天门冬属   *Asparagus* **L.**

600. 攀缘天门冬 天冬
Asparagus brachyphyllus Trucz.

多年生攀缘草本。块根。数个成簇，肉质，圆柱状。茎常呈之字形弯曲，具纵条棱，棱上具软骨质齿；叶状枝 4~10 个成簇，近圆柱形，具纵棱，棱上具软骨质齿。鳞片状叶膜质，卵形，基部具刺状距。花 2 朵腋生，中部稍上处具关节。浆果红色。花期 5~6 月，果期 7~8 月。

生于海拔 1900~2200m 的山地灌丛或石缝中。见于东坡甘沟；西坡水磨沟、锡叶沟。常见。

攀缘天门冬是回药。

601. 西北天门冬 *Asparagus persicus* Baker

多年生攀缘草本。根细长。茎平滑，分枝略具纵条棱；叶状枝扁圆柱形，略具几条纯棱。鳞片状叶膜质，基部有时具短刺状距。花 2~4 朵腋生，绿白色或淡紫红色；花梗关节位于上部或近花被基部。浆果红色。花期 5~6 月，果期 7~8 月。

生于山前盐渍地及盐碱地。见于西坡巴彦浩特。少见。

西北天门冬是蒙药。

602. 戈壁天门冬 寄马桩 *Asparagus gobicus* Ivan. ex Grub.

半灌木。根状茎粗壮，横走，具多数圆柱状根。茎直立，灰白色，中部以下具条状剥落的白色薄膜，中上部强烈成"之"字形弯曲；叶状枝近圆柱形，具纵棱，微具软骨质齿，较刚硬；鳞片状叶卵状披针形，基部具短距。花 1~2 朵腋生，关节位于中部稍上处。浆果红色。花期 5 月，果期 6~7 月。

生于山麓荒漠草原群落中。见于东坡甘沟口、苏峪口；西坡哈拉乌沟口、巴彦浩特、峡子沟口。常见。

药用部位：全草。

药用功效：清热利尿，止血止咳。

戈壁天门冬是蒙药、回药。

百合属	*Lilium* L.

603. 山丹 ^{细叶百合} *Lilium pumilum* DC.

　　多年生草本。地下茎直伸，生数轮纤维状细根；鳞茎圆锥形，鳞茎瓣卵形。茎直立，叶散生，狭线形，具1条明显的脉。花顶生；叶状苞片，花被片6枚，深橘红色；雄蕊6枚；子房圆柱形；柱头3裂，开展。蒴果长椭圆形。花期7~8月，果期8~9月。

　　生于海拔2000~2400m的山地沟谷、石质山坡及灌丛下。东、西坡均有分布。常见。

　　药用部位：鳞茎。

　　药用功效：除烦热，润肺止咳，安神。

　　山丹是回药、蒙药，其鳞茎富含淀粉可食用。

顶冰花属　　*Gagea* Salisb.

604. **少花顶冰花**　*Gagea pauciflora* Turcz.

　　多年生草本。鳞茎椭圆形，鳞茎皮灰黄色。茎直立，被短柔毛，下部较密。基生叶 1 枚，细线形，高超出花葶；茎生叶线状披针形。花 1~3 朵，排列成近总状花序；花被片狭长椭圆形；背部绿色，边缘黄色；雄蕊 6 枚，等长；子房圆柱形；花柱柱头 3 深裂。花期 5~6 月。

　　生于海拔 1900~2400m 的沟谷、灌丛及山地草甸。见于东坡苏峪口沟；西坡水磨沟、哈拉乌沟、南寺沟、北寺沟等。多见。

洼瓣花属	*Lloydia* Salisb. ex Reichb.

605. 洼瓣花 *Lloydia serotina* (L.) Rchb.

多年生草本。鳞茎狭卵形，鳞茎皮灰褐色。基生叶 2 片，细线形，短于花序；茎生叶狭披针形，基部半抱茎。花 1~2 朵；花被片 6 枚，倒卵状椭圆形，白色具紫色条纹或带紫色；雄蕊 6 枚，花药黄色，椭圆形；子房椭圆状圆柱形；柱头微 3 裂。花期 6 月。

生于海拔 2200~2500m 的山地沟谷、灌丛下。见于西坡哈拉乌北沟、水磨沟。少见。

606. 西藏洼瓣花 *Lloydia tibetica* Baker ex Oliv.

多年生草本。鳞茎顶端延长、开裂。基生叶 3~10 枚，边缘无毛；茎生叶 2~3 枚，向上逐渐过渡为苞片；花 1~5 朵；花被片黄色，有淡紫绿色脉；内花被片内面下部或近基部两侧各有 1~4 个鸡冠状褶片；内外花被片内面下部有长柔毛；柱头近头状，稍 3 裂。花期 5~7 月。

生于海拔 3000m 左右的山脊、石缝和高山灌丛下。见于主峰下山脊两侧。稀见。

药用部位：鳞茎。

药用功效：内服祛痰止咳；外用治痈肿疮毒、外伤出血。

（西藏洼瓣花图片由谭飞提供）

葱属	*Allium* L.

607. 薤白 ^{小蒜}
Allium macrostemon Bunge

多年生草本。鳞茎近球形，鳞茎外皮带黑色，不破裂，内皮白色，膜质。叶半圆柱状，中空，较花葶短。花葶圆柱状，总苞2裂；伞形花序半球形；花被片淡红色或紫红色，内轮花被片卵状椭

圆形，外轮花被片狭卵形；花丝等长，锥形；子房近球形，基部具 3 个带盖的凹穴；花柱伸出花被外。花期 6~7 月。

生于海拔 2200~2400m 的山地沟谷。见于西坡峡子沟。常见。

药用部位：鳞茎。

药用功效：通阳散结，行气导滞。

薤白是回药，亦是很好的野菜资源。

608. 野韭 *Allium ramosum* L.

多年生草本。具横生的粗壮根状茎。鳞茎近圆柱形，皮暗黄色，破裂成纤维状。叶三棱状线形，背面具隆起的纵棱，中空，较花葶短。花葶圆柱状，基部被叶鞘；伞形花序半球形，具多花；花被片淡红色，具深紫色中脉，内轮花被片倒卵状长椭圆形，外轮花被片披针状长椭圆形；花丝等长，锥形，内轮稍宽；子房倒卵球形，具 3 圆棱，花柱与子房近等长。花期 7 月。

生于海拔 2000m 左右的山地沟谷、灌丛。见于西坡峡子沟。少见。

野韭是蒙药，其叶可食。

609. 蒙古韭 ^{沙葱} *Allium mongolicum* Regel

多年生草本。具根状茎。鳞茎圆柱形，鳞茎外皮黄褐色，破裂成松散的纤维状。叶圆柱形，较花葶短。花葶粗壮，下部被叶鞘；总苞片单侧开裂；伞形花序球形，具多而密的花；花被片淡红色，外轮花被片卵形，内轮花被片卵状椭圆形；花柱不伸出花被外。花期 7 月。

生于海拔 1600~1800m 的荒漠草原群落中。东、西坡均有分布。常见。

药用部位：地上部分。

药用功效：开胃消食，杀虫。

蒙古韭是蒙药，其叶及花可食用。

610. 细叶韭 *Allum tenuissimum* L.

多年生草本。具根状茎。鳞茎近圆柱状，丛生，鳞茎外皮紫褐色，膜质，顶端常不规则破裂，内皮膜质，紫红色。叶半圆柱状，与花葶近等长。花葶圆柱状；总苞单侧开裂；伞形花序半球形；花被片白色或淡红色，外轮花被片倒卵状矩圆形，内轮花被片倒卵状楔形；子房卵形，基部无凹穴，花柱与子房近等长。花期 7~8 月。

　　生于海拔 2000~2300m 的浅山山坡。见于东坡小口子、苏峪口沟、甘沟；西坡峡子沟和北寺沟。多见。

　　细叶韭可作为蔬菜、烹调香料、腌制食品。

---

611. 矮韭 *Allium anisopodium* Ledeb.

　　多年生草本。具横生根状茎。鳞茎近圆柱状，丛生，鳞茎外皮紫褐色，膜质，不规则破裂，内皮常带紫红色。叶半圆柱状，较花葶短或近等长。花葶圆柱状；总苞单侧开裂；伞形花序半球形；花被片淡紫色，外轮花被片卵状长椭圆形，内轮花被片倒卵状长椭圆形；子房卵球形，基部无凹穴，花柱与子房近等长。花期 7~8 月。

　　生于海拔 1800~2300m 的山坡沟谷、草地或灌丛。见于东坡黄旗沟、贺兰沟、苏峪口沟；西坡南寺沟、哈拉乌北沟、北寺沟、峡子沟。多见。

612. 高山韭 *Allium sikkimense baker*

多年生草本。鳞茎圆柱形，外皮暗褐色，破裂成纤维状，下部近网状，稀条状破裂。叶狭线形，扁平。花葶圆柱状，下部被叶鞘；总苞单侧开裂，早落；伞形花序半球形，花多而密；小花梗近等长，基部无小苞片；花被片天蓝色或紫蓝色，卵形或卵状椭圆形，内轮的边缘常具1至数个疏离的不规则小齿，且常较外轮花被片稍长而宽；花丝等长，长为花被片的1/2~2/3，内轮的基部扩展，有时每侧各具1齿；子房近球形，基部沿腹缝线具3个凹穴，花柱比子房短或近等长。花、果期7~9月。

生于海拔2900m左右的林缘、灌丛或高山草甸。见于哈拉乌北沟。少见。

613. 青甘韭 *Allium przewalskianum Regel All.*

多年生草本。具根状茎。鳞茎柱状圆锥形，丛生，鳞茎外皮红棕色，破裂成纤维状，呈明显的网状，紧密包围鳞茎。叶半圆柱状，短于或近等长于花葶。总苞单侧开裂；伞形花序球形；花被片深紫红色，内轮花被片椭圆形，外轮花被片狭卵形；子房近球形，基部无凹穴。花期7~8月。

生于海拔2300~2500m的石质山坡或灌丛下。见于东坡甘沟、苏峪口沟、大水沟；西坡峡子沟、哈拉乌沟等。常见。

614. 雾灵韭 *Allium plurifoliatum* Rendle var. *stenodon* (Nakai et Kitag.) J. M. Xu

多年生草本。具根状茎。鳞茎狭卵状圆柱形，鳞茎外皮黑褐色，破裂成纤维状。叶线形，扁平，与花葶近等长。总苞单侧开裂，具短喙；花被片淡红色、淡紫色至紫色，内轮花被片卵状长椭圆形，外轮花被片卵形，较内轮稍短；子房卵形，基部具 3 个有盖的凹穴；花柱伸出花被外。花、果期 8~10 月。

生于海拔 2000~2500m 的山地林缘、灌丛下。见于东坡苏峪口沟；西坡水磨沟、哈拉乌沟、北寺沟等。

615. **阿拉善韭** *Allium flavovirens* Regel

　　多年生草本。鳞茎圆柱状，外皮黄褐色，纤维状撕裂。叶半圆柱状，中空，长于花葶或近等长。总苞2裂，具狭长喙，宿存；伞形花序球形；花白色或淡黄色；花被片距圆形，外轮者较短，背面淡紫红色；花丝等长，长为花被片的1.5~2倍；子房近球形，基部具凹陷的蜜穴；花柱伸出。花期8月，果期9月。

　　生于海拔2000~2800m的山坡石缝中。旱中生植物。见于东坡苏峪口沟；西坡赵池沟、哈拉乌沟、南寺沟、北寺沟、镇木关沟等。多见。

　　阿拉善韭是贺兰山特有种。

| 舞鹤草属 | *Maianthemum* Weber. |

616. **舞鹤草** 二叶舞鹤草
Maianthemum bifolium (L.) F. W. Schmidt.

多年生草本。根状茎细长，节上生纤细须根。茎直立，基生叶 1 枚，狭卵形，具长柄，茎生叶 2 枚，三角状卵形，两面沿脉疏被短柔毛，背面稍密。总状花序顶生，花单生或双生；苞片小，三角形，膜质；花被片白色或淡黄色，卵状椭圆形；雄蕊 4 枚；子房宽卵形，花柱与子房近等长。浆果球形。花期 6 月，果期 7~8 月。

生于海拔 2400~2500m 的山地林缘、林下。见于东坡苏峪口沟；西坡北寺沟。少见。

药用部位：全草。

药用功效：清热润肺。

黄精属　　*Polygonatum* Mill.

617. **玉竹** ^{铃铛菜}
Polygonatum odoratum (Mill.) Druce

多年生草本。根状茎横走，肉质，黄白色，圆柱形，节痕明显，散生细弱须根。茎直立。叶互生，椭圆形，全缘，具短柄。花单一或双生叶腋，花被黄绿色至白色，顶端6裂，裂片卵形；雄蕊6枚；子房长椭圆形；花柱细长，与雄蕊等长。浆果球形，成熟时黑色。花期5~6月，果期7月。

生于海拔1800~2200m的山地林缘、林下灌丛和草地。见于东坡苏峪口沟和插旗沟；西坡南寺沟、哈拉乌沟。常见。

药用部位：根状茎。

药用功效：养阴润燥，生津止渴。

玉竹是蒙药，亦是优良的滋养、防燥、降压、祛暑的营养滋补品。

618. # 黄精 ^{鸡头参}
Polygonatum sibiricum Delar. ex redoute

多年生草本。根状茎横走，肉质，黄白色，节部膨大，故节间一端粗，一端细。茎直立，顶端呈攀缘状。叶 4~6 片轮生，线状披针形，先端弯曲成钩或拳卷，全缘，两面无毛；无柄。花双生叶腋，苞片膜质，线形，花被绿白色，顶端 6 裂，裂片矩圆形；雄蕊 6 枚，着生于花被筒中部；子房卵形，短于花柱。浆果球形，成熟时黑色。花期 5~6 月，果期 6~7 月。

生于海拔 1800~2400m 的山坡林缘、灌丛下。见于东坡苏峪口沟、大水沟、甘沟；西坡北寺沟、南寺沟、哈拉乌沟、峡子沟。常见。

药用部位：根状茎。

药用功效：补气养阴，健脾，润肺，益肾。

黄精是蒙药，其根茎和幼苗可食。

鸢尾科 Iridaceae

鸢尾属	*Iris* L.

619. 野鸢尾 射干鸢尾
Iris dichotoma Pall.

多年生草本。根状茎块状，须根粗壮，灰褐色。叶基生，对褶成镰刀形，基部鞘状抱茎，灰绿色。花茎直立，上部二歧状分枝，披针形。花序着生于分枝顶端；苞片 4~5 枚，卵形，膜质，内含 3~4 朵花，花白色，有紫褐色斑点，花被管短，外轮花被裂片倒卵状长椭圆形，内轮花被裂片倒卵状椭圆形；花药黄色，顶端具尖头；花柱分枝扁平，花瓣状，顶端裂片狭三角形。蒴果圆柱形。花期 6~7 月，果期 7 月。

生于海拔 1800~2400m 的林缘、石质山坡、山脊及石缝中。见于东坡苏峪口沟、黄旗沟、小口子、大水沟；西坡北寺沟等。多见。

野鸢尾是蒙药，亦是观赏植物，其根茎可提取香精。

620. 马蔺 马蔺

Iris lactea Pall. var. *chinensis* (Fisch.) Koidz.

多年生草本。根状茎短而粗壮，外包大量的红褐色折断老叶叶鞘及纤维。叶基生，线形，常带紫红色。苞片 3~5 枚，草质，黄绿色，线状披针形，内含 2~4 朵花；花蓝紫色，外轮花被裂片倒披针形，内轮花被片狭倒披针形；花药黄色，花柱分枝扁平，花瓣状，先端裂片狭三角形。蒴果圆柱形，具 6 条纵肋，顶端具喙。花期 5~6 月，果期 7~8 月。

生于山麓盐渍地或盐碱地。东、西坡均有分布。多见。

药用部位：花、种子、根。

药用功效：花能清热凉血，利尿消肿；种子能凉血止血，清热利湿；根能清热解毒。

马蔺是回药、蒙药，可作园林观赏花卉。

621. 大苞鸢尾 *Iris bungei* Maxim.

多年生草本。根状茎块状，密被纤维状折断的宿存叶鞘。叶线形。花茎直立，具2~3片茎生叶，叶片呈苞状，基部鞘状抱茎；苞片3枚，草质，浅绿色，狭卵形，具1条中脉，平行脉间无横脉相连，内含2朵花；花蓝紫色，外轮花被裂片披针形，内轮花被裂片倒卵状披针形；花药浅棕色，花柱顶端裂片披针形。蒴果圆柱状狭长卵形，顶端具喙，具6条明显纵肋。花期5月，果期7~8月。

生于山麓草原化荒漠和冲沟内。见于东坡大水沟口、大武口北；西坡则更广。常见。

大苞鸢尾是蒙药，可作牧草，亦是园林绿化和切花生产的重要材料之一。

622. 天山鸢尾 *Iris loczyi* Kanitz

多年生丛生草本。根状茎块状，密被棕色折断的纤维状叶鞘。叶丝形，基部鞘状。花茎基部具鞘状叶；苞片 3 枚，草质，狭披针形，内含 1~2 朵花；花蓝紫色，花被管伸出苞片，外轮花被裂片长椭圆形，内轮花被裂片倒披针形；花柱顶端裂片半圆形。果实长倒卵形，顶端具短喙，具 6 条明显的纵肋。花期 4~5 月，果期 7~8 月。

生于海拔 1800~2300m 的石质山坡、山地草原和灌丛。见于东坡苏峪口沟、黄旗沟、插旗沟、大水沟；西坡哈拉乌沟、镇木关沟、水磨沟、峡子沟等。多见。

药用部位：根及种子。

药用功效：消肿止痛。

天山鸢尾是蒙药、藏药。

兰科 Orchidaceae

鸟巢兰属   *Neottia* **Ludwig**

623. 北方鸟巢兰 *Neottia camtschatea* (L.) Sprengel Syst.

　　腐生直立草本。根状茎短，多数肉质的纤维根簇生。茎疏被乳突状短毛，具 3~4 片叶鞘。总状花序顶生，花序轴密被乳突状短毛；苞片矩圆状卵形；花绿白色，中萼片长椭圆形，侧生萼片与中萼片等长，歪斜；花瓣线形，唇瓣在下方，倒楔形，基部上面具 2 褶片，先端 2 深裂，2 裂片间具小尖头，裂片披针形，边缘具乳突状细缘毛；蕊喙宽阔，近半圆形；子房椭圆形，密被乳突状短毛。花期 7 月，果期 8~9 月。

　　生于海拔 2200~2500m 的山地阴坡云杉林下。见于东坡苏峪口沟和大水沟；西坡哈拉乌沟。少见。

珊瑚兰属 *Corallorhiza* Gagnebin

624. 珊瑚兰 *Corallorhiza trifida* Chat.

　　腐生小草本。根状茎肉质，珊瑚状。茎红褐色，无绿叶，被 3~4 枚鞘；鞘圆筒状，抱茎，红褐色。总状花序；花苞片近长圆形；花淡黄色；中萼片、侧萼片狭长圆形，略斜歪，基部合生而成萼囊；花瓣近长圆形，多少与中萼片靠合成盔状；唇瓣近长圆形，3 裂；侧裂片直立；中裂片近椭圆形，先端浑圆并在中央常微凹；唇盘上有 2 条肥厚的纵褶片从下部延伸到中裂片基部；蕊柱较短，两侧具翅。蒴果下垂，椭圆形。花、果期 6~8 月。

　　生于海拔 3000m 左右的云山林缘、林下及高山灌丛中。见于主峰下西侧边渠子沟。少见。

　　珊瑚兰是二级国家重点保护野生植物。

（珊瑚兰图片由周繇提供）

绥草属 *Spiranthes* Rich.

625. 绥草 盘龙参
Spiranthes sinensis (Pers.) Ames Orch.

　　陆生草本。根数条簇生，指状，肉质。茎直立，具纵棱，无毛。基生叶 4~6 片，线状披针形。

总状花序顶生，花多数，密集呈穗状，花序轴被柔毛，螺旋状扭转；苞片卵状披针形；花粉红色；中萼片线状长椭圆形，侧萼片披针形；花瓣线状长椭圆形，与中萼片等长，与中萼片结合成盔，唇瓣与萼片近等长，中部稍缢缩，中部以上边缘具强烈皱波状啮齿，基部两侧具 1 胼胝体。花期 7~8 月。

生于山麓渠溪边湿地。见于东坡龟头沟；西坡巴彦浩特。稀见。

药用部位：全草。

药用功效：清热凉血，消炎止痛，止血。

绶草是国际濒危植物、二级国家重点保护野生植物，亦是迷你型野生观赏兰花。

凹舌兰属 | *Coeloglossum* Hertm.

626. 凹舌兰 ^{手掌参}
Coeloglossum viride (L.) Hartm. var. *bracteatum* (Willd.) Richt.

　　陆生草本。块茎肥厚，呈手状分枝。茎直立，无毛，基部具 2~3 片叶鞘。叶 3~6 片，互生，椭圆形，两面无毛。总状花序顶生，苞片线形；花绿色或黄绿色，萼片基部合生，中萼片卵状椭圆形，具 3~5 脉，侧萼片斜卵形，较中萼片稍长，花瓣线形，具 1 脉，唇瓣肉质，倒披针形，先端 3 浅裂，中裂片三角形，侧裂片卵状披针形；子房扭转，无毛。花期 6~7 月。

　　生于海拔 2200~3000m 的山坡灌丛、云杉林下、林缘。见于西坡哈拉乌北沟。少见。

　　药用部位：块茎。

　　药用功效：补益气血，生津止渴，安神增智。

　　凹舌兰是藏药。

火烧兰属 *Epipactis Zinn.*

627. 火烧兰 *Epipactis helleborine* (L.) Crantz

陆生草本。根状茎短，具多数细长根。茎直立，具纵条棱，上部被短毛，基部具叶鞘。叶3~4片，互生，卵形、卵状椭圆形或卵状披针形，先端渐尖，基部近圆形且下延抱茎，两面无毛，边缘具乳突状短缘毛。总状花序顶生，疏生，花序轴被短绒毛；苞片叶状，披针形，先端渐尖；中萼片卵形，先端渐尖，无毛，侧萼片狭卵形或卵状披针形，稍偏斜；花瓣狭卵形，较萼片短，先端渐尖，唇瓣较花瓣短，下唇半球形，上唇心形，基部具2胼胝体；蕊柱粗厚；子房近椭圆形，被短绒毛。花期6~7月。

生于海拔2200~3000m的山地云杉林下、林缘。见于西坡哈拉乌沟。

（火烧兰图片由刘平提供）

角盘兰属 *Herminium Guett.*

628. 裂瓣角盘兰 *Herminium alaschanicum* Maxim.

陆生草本。块茎近球形。茎直立，基部具数片棕色叶鞘。基部具2~3片叶，线状披针形，抱茎；茎中上部具3~4片苞片状小叶，披针形。总状花序顶生；苞片卵状披针形；花绿色；中萼片卵形，具3脉，侧萼片狭卵形；花瓣卵状披针形，近中部骤狭，中部以上呈尾状，唇瓣矩圆形，3深裂至中部，唇瓣基部凹陷，具短距；蕊柱短；退化雄蕊小，椭圆形；花粉块具极短的花粉块柄及粘盘；子房无毛。花期9月。

生于海拔2200~2800m的山地云杉林下、林缘草甸。见于东坡苏峪口沟；西坡哈拉乌沟和南寺雪岭子沟。少见。

　　药用部位：块茎。

　　药用功效：补肾壮阳。

　　裂瓣角盘兰是二级国家重点保护野生植物。

参考文献

［1］马德滋，刘惠兰，胡福秀．宁夏植物志［M］．银川：宁夏人民出版社，2007.

［2］狄维忠．贺兰山维管植物［M］．西安：西北大学出版社，1986.

［3］朱宗元，梁存柱．贺兰山植物志［M］．北京：阳光出版社，2011.

［4］梁存柱，朱宗元．贺兰山植被［M］．北京：阳光出版社，2012.

［5］梁存柱，朱宗元，王炜，等．贺兰山植物群落类型多样性及其空间分异［J］.植物生态学报，
2004, 28 (3)：361-368.

［6］吴征镒，周浙昆，孙航，等．种子植物分布区类型及其起源和分化［J］.昆明：云南科技出版社，
2006.

［7］吴征镒．中国种子植物属的分布区类型［J］.植物分类与资源学报，1991 (S4)．

［8］国家药典委员会．中华人民共和国药典 (2015 年版) 一部［M］.北京：中国医药科技出版社，
2015.

［9］谢宗万．全国中草药汇编［M］.2 版．北京：人民卫生出版社.1996.

［10］赵永光，常丽新，侯文龙，等．5 种常见野菜的营养成分分析［J］.安徽农业科学，2007,
35 (27)：8524-8524.

［11］李红，燕玲，李佳桃．15 种珍稀濒危植物染色体数目及其核型分析［J］.内蒙古农业大学学报：
自然科学版，2003, 24 (3)：14-22.

［12］王良信．西伯利亚铁线莲地上部分提取物的适应原及脑代谢改善作用［J］.现代药物与临床，
2002, 17 (4)．

［13］刘艳梅，祁红．柳叶菜属植物提取物对人前列腺细胞增殖的抑制作用［J］.现代药物与临床，
2004, 19 (6)：258-259.

［14］余孝东，梁卫文，杨淑华，等．HPLC 法测定漏芦药材中 β - 蜕皮甾酮的含量［J］.中药材，
2002, 25 (5)：331-332.

［15］恩和巴雅尔，苏亚拉图，哈斯巴根．阿鲁科尔沁蒙古族食用野果小叶茶藨的营养成分［J］.营
养学报，2002, 24 (2)：204-205.

［16］张昊，陈世璜，杨尚明．白莲蒿的特性和生态地理分布的研究［J］.内蒙古农业大学学报：自
然科学版，2001, 22 (1)：74-78.

［17］袁磊．白屈菜综合研究最新进展［J］.安徽农业科学，2015, 43(7)：15-17.

［18］宋萍萍，印敏，王年鹤．白首乌的综合利用［J］.江苏农业科学，2011, 39 (2)：426-427.

［19］张燕，张洪斌．白叶蒿挥发油成分研究［J］.生物技术，2005, 15 (4)：52-54.

［20］张帆，谢建治．篦齿眼子菜对水体氮、磷去除效果的研究［J］.河北农业大学学报，2012,
35 (4)：19-24.

［21］汤迎爽，宋红儒，杨丽甲．萹蓄的研究进展［J］.时珍国医国药，2004, 15 (1)：54-54.

［22］常丽新，石亮，安金杰，等．不同包装方式对野菜灰绿藜低温贮存品质的影响［J］.食品科技，

2006, 31 (6) : 130–132.

［23］郭龙，巩江，倪士峰，等.藏药点地梅属药学研究进展［J］.安徽农业科学，2010, 38 (13) : 6706–6706.

［24］宋萍，田娅，马欢.藏药鬼箭锦鸡儿的开发应用研究［J］.北京中医药，2010, 29 (2) : 128–130.

［25］史可丽.藏药黑边假龙胆和唐古特青兰化学成分的研究［D］.东南大学，2011.

［26］巩江，高昂，贾旭，等.藏药角茴香属植物药学研究概况［J］.安徽农业科学，2011, 39 (14) : 8374–8375.

［27］刘小珍.藏药牛尾蒿和臭蒿的质量标准及有效成分提取工艺研究［D］.西南交通大学，2014.

［28］白亚东，谢惠春，王伟晶，等.藏药湿生扁蕾的研究进展［J］.安徽农业科学，2010, 38 (7) : 3466–3467.

［29］古锐，钟国跃，张艺，等.藏药椭圆叶花锚的研究进展［J］.中药新药与临床药理，2009, 20 (4) : 397–400.

［30］黄胜阳，石建功，杨永春，等.藏药旺拉化学成分的研究［J］.中国中药杂志，2002, 27 (2) : 118–120.

［31］武全香.藏药鸦葱化学成分的研究［D］.兰州大学，2002.

［32］蒲丹，李冠，李小飞，等.糙草对水分胁迫的生理适应性研究［J］.生物技术，2006, 16 (4) : 75–77.

［33］姚静雯，冯欢，袁玉川，等.草原毒草变异黄芪的研究进展［J］.中国草地学报，2013, 35 (3) : 110–115.

［34］许世勋，隋月红，刘丹，等.叉枝鸦葱总多糖、蛋白质及黄酮含量的年动态变化规律研究［J］.塔里木大学学报，2015, 27 (3) : 8–13.

［35］陈家龙.城市公园木本植物群落类型及树种相关性研究［D］.安徽农业大学，2009.

［36］申洁梅，刘占朝，张万钦，等.臭椿研究综述［J］.河南林业科技，2008, 28 (4) : 27–28.

［37］徐卉，张秀省，穆红梅，等.臭椿开发应用研究进展［J］.北方园艺，2014 (11) : 181–183.

［38］黄凯丰，时政，王莹，等.慈姑的营养保健成分研究［J］.江苏农业科学，2011, 39 (3) : 444–446.

［39］李洪玲，张爱东，青格乐，等.大籽蒿研究利用现状及展望［J］.畜牧与饲料科学，2014, 35 (1) : 46–48.

［40］朱英.地锦草的研究进展［J］.现代中药研究与实践，2003, 17 (5) : 62–63.

［41］安惠霞，李治建，古丽娜·达吾提，等.地锦草的研究进展［J］.时珍国医国药，2008, 19 (12) : 2866–2868.

［42］张卫.顶羽菊和黑沙蒿化学成分研究［D］.河南大学，2006.

［43］李光州，陈晓珍，Mishig，等.冬青叶兔唇花地上部分非极性成分的 GC–MS 分析［J］.天然产物研究与开发，2012, 24 (11) : 1578–1581.

［44］李光州.冬青叶兔唇花化学成分和喜树内生真菌 LY013 次级代谢产物研究［D］.成都中医药大学，2012.

［45］刘小林，杜诚，常朝阳，等.豆科植物阿拉善黄耆的分类订正［J］.西北植物学报，2010,

30（2）：417–419.

［46］潘正，高运玲，蔡应繁. 短梗箭头唐松草化学成分研究［J］. 中成药，2011，33（4）：658–660.

［47］乔俊缠，王忠旺. 多裂叶荆芥的生药鉴定［J］. 中国药业，2002，11（1）：73–74.

［48］刘冠军，王辉，张敏迪. 鹅绒藤属植物药理作用研究进展［J］. 西北药学杂志，2009，24（5）：430–432.

［49］王娜，王奇志. 费菜的临床应用及其研究进展［J］. 北方园艺，2011（23）：171–174.

［50］丁松爽. 甘肃枸子属植物的分类学研究［D］. 西北师范大学，2007.

［51］程晓，王秀丽，李青静，等. 甘肃药用蒿属植物区系地理研究［J］. 中兽医医药杂志，2013，32（4）：16–21.

［52］江莉. 高寒藏药材——四数獐牙菜体细胞杂交及其药效成分转移的研究［D］. 山东大学，2006.

［53］段双全，次仁. 高山韭作为藏族食品添加剂的研究初探［J］. 西藏科技，2007（8）：27–29.

［54］黄燕萍. 枸杞的研究进展［J］. 中国基层医药，2010，17（1）：125–127.

［55］池文泽，周斌，郭建萍，等. 观赏植物水枸子引种栽培及繁殖技术探讨［J］. 防护林科技，2015（10）：111–112.

［56］敖特根白音，李运起，韩艳华，等. 国内外麻叶荨麻的研究进展［J］. 中国野生植物资源，2015，34（1）：32–36.

［57］邢莎莎，杨小波，罗文启，等. 海南乐东县药用植物的种间联结性［J］. 西部林业科学，2015（5）：96–102.

［58］赵春玲，郑国琦. 贺兰山国家级自然保护区蒙古扁桃生长状况调查［J］. 宁夏农林科技，2013，54（5）：29–32.

［59］阿拉嘎，青格勒图，陈苏依勒，等. 贺兰山蒙药植物资源调查报告［J］. 中国民族医药杂志，2014，20（8）：35–48.

［60］梁存柱，朱宗元，王炜，等. 贺兰山植物群落类型多样性及其空间分异［J］. 植物生态学报，2004，28（3）：361–368.

［61］哈斯巴根，赵登海. 贺兰山自然保护区植物旅游资源及其开发利用［J］. 内蒙古师范大学学报：自然科学版，2003，32（1）：55–59.

［62］陈海魁，蒲凌奎，曹君迈，等. 黑果枸杞的研究现状及其开发利用［J］. 黑龙江农业科学，2008，2008（5）：155–157.

［63］许奕华，张玉平. 花果兼赏新藤本——木藤蓼［J］. 农技服务，2002（5）：30.

［64］汪之波，把光慧. 荒漠植物红砂研究进展［J］. 资源开发与市场，2010，26（12）：1124–1126.

［65］马厉芳，吴春霞，阿不都拉·阿巴斯. 黄花软紫草地上部分有效成分分析及黄酮的测定［J］. 食品科学，2007，28（5）：292–294.

［66］杨晓军，涂院海. 黄花铁线莲新鲜全草化学成分研究［J］. 天然产物研究与开发，2011，23（6）：1052–1054.

［67］张莉，王继生，任凌燕，等. 灰绿黄堇的生药学研究［J］. 中国中药杂志，2006，31（2）：167–168.

［68］张新刚，李婷，任新蕊，等．火绒草属药学研究新进展［J］．安徽农业科学，2011, 39 (31)：19093-19094.

［69］吴洪新，陈晨，常春，等．尖叶胡枝子开发利用及前景展望［J］．中国草地学报，2013, 35 (5)：146-151.

［70］王海山．简述特色蒙药砾玄参［J］．中外健康文摘，2013 (14)：348-348.

［71］冯寿快．碱蒿对盐碱胁迫的生理响应特点［D］．东北师范大学，2010.

［72］廉佳杰，张凤，毛培胜，等．碱茅种子发芽检测标准方法的研究［J］．草地学报，2010, 18 (2)：247-251.

［73］张西强．近年来地黄的研究概况［J］．中国中医药现代远程教育，2015, 13 (16)：136-137.

［74］雷鸣，何花，张鹏飞，等．菊叶香藜精油的提取及对昆虫活力抑制的研究［J］．安徽农业科学，2015 (28)：64-66.

［75］王晓敏，李军．苦豆子的研究及综合应用［J］．农业科学研究，2013 (4)：61-65.

［76］马忠俊，李铣．苦马豆属植物的化学及药理学研究进展［J］．沈阳药科大学学报，2000, 17 (6)：452-455.

［77］王凯．宽苞棘豆对绵羊的毒性研究［J］．中国兽医学报，1999, 19 (2)：168-170.

［78］兰士波，罗旭，李谞．蓝靛果忍冬研究进展及开发应用前景［J］．中国林副特产，2008 (1)：87-90.

［79］段晓姗，田先华．蓝堇草离体快繁和植株再生研究［J］．安徽农业科学，2011, 39 (19)：11391-11393.

［80］马民伟，李桂芬，刘本臣，等．老瓜头研究概况［J］．中草药，2001, 32 (9)：861-862.

［81］高璟春．类叶升麻的药用亲缘学意义研究［D］．中国协和医科大学，2007.

［82］马全林，王继和，张景光，等．流动沙丘先锋植物沙米的生态防护作用［J］．水土保持学报，2008, 22 (1)：140-145.

［83］赵俊，李善燕，杨龙，等．龙蒿种子的特性研究［J］．北方园艺，2010 (8)：27-28.

［84］刘利国，郭喜宝，姜小晶．龙葵的研究进展［J］．中医药学刊，2006, 24 (7)：1357-1358.

［85］敖恩宝力格，乌达巴拉，张园园．楼斗菜提取物的抗衰老作用［J］．中国老年学杂志，2015 (14)：3833-3834.

［86］王储炎，艾启俊，陈勰，等．鹿蹄草的化学成分、生理功能及其在工业中的应用［J］．中国食品添加剂，2006 (5)：127-131.

［87］朱晓梅．裸果木（Gymnocarpos przewalskii）、四合木（Tetraena mongolica）、革苞菊（Tugarinovia mongolica）三种荒漠植物起源地及迁移路线研究［D］．内蒙古大学，2008.

［88］陈再兴，孟舒．葎草研究进展［J］．中国药事，2011, 25 (2)：175-179.

［89］杨秀伟．麻花头属和漏芦属药用植物中蜕皮甾酮类成分及其生物活性研究［J］．中国现代中药，2013, 15 (11)：922-935.

［90］马勇，徐曒海，徐海燕，等．麻黄研究进展［J］．吉林中医药，2008, 28 (10)：777-779.

［91］温都苏，阿拉塔．毛穗赖草的引种驯化［J］．畜牧与饲料科学，2001, 22 (4)：5-8.

［92］石仲选，郭志文，程晓福，等．毛叶水栒子一个新的抗旱造林乡土树种［J］．陕西农业科学，

2009, 55 (5)：94-95.

［93］邢全, 石雷, 刘保东, 等. 蒙古荚蒾叶片解剖结构及其在城市景观和环境保护中的生态学意义［J］. 植物学报, 2004, 21 (2)：195-200.

［94］斯琴巴特尔, 刘新民. 蒙古韭的营养成分及民族植物学［J］. 中国草地学报, 2002, 24 (3)：52-54.

［95］张国顺, 张杰华. 蒙古鸦葱人工高产栽培技术［J］. 北方园艺, 2007 (5)：93-93.

［96］布日额, 张泽林, 吕福云, 等. 蒙古族民间药材脓疮草的生药学研究［J］. 中国民族民间医药, 2001 (3)：173-174.

［97］任玉琳, 周亚伟. 蒙山莴苣脂肪酸及其他挥发性成分 GC-MS 的研究［J］. 北京大学学报：自然科学版, 2003, 39 (2)：167-170.

［98］阿拉探巴干. 蒙药材地梢瓜现代研究进展［J］. 北方药学, 2012, 9 (9)：33-34.

［99］诺敏. 蒙药材飞廉的研究进展［J］. 中国民族医药杂志, 2015, 21 (2)：44-46.

［100］胡日查, 特木儿. 蒙药材角茴香的研究进展［J］. 中国民族医药杂志, 2015, 21 (1)：28-30.

［101］付明海. 蒙药材芹叶铁线莲生物活性成分研究［D］. 内蒙古民族大学, 2011.

［102］吴香杰, 李凤华, 孟和巴雅尔. 蒙药红纹马先蒿的生药鉴定［J］. 中国民族民间医药, 2001 (3)：172-173.

［103］郭瑞, 张秋月. 蒙医灸材鳍蓟［J］. 中国民族医药杂志, 2009, 15 (3)：44-45.

［104］那松曹克图, 何文革, 吴春焕, 等. 迷果芹在巴音布鲁克高寒牧区开发利用价值及意义［J］. 湖北畜牧兽医, 2015, 36 (2)：11-13.

［105］杨丽, 方奕巍, 赵晶晶, 等. 民族药夏至草的化学成分与生物活性研究进展［J］. 亚太传统医药, 2015, 11 (22)：3-6.

［106］龙梅, 梁立梅, 苏亚拉图. 内蒙古贺兰山国家级自然保护区饲用植物资源调查［J］. 内蒙古林业科技, 2012, 38 (1)：53-55.

［107］龙梅. 内蒙古贺兰山国家级自然保护区植物区系及其植物资源研究［D］. 内蒙古师范大学, 2012.

［108］卢萍. 内蒙古三种棘豆属植物中苦马豆素相关因子的研究［D］. 内蒙古农业大学, 2007.

［109］李红, 赵杏花, 宗晓蒙. 内蒙野丁香染色体数目和核型分析［J］. 内蒙古大学学报：自然科学版, 2010, 41 (6)：717-720.

［110］金山. 宁夏贺兰山国家级自然保护区植物多样性及其保护研究［D］. 北京林业大学, 2009.

［111］胡天华, 王继飞, 周全良. 宁夏贺兰山野生木本观赏植物资源及开发利用［J］. 农业科学研究, 2009, 30 (2)：39-43.

［112］王美怡, 司访. 宁夏小花棘豆种子萌发试验研究［J］. 种子, 2014, 33 (3)：63-66.

［113］李勇, 晁向阳, 张永康. 披针叶黄华的研究进展［J］. 农业科学研究, 2007, 28 (1)：80-84.

［114］姜宁, 宋新波. 蒲公英的药理研究进展［J］. 中国中医药杂志, 2008 (12)：19-23.

［115］崔红梅, 黄学文. 鳍蓟——适合沙地绿化的本土植物资源［J］. 中国野生植物资源, 2015, 34 (1)：51-52.

［116］杜军华, 范平, 马永贵, 等. 青海湖湖滨滩地西伯利亚蓼和水麦冬叶肉细胞超微结构的研

究［J］.草业科学,2003,20 (1):12-15.

［117］包锦渊,李军乔,肖远灿.青海密花香薷挥发性成分分析［J］.食品科学,2014,35 (2):231-237.

［118］薛春迎,许介眉,刘建全.青海青甘韭9个居群的核型［J］.植物分类与资源学报,2000,22 (2):148-154.

［119］汪恒兴.清水县麦田杂草发生情况调查初报［J］.杂草科学,2007 (2):40-41.

［120］杨慧玲,梁振雷,朱选伟,等.沙埋和种子大小对柠条锦鸡儿种子萌发、出苗和幼苗生长的影响［J］.生态学报,2012,32 (24):7757-7763.

［121］王利兵.山杏开发与利用研究进展［J］.浙江林业科技,2008 (6):76-80.

［122］何峰,李向林,万里强.生长季降水量和刈割强度对羊草群落地上生物量的影响［J］.草业科学,2009,26 (4):28-32.

［123］沈景,郑燕,红歌,等.蓍状亚菊与菊属北京夏菊品种"北金"杂交试验初报［J］.华南农业大学学报,2012,33 (3):424-426.

［124］林小燕.丝裂亚菊和卤地菊的化学成分及生物活性研究［D］.福建医科大学,2011.

［125］刘均阳,李佳,刘建军.太白山蕨类植物的观赏性评价及园林应用［J］.西北林学院学报,2013,28 (2):222-226.

［126］刘敏.唐松草属植物资源调查与育种研究［D］.青岛农业大学,2012.

［127］师治贤,刘梅,杨月琴,等.糖茶藨种子脂肪酸含量分析［J］.西北植物学报,2005,25 (8):1669-1671.

［128］孙默雷,姜子涛,李荣.天然调味香料葛缕子的研究进展及应用［J］.中国调味品,2009,34 (7):24-26.

［129］聂飚,罗建光,孔令义.头状石头花化学成分研究［J］.药学与临床研究,2010,18 (4):350-352.

［130］张晓鹤.菟丝子的研究进展［J］.天津药学,2004,16 (2):5-6.

［131］孟林.驼绒藜在新疆草地的分布及其生态经济价值［J］.草原与草坪,2002 (3):24-27.

［132］温学森,任正伟,王子伟,等.瓦松药用历史及存在问题［J］.中药材,2008,31 (1):158-161.

［133］杨伟俊,何江,罗玉琴,等.维吾尔药材龙蒿、黄花蒿、野艾蒿的鉴别研究［J］.中国民族医药杂志,2011,17 (9):67-69.

［134］高述民,马凯,杜希华,等.文冠果（Xanthoceras sorbifolia）研究进展［J］.植物学报,2002,19 (3):296-301.

［135］阎兆,王芳,谢树莲.问荆属3种药用植物生物量的研究［J］.安徽农业科学,2006,34 (23):6218-6219.

［136］曾林慧,李松,徐国勋,等.无土栽培植物对农村生活污水的净化特性研究［J］.环境科学与技术,2009,32 (8):48-52.

［137］戴静秋,刘中立,杨立.西北风毛菊中一个新的桉烷型倍半萜酯的2D NMR研究［J］.波谱学杂志,2002,19 (2):133-136.

［138］古丽巴哈尔·阿巴拜克力. 西伯利亚铁线莲地上部分有效成分分析及总黄酮的测定［J］. 食品科学, 2009, 30 (24): 221–226.

［139］魏学红, 杨富裕, 斯确多吉. 西藏高原早熟禾草坪草性状研究［J］. 中国野生植物资源, 2003, 22 (3): 32–33.

［140］丁建海, 张俊芳. 菥蓂的化学成分及药理作用研究进展［J］. 宁夏师范学院学报, 2014, 35 (3): 78–81.

［141］张丽霞. 细裂亚菊化学成分的研究［D］. 兰州大学, 2006.

［142］贺学林. 细叶韭的生物学特性及开发利用研究［J］. 安徽农业科学, 2008, 36 (5): 1814.

［143］丁晨旭, 纪兰菊. 香薷化学成分及药理作用研究进展［J］. 上海中医药杂志, 2005, 39 (5): 63–64.

［144］张荔, 姜维新. 小红柳平茬复壮更新及利用技术研究［J］. 内蒙古林业科技, 2007, 33 (1): 29–31.

［145］马广华, 马玉萍, 郭志文, 等. 小叶忍冬的育苗技术［J］. 青海农林科技, 2004 (4): 65–65.

［146］张卿, 高尔. 薤白的研究进展［J］. 中国中药杂志, 2003, 28 (2): 105–107.

［147］杨晓君, 穆合塔尔·卡德尔哈孜, 黄娜. 新疆小裂叶荆芥的质量标准研究［J］. 海峡药学, 2013, 25 (8): 42–44.

［148］向红玲, 韩燕梁. 新疆野生观赏植物介绍 (上)［J］. 花木盆景: 花卉园艺, 1996 (4): 14–15.

［149］何国云, 李钢, 耿红梅. 旋覆花的研究进展［J］. 中国医学创新, 2012 (27): 161–163.

［150］杨晓杰, 郑云姬, 李娜, 等. 亚洲蒲公英多糖的抑菌性和抗氧化性研究［J］. 时珍国医国药, 2012, 23 (1): 109–110.

［151］董必慧, 杨小兰. 沿海滩涂濒危物种绶草的生长利用特性和保护策略［J］. 江苏农业科学, 2006 (3): 193–195.

［152］成晓霞, 张国顺, 李丽. 盐生野菜蒙古鸦葱速冻加工工艺研究［J］. 食品工业科技, 2007, 28 (9): 130–131.

［153］王晓娟, 杨鼎, 伊风艳, 等. 盐生植物盐爪爪的资源特点及研究进展［J］. 畜牧与饲料科学, 2015 (5): 64–67.

［154］王玉珍, 贾志霞, 崔烨炜. 盐生植物——中亚滨藜的开发研究［C］. 盐生植物利用与区域农业可持续发展国际学术研讨会. 北京: 气象出版社, 2001.

［155］胡生荣, 高永, 武飞, 等. 盐胁迫对两种无芒雀麦种子萌发的影响［J］. 植物生态学报, 2007, 31 (3): 513–520.

［156］杨小菊, 赵昕, 石勇, 等. 盐胁迫对砂蓝刺头不同器官中离子分布的影响［J］. 草业学报, 2013, 22 (4): 116–122.

［157］王秀红. 药食两用 强筋壮骨的黄精［J］. 农产品加工·综合刊, 2013 (11): 36–37.

［158］晏春耕. 药用植物太子参的研究及其应用［J］. 现代中药研究与实践, 2008, 22 (2): 61–65.

［159］张德利, 曾纬. 药用植物珠芽蓼研究进展［J］. 重庆中草药研究, 2009 (S1): 88–89.

［160］朱长山, 朱世新, 张云霞. 野大豆 (Glycine soja Sieb. et Zucc.) 一新变种［J］. 植物科学学报, 2008, 26 (4): 361–361.

［161］黄仁术 . 野大豆的资源价值及其栽培技术［J］. 资源开发与市场，2008，24 (9)：771–772.

［162］贾秀荣，马世明，高渊 . 野生花灌木——金花忍冬的开发利用［J］. 内蒙古林业调查设计，2003，26 (3)：9–9.

［163］向延菊，郑先哲，王大伟 . 野生浆果资源——蓝靛果忍冬利用价值的研究现状及应用前景［J］. 东北农业大学学报，2005，36 (5)：669–671.

［164］曹熙敏，范翠丽 . 野生龙葵的开发利用研究进展［J］. 广东农业科学，2011，38 (3)：40–42.

［165］卢明艳，毕晓颖，郑洋，等 . 野鸢尾种子萌发特性的研究［J］. 种子，2009，28 (7)：90–93.

［166］陶明，罗茜，黄燕 . 彝药翻白草和牛口刺的红外及热分析鉴别［J］. 安徽农业科学，2012，40 (21)：10878–10879.

［167］李建芳 . 益母草药学研究进展［J］. 内科，2013，8 (5)：533–536.

［168］叶方，杨光义，王刚，等 . 银柴胡的研究进展［J］. 医药导报，2012，31 (9)：1174–1177.

［169］卢杰，吴秀丽，付雪艳，等 . 有毒回药老瓜头研究进展［C］. 全国有毒中药的研究及其合理应用交流研讨会 . 2012.

［170］晏春耕，曹瑞芳 . 玉竹的研究进展与开发利用［J］. 中国现代中药，2007，9 (4)：33–37.

［171］魏红国，关扎根，王玉龙，等 . 远志的研究与开发利用［J］. 安徽农业科学，2012，40 (11)：6439–6441.

［172］佚名 . 长芒棒头草、硬草、毒麦、雀麦［J］. 杂草科学，2004 (1)：57.

［173］周芝琴，李廷山，武艳培，等 . 长芒草种子适宜萌发条件［J］. 草业科学，2013，30 (2)：218–222.

［174］杨亲二 . 掌叶橐吾地理分布的订正及对我国植物志书中一些明显问题的述评［J］. 热带亚热带植物学报，2014 (2)：107–120.

［175］李强，马玉心，崔大练 . 沼生蔊菜与荠菜的形态学特征比较研究［J］. 北方园艺，2006 (5)：20–21.

［176］杜巧珍，红雨，包贺喜图 . 珍稀濒危植物蒙古扁桃研究进展［J］. 内蒙古师范大学学报：自然科学汉文版，2010，39 (3)：308–312.

［177］王雪芬，王喆之，鲁国武 . 栉叶蒿挥发油的 GC-MS 分析［J］. 现代生物医学进展，2008，8 (4)：696–697.

［178］SUN Miao，YANG Zhouting，ZHANG Cunli，等 . 中国沙棘种子的水引发技术及其抗性生理效应［J］. Scientia Silvae Sinicae，2014，50 (2)：32–39.

［179］赵昕，吴子龙，叶嘉 . 中国特有蕨类植物中华卷柏的研究进展［J］. 安徽农业科学，2010，38 (4)：1800–1801.

［180］王恒山，达朝山，粟武，等 . 中亚紫菀木化学成分的研究［J］. 兰州大学学报：自然科学版，2000，36 (1)：88–91.

［181］郑太坤，王华，王秀英 . 中药车前的研究概况［J］. 辽宁中医杂志，1985 (8)：41–42.

［182］秦付林，何雪莲，张洁，等 . 中药鹤虱的研究进展［J］. 亚太传统医药，2008，4 (11)：136–137.

［183］朱玉龙，张建，唐晓丽，等 . 中药罗布麻治疗作用研究进展［J］. 中国保健营养（中旬刊），

2013 (7) . 138–139.

［184］贾献慧，王晓静，孙敏耀，等 . 猪毛菜的药学研究进展［J］. 齐鲁药事，2010, 29 (9) : 553–555.

［185］许金石，王茂，柴永福，等 . 子午岭地区草本药用植物种间联结性研究［J］. 西北植物学报，2015, 35 (11) : 2307–2314.

［186］马俊能 . 紫花苜蓿的综合利用［J］. 山东畜牧兽医，2014 (3) : 16–17.

［187］狄维忠 . 贺兰山维管植物［M］. 西安 : 西北大学出版社, 1986.

附录一 贺兰山植物模式标本名录

中文名	拉丁名	采集人	采集时间	标本号	模式类型	生境	文献
总序大黄	Rheum racemiferum Maxim.	普热瓦尔斯基	1873年6月27日—7月9日	No. 166 No. 163	Syntype（合模式）	山地	Bull. Acad. Sci. St. – Petersb. 26: 503. 1880
白花大瓣铁线莲	Clematis macropetala Ledeb. var. albiflora (Maxim.) Hand. –Mazz	普热瓦尔斯基	1872年9月26日—10月8日 1873年7月5日—7月17日	No. s. n.	Holotype（主模式）	湿润峡谷	Verh. Bot. Ver. Prov. Brand. 26: 163. 1885
贺兰山翠雀	Delphinium przewalskii Huth = D. albocoeruleum Maxim. var. Przewalskii (Huth) W. T. Wang = D. albocoeruleum Maxim	普热瓦尔斯基	1872年9月26日—10月8日 1873年7月5日—7月17日	No. 405 No. 206	syntype（合模式）	山谷湿地的黏质土	Bot. Jahrb. B20: 407. 1895
贺兰山延胡索	Corydalis alaschanica (Maxim.) Peshk	普热瓦尔斯基	1873年	No. s. n.	Holotype（主模式）	湿润峡谷中	Enum. Fl. Mongolia 37. 1889
贺兰山蝇子草	Lychis alaschanica Maxim. = Melandrium alaschanicum (Maxim.) Y. Z. Zhao = silence alaschanica (Maxim.) Bocquet	普热瓦尔斯基	1873年6月28日—7月10日	No. s. n	Holotype（主模式）	山地	Bull. Acad. Sci. St.– Petersb. 26: 503. 1880
贺兰山南芥	Arabis alaschanica Maxim.	普热瓦尔斯基	1873年6月20日—7月2日	No. s. n.	Lectolype（选模式）	山地中部居民点附近	Bull. Acad. Sci. St. –Petersb. 26: 421.1880
乳毛费菜	Sedum aizoon L. var. scabrum Maxim.	普热瓦尔斯基	1873年6月21日—8月3日	No. s. n.	type（模式）	石质山坡	Bull. Acad. Sci.St.–Petersb. 26: 144. 1883
置疑小檗	Berberis dubia Schneid.	普热瓦尔斯基	1873年7月2日	No. s. n.	Syntype（合模式）	山地	Bull. Herb. Boiss.2 ser. 5: 663. 1905
宽叶岩黄芪	Hedysarum semenovii Rgl. et Herb var. alaschanium B. Fedtsch. = H. polybotrys Hand. –Mazz. var. alaschanicum (B. Fedtsch) H. C. Fu et Z. Y. Chu	普热瓦尔斯基	1873年6月23日—7月5日	No. 137	Holotype（主模式）	高山地湿润处	Acta Hort. Petrop. 19: 250. 1902

续表

中文名	拉丁名	采集人	采集时间	标本号	模式类型	生境	文献
阿拉善黄芪	*Astragalus alaschanus* Bunge et Maxim.	普热瓦尔斯基	1873年6月20日—7月10日	No. 135	Holotype（主模式）	山地	Bull. Acad. Sci. St. – Petersb. 24: 31. 1877
灰叶黄芪	*Astragalus disticolor* Bunge ex Maxim.	普热瓦尔斯基	1873年6月30日—7月12日	No. 167	Lectotype（选模式）	峡谷林缘	Bull. Acad. Sci. St. – Petersb. 24: 33. 1877
阿拉善点地梅	*Androsace alaschanica* Maxim.	普热瓦尔斯基	1873年6月18日—6月30	No. 94	Holotype（主模式）	石质山坡	Bull. Acad. Sci. St. – Perrrsb. 3: 503. 1888
蒙古芯芭	*Cymbaria mongolica* Maxim.	普热瓦尔斯基	1873年6月25日—7月7日	No. 145	Lectotype（选模式）	山脚细质土壤	Mem. Acad. Sci. St. – Petersb. ser. 7.29: 66. 1881
阿拉善马先蒿	*Pedicularis alaschanica* Maxim.	普热瓦尔斯基	1873年6月30日—7月12日	No. 106	Syntype（合模式）	山地中部	Bull. Acad. Sci. St. – Petersb. 24: 59. 1877
藓生马先蒿	*Pedicularis muscicola* Maxim.	普热瓦尔斯基	1873年6月20日—7月2日	No. 108	Lectotype（选模式）	山地林下苔藓中	Bull. Acad. Sci. St. – Petersb. 24: 54. 1877
粗野马先蒿	*Pedicularis rudis* Maxim.	普热瓦尔斯基	1873年6月30日—7月12日	No.186	Lectotype（选模式）	山地中部峡谷	Bull. Acad. Sci. St. – Petersb. 24: 67. 1877
三叶马先蒿	*Pedicularis ternata* Maxim.	普热瓦尔斯基	1873年6月28日—7月10日	No. 172	Holotype（主模式）	山地中部林间湿润地	Bull. Acad. Sci. St. – Petersb. 24: 64. 1877
贺兰玄参	*Scrophularia alaschanica* Batal.	普热瓦尔斯基	1873年6月23日	No. 131	Holotype（主模式）	山地中部沟谷	Acta Hort. Petrop.13: 388. 1894
细裂亚菊	*Ajania przewalskii* Poljak.	普热瓦尔斯基	1880年8月9日	No. s. n.	Holotype（主模式）	山地	Not. Syst. Herb. Inst. Bot. Acad. Sci. URSS. 17: 422. 1955
火烙草	*Echinops przewalskii* Iljin.	普热瓦尔斯基	1873年7月9日—7月21日	No. 225	Syntype（合模式）	山地	Not. Syst. Hort. Petrop. 4: 108. 1923
阿拉善风毛菊	*Saussurea alaschanica* Maxim.	普热瓦尔斯基	1873年7月7日—7月19日	No. 215	Holotype（主模式）	山地峡谷	Bull. Acad. Sci. St. – Petersb. 27: 492. 1881

续表

中文名	拉丁名	采集人	采集时间	标本号	模式类型	生境	文献
蒙疆苓菊	*Jurinea mongolica* Maxim.	普热瓦尔斯基	1872年5月18日—5月30日	No. s. n.	Lectotype（选模式）	北部山地	Bull. Acad. Sci. St. – Petersb. 19: 519. 1874
裂瓣角盘兰	*Herminium alaschanicum* Maxim.	普热瓦尔斯基	1873年6月27日—7月9日	No. 163	Syntype（合模式）	山坡湿润地	Bull. Acad. Sci. St. – Petersb. 31: 105. 1887
醉马草	*Stipa inebrians* Hance = *Achantherum inebrians* (Hance) Keng	普热瓦尔斯基	1873年	—	Type（模式）	—	Journ. Bot. Brit. et. For. 14: 212. 1876
蒙古绣线菊	*Spiraea mongolica* (Maxim.) Maxim.	普热瓦尔斯基	1873年6月18日—6月30日	No. 95	Syntype（合模式）	山地	Acta Hort. Petrop. 6 (1) : 181. 1879
阿拉善杨	*Populus alaschanica* Kom. – *P. hopeiensis* Hu et Chow	契图尔津	1998年3月27日 1998年4月16日 1908年6月4日	—	Lectotype（选模式）	巴彦浩特特沟边, 湖旁	Fedde Repert. Spec. Nov. Regni Veg. 13: 233. 1914
卵裂银莲花	*Anemone narcissiflora* L. var. *sibirica* (L.) Tamura	契图尔津	1908年4月30日	No. 68	Lectotype（选模式）	山地中部高山地岩石上	Acta Hort. Bot. Univ. Jurjev. 13(2): 100. 1912
毛果旱榆	*Ulmus glaucescens* Franch. var. *lasiocarpa* Rehd.	秦仁昌	1923年	No. 160	Type（模式）	2200~2400m 的山地 (锡叶沟)	Journ. Am. Arb. 11: 215. 1931
针枝芸香	*Haplophyllum tragacanthoides* Diels	秦仁昌	1923年5月	No. 23	Type（模式）	1370~2400m 的石质山坡 (北寺沟)	Notizbl. Bot. Gart. Berlin 9: 1028. 1926
宁夏蝇子草	*Silene ningxiaensis* C. L. Tang	夏纬英	1933年8月25日	No. 3925	Syntype（合模式）	—	Acta Bot. Yunnan. 2(4): 431. f. 4. 1980
木叶合耳菊	*Senecio atractylidifolia* Ling = *Synotis atractylidifolia* (Ling) C. Jeffrey et Y. L. Chen	夏纬英	1933年8月27日	No. 3905	Type（模式）	—	Contr. Inst. Bot. Nat. Acad. Peiping 5: 24. 1937
硬叶早熟禾	*Poa stereophylla* Keng ex L. Liu	夏纬英	1933年8月	No. 3950	Type（模式）	—	中国主要植物图说（禾本科） 199. 1959

中文名	拉丁名	采集人	采集时间	标本号	模式类型	生境	文献
贺兰山女蒿	*Tanacetum alasachanense* Ling = *Hippolytia alaschanensis* (Ling) Shih	白荫元	1933 年 8 月	No. 151	Type（模式）	—	Cotr. Inst. Bot. Nat. Acad. Peiping 2: 502. 1935
宁夏沙参	*Adenophora ningxianica* Hong	白荫元	1933 年 8 月 28 日	No. 151	Type（模式）	—	Fl. Reip. Pop. Sin.（中国植物志）73(2): 114. 1983
阿拉善鹅观草	*Roegneria alashanica* Keng	白荫元	1933 年 8 月 29 日	No. 146	Type（模式）	—	南京大学学报（生物学）(1): 73. 1963
贺兰山毛茛	*Ranunculus alaschanicus* Y. Z. Zhao	内大生物系四年级	1962 年 7 月 3 日	No. 144	—	贺兰山哈拉乌	植物研究 9(1): 64. 1989
贺兰山繁缕	*Stellaria alaschanica* Y. Z. Zhao	马毓泉	1962 年 8 月 10 日	No. 140	—	贺兰山 2500m 左右的云杉林下	内蒙古大学学报 13(3): 283. 1982
大叶细裂槭	*Acer stenolobum* Rehd. var. *megolophyllum* Fang et Wu	马毓泉	1963 年 8 月 7 日	No. 23	—	贺兰山峡子沟 2200m 左右的山地	植物分类学报 17(1): 77. 1979
尖叶杯腺柳	*Salix cupularis* Rehd. var. *acutifolia* S. Q. Zhou	周世权，赵一之	1980 年 8 月 31 日	No. 0051	—	贺兰山哈拉乌北沟高山海拔 3200m 左右	西北植物学报 4(1): 2. 1984
瘤翅女娄菜	*Melandrium verucosa-alatum* Y. Z. Zhao et Ma f.	雷蕾亭	1984 年 7 月 2 日	No. 121	—	贺兰山	植物分类学报 27(3): 227. 1989
内蒙古棘豆	*Oxytropis neimonggolica* W. C. Chang et Y. Z. Zhao	赵一之，周世权	1980 年 6 月 6 日	No. 1114	—	贺兰山香池子沟海拔 2100m 左右	植物分类学报 19(4): 523. 1981
贺兰山荨麻	*Urtica helanshanica* W. Z. Di et W. B. Liao	西北大学贺兰山采集队	1984 年 7 月 21 日	No. 6271	—	贺兰山苏峪口樱桃沟	贺兰山维管植物 68. 327. 1986
贺兰山孩儿参	*Pseudostellaria helanshanensis* W. Z. Di et Y. Ren	任毅	1985 年 8 月 22 日	No. 0051	—	贺兰山水磨沟	植物分类学报 25(6): 478. 1987
二柱繁缕	*Stellaria bistyla* Y. Z. Zhao	西北大学贺兰山采集队	1984 年 7 月 27 日	No. 6413	—	贺兰山	西北植物学报 5(3): 231. 1985
贺兰山嵩草	*Kobresia helanshanica* W. Z. Di et M. J. Zhong	西北大学贺兰山采集队	1984 年 7 月 28 日	No. 6503	—	贺兰山	西北植物学报 5(4): 311. 1985

注：本表参考《贺兰山植物志》的收载。

附录二 贺兰山回药植物资源名录

序号	科名	植物名	拉丁学名	别名	回药名	药物来源依据	药用部位	花、果期及采收加工
1	木贼科	问荆	*Equisetum arvense* L.	节节草、土麻黄	问荆	《回族医方集粹》第200页；《宁夏中药资源》第109页	全草	夏、秋二季割全草，晒干
2	松科	油松	*Pinus tabulaeformis* Carr.	—	松子、松香	《回回药方》卷三十四	松子、松香	花期5~6月，果期次年9~10月，选择7~16龄木，割口取油脂
3	麻黄科	木贼麻黄	*Ephedra equisetina* Bunge	山麻黄	麻黄	《回回药方》卷十二	种子、草质茎	花期5~6月，果期6~7月，9月割取茎
4	麻黄科	中麻黄	*Ephedra intermedia* Schrenk ex Mey.	麻黄草	麻黄	《回回药方》卷十二	种子、草质茎	花期5~6月，果期6~7月，9月割取茎
5	桦木科	白桦	*Betula platyphylla* Suk.	桦树、桦木	桦树皮	《中国回族医药》第111页	柔软树皮	花期5~6月，果期8月，春季剥取树皮
6	荨麻科	麻叶荨麻	*Urtica cannabina* L.	—	荨麻子	《回回药方》卷三十	种子、全草	花期6~7月，果期8~9月，夏、秋季割取，晒干
7	蓼科	萹蓄	*Polygonum aviculare* L.	铁绣绣、立茎、鸭儿草	萹蓄	《回回药方》卷三十	全草	花期6~9月，果期9~10月，夏、秋季茂盛时割取地上部分
8	蓼科	珠芽蓼	*Polygonum viviparum* L.	山谷子、草河车	红三七	《中国回族医药》第128页	根状茎	花期6~7月，果期7~8月，秋季采挖根茎，晒干
9	藜科	猪毛菜	*Salsola collina* Pall.	刺沙蓬、沙蓬、驴尾巴蒿子	猪毛菜	《中国回族医药》第106页；《回族医方集粹》第251页	地上全草	花期7~9月，果期8~10月，夏、秋二季开花时割取地上全草
10	藜科	木地肤	*Kochia scoparia* (L.) Schrad.	矢灰、独独菜、扫帚菜	地肤子、地肤苗	《中国回族医药》第120页；《回族医方集粹》第287页	果实	花期7~9月，果期9~10月，秋季打下果实

续表

序号	科名	植物名	拉丁学名	别名	回药名	药物来源依据	药用部位	花、果期及采收加工
11	藜科	刺藜	*Chenopodium aristatum* L.	灯笼草	刺藜	《中国回族医药》第131页	全草	花期8~9月，果期9~10月
12	苋科	反枝苋	*Amaranthus retroflexus* L.	苋菜、西番谷	西番谷	《中国回族医药》第97页	全草、种子	花期6~8月，果期8~9月，8~9月割取全草，晒干
13	马齿苋科	马齿苋	*Portulaca oleracea* L.	胖娃娃菜、蚂蚁菜	马齿苋	《回回药方》卷十二、三十	种子、全草	花期6~8月，果期7~9月，夏秋季拔全草
14	石竹科	银柴胡	*Stellaria dichotoma* L. var. *lanceolata* Bunge	—	银柴胡	《回回药方》卷十二、三十	根	花期7~8月，果期8~9月，9~10月茎叶枯萎时挖根
15	石竹科	瞿麦	*Dianthus superbus* L.	巨麦	瞿麦	《中国回族医药》第114页	地上部分	花期7~8月，果期8~9月，夏、秋季花期割取全草
16	毛茛科	黄花铁线莲	*Clematis intricata* Bunge	—	狗肠草	《回族医方集粹》第63页	嫩茎叶	花期6~7月，果期8~9月，夏、秋采集
17	毛茛科	茴茴蒜	*Ranunculus chinensis* Bunge	鸭脚板、野桑椹	回回蒜	《中国回族医药》第152页	种子	花期4~5月，果期5~6月，夏季果实转黄时采收
18	十字花科	独行菜	*Lepidium apetalum* Willd.	辣辣、小辣辣	独行菜	《中华本草·维吾尔药卷》第283页；《中国回族医药》第143页	种子	花期6~7月，果期8~9月
19	十字花科	宽叶独行菜	*Lepidium latifolium* L.	洋辣辣、大辣辣	独行菜	《中华本草·维吾尔药卷》第283页；《中国回族医药》第143页	全草	花期6~7月，果期8~9月
20	蔷薇科	蕨麻	*Potentilla anserina* L.	—	蕨麻	《中国回族医药》第149页	块根	花、果期5~9月
21	蔷薇科	二裂委陵菜	*Potentilla bifurca* L.	—	鸡冠草	《中国回族医药》第127页	紫红色变态植株入药	花期5~6月，果期7~8月，夏、秋季采集紫红色变态植株

续表

序号	科名	植物名	拉丁学名	别名	回药名	药物来源依据	药用部位	花、果期及采收加工
22	豆科	沙冬青	*Ammopiptanthus mongolicus* (Maxim. ex Kom.) Cheng f.	冬青	沙冬青	《中国回族民间实用药方》第365页；《中国回族医药》第153页	鲜茎叶	花期4~5月，果期5~6月，冬季及早春采摘
23	豆科	甘草	*Glycyrrhiza uralensis* Fisch. ex Dc.	甜草、甜甘草	甘草	《回回药方》卷三十；《中国回族民间实用药方》第373页	根茎和根	花期6~8月，果期7~9月，春、秋季采挖
24	豆科	细齿草木犀	*Melilotus dentatus* (Waldst. et Kit.) Pers.	—	草木犀	《回回药方》卷十二	全草	花期5~7月，果期8~9月
25	豆科	披针叶野决明	*Thermopsis lanceolala* R. Br.	野苦豆、马绊肠、扁豆子、黄花苦豆子、野决明	牧马豆	《中国回族医药》第104页	地上全草、根	花期5~7月，果期7~9月
26	牻牛儿苗科	牻牛儿苗	*Erodium stephanianum* Willd.	红根儿、老鹳嘴	老鹳草	《中国回族医药》第129页；《回族医方集粹》第285页	地上部分	花期5~6月，果期6~9月，夏、秋季果实成熟时割取地上部分
27	蒺藜科	蒺藜	*Tribulus terrestris* L.	巴藜子、白蒺藜	蒺藜胶	《回回药方》卷十二	果实	花期5~7月，果期7~9月
28	蒺藜科	多裂骆驼蓬	*Peganum multisecta* (Maxim.) Bobr.	大臭蒿、大骆驼蓬	骆驼蓬	《回药本草》第44页	全草、种子	花期6~7月，果期7~9月，夏季割全草，秋季收集成熟果实
29	苦木科	臭椿	*Ailanthus altissima* (Mill.) Swingle	椿树、凤眼草	凤眼草	《回族医方集粹》第112页	根皮或干皮	花期6月，果期9~10月，春季至秋季剥皮
30	大戟科	地锦	*Euphorbia humifusa* Willd. ex Schlecht.	地联	地锦	《中国回族医药》第125页	全草	花期6~7月，果期8~9月，夏秋季花盛期拔全草
31	鼠李科	酸枣	*Ziziphus jujuba* Mill. var. *spinosa* (Bunge) Hu ex H. F. Chow	酸剌、山枣、刺枣子	酸枣仁	《中国回族医药》第146页；《回族医方集粹》第307页	种子	花期6~7月，果期8~9月，采收成熟果实，晒干

续表

序号	科名	植物名	拉丁学名	别名	回药名	药物来源依据	药用部位	花、果期及采收加工
32	锦葵科	野西瓜苗	*Hibiscus trionum* L.	和尚头	野西瓜苗	《中国回族医药》第 130 页	全草、种子	花期 7~8 月，果期 8~10 月，夏、秋采收
33	锦葵科	野葵	*Malva verticillata* L.	齐叶子	冬葵	《中国回族医药》第 120 页	全草、种子	花、果期 6~9 月，果实成熟时割取地上部分
34	堇菜科	紫花地丁	*Viola philippica* Cav.	地丁	紫花地丁	《中国回族医药》第 112 页；《回族医方集粹》第 257 页	全草	花期 4~5 月，果期 6 月，春、夏季采挖带花果的全草
35	瑞香科	狼毒	*Stellera chamaejasme* L.	红火柴头花、狗娃花、小狼毒	狼毒	《中国回族医药》第 151 页	根	花期 6~7 月，果期 8~9 月，秋季采挖
36	锁阳科	锁阳	*Cynomorium songaricum* Rupr.	锁药、黄骨狼	红白锁阳	《回回药方》卷十二	肉质茎	花期 5~7 月，果期 6~8 月，春季冻至 5 月采挖
37	伞形科	短茎柴胡	*Bupleurum pusillum* Krylov	—	柴胡	《回回药方》卷十二、三十	根	花期 7~8 月，果期 8~10 月，春秋季采挖
38	伞形科	红柴胡	*Bupleurum scorzonerifolium* Wiild.	—	柴胡	《回回药方》卷十二、三十	根	花期 7~8 月，果期 8~10 月，春秋季采挖
39	伞形科	小叶黑柴胡	*Bupleurum smithii* Wolff var. *parvifolium* Shan et Y. Li	—	柴胡	《回回药方》卷十二、三十	根	花期 7~8 月，果期 8~10 月，春秋季采挖
40	伞形科	水芹	*Oenanthe javanica* (Bl.) DC.	—	水芹	《回回药方》卷十二、三十、卷三十四	种子、根及全草	花期 7~8 月，果期 8~9 月
41	伞形科	硬阿魏	*Ferula bungeana* Kitag.	沙吊吊、面吊吊、沙茴香	—	《宁夏中药资源》	根、全草、种子	花期 5~6 月，果期 6~7 月
42	报春花科	西藏点地梅	*Androsace mariae* Kanitz	报春花、咽喉草	点地梅	《中国回族医药》第 100 页	全草	花期 5~6 月，果期 6~7 月，春、夏季开花时采集
43	报春花科	北点地梅	*Androsace septentrionalis* L.	报春花、咽喉草	点地梅	《中国回族医药》第 100 页	全草	花期 5~6 月，果期 6~7 月，春、夏季开花时采集

续表

序号	科名	植物名	拉丁学名	别名	回药名	药物来源依据	药用部位	花、果期及采收加工
44	白花丹科	黄花补血草	*Limonium aureum* (L.) Hill	千饭花、黄花苍蝇架	补血草	《中华本草·维吾尔药卷》第190页	花	花期6~8月，果期7~8月，夏、秋季采集花枝
45	白花丹科	二色补血草	*Limonium bicolor* (Bunge) Kuntze	白玲子、苍蝇花	补血草	《中华本草·维吾尔药卷》第190页；《中国回族医药》第126页	全草	花期6~7月，果期7~9月，夏季开花前割制全草，春秋末挖根
46	白花丹科	鸡娃草	*Plumbagella micrantha* (Ledeb.) Spach	小蓝雪花、小蓝花丹、蓝雪草	小蓝花丹	《中国回族民间实用药方》第484页；《宁夏中药资源》第161页	全草	花期6月，果期7月，夏季茂盛时采收
47	木犀科	紫丁香	*Syringa oblata* Lindl.	龙肯	紫丁香	《回回药方》卷十二、卷三十四	叶、树皮	花期5~6月，果期6~10月
48	木犀科	白丁香	*Syringa oblata* Lindl. var. *alba* Hort. ex Rehd.	白花丁香	丁香	《回回药方》卷十二、卷三十四	茎皮	花期5~6月，果期6~10月
49	木犀科	羽叶丁香	*Syringa pinnatifolia* Hemsl.	山沉香	作为沉香潜在的替代药材	《回回药方》卷三十、卷三十四	茎	资源少，仅拍照或采少量。花期5月，果期6~7月，全年可采，选择枯株、木部呈紫色者采收
50	萝藦科	老瓜头	*Cynanchum komarovii* Al. Iljinski	华北白前、牛心朴	老瓜头	《中国回族民间实用药方》第68页；《中国回族医药》第132页	带根全草	花期6~7月，果期8~9月，夏、秋季采挖全草
51	萝藦科	鹅绒藤	*Cynanchum chinense* R. Br.	羊奶角角、杨柳弯弯	羊奶分个	《中国回族民间实用药方》第492页；《回族医方集粹》第220页	根、乳汁、全草	花期6~7月，果期8~9月，秋季挖根，夏秋采汁
52	旋花科	菟丝子	*Cuscuta chinensis* Lam.	黄藤子、无根草	菟丝子	《回回药方》卷十二、卷三十	种子	花期7~9月，果期8~10月，秋季果实成熟时割取
53	旋花科	欧洲菟丝子	*Cuscuta europaea* L.	黄藤子、无根草	菟丝子	《回回药方》卷十二、卷三十	种子	花期7~9月，果期8~10月，秋季果实成熟时割取

续表

序号	科名	植物名	拉丁学名	别名	回药名	药物来源依据	药用部位	花、果期及采收加工
54	旋花科	田旋花	Convolvulus arvensis L.	打碗花、拉拉蔓、野牵牛、串串秧	拉拉蔓	《中国回族医药》第152页	花、全草	花期6~8月，果期7~9月，夏、秋季采全草，花、春、秋季挖根
55	紫草科	鹤虱	Lappula myosotis V. Wolf	毛染染	鹤虱	《中国回族医药》第140页	果实	夏、秋季节
56	唇形科	香薷	Elsholtzia ciliata (Thunb.) Hyland.	土香薷、山苏子	香薷	《回回药方》卷十二、卷三十	全草	花期8~9月，果期9~10月
57	唇形科	百里香	Thymus mongolicus Ronn.	地椒子	百里香	《回回药方》卷十二	全草	花期6~8月，夏、秋季花盛时割取
58	唇形科	薄荷	Mentha haplocalyx Briq.	—	薄荷	《回回药方》卷十二、卷三十、卷三十四；《中国回族医药》第95页	地上全草	花期7~9月，果期9~10月，夏、秋季茎叶茂盛花开三轮时割取全草
59	唇形科	多裂叶荆芥	Schizonepeta multifida (L.) Briq.	假苏	荆芥	《中国回族医药》第98页；《回族医方集粹》第270页	地上全草及花果穗	花、果期7~8月，花开到顶、果实变黄时割取
60	唇形科	脓疮草	Panzerina alaschanica Kupr.	白龙昌菜	脓疮草	《回族医方集粹》第155页	全草	花期7~9月，夏季花末开时或初开时割取全草
61	茄科	曼陀罗	Datura stramonium L.	野茄子	曼陀罗	《回回药方》卷十二、卷三十；《中国回族医药》第142页	叶、花、全草	花期7~9月，果期8~10月，枝叶茂盛时采全草
62	茄科	天仙子	Hyoscyamus niger L.	莨菪子、熏牙子	天仙子	《回回药方》卷十二、卷三十、卷三十四；《中国回族民间实用药方》第264页	种子	秋季果实成熟时割取全株，打下种子
63	茄科	龙葵	Solanum nigrum L.	野葡萄	龙葵	《中国回族民间实用药方》第170页；《中国回族医药》第115页；《回族医方集粹》第285页	地上全草	花、果期7~10月，夏、秋季花、果初期割全草

续表

序号	科名	植物名	拉丁学名	别名	回药名	药物来源依据	药用部位	花、果期及采收加工
64	茄科	青杞	Solanum septemlobum Bunge	野茄子	青杞	《宁夏中药资源》第171页	全草	花期7~8月,果期8~9月,夏末秋季花、果期割全草
65	车前科	车前	Plantago asiatica L.	猪耳朵菜、车轱辘菜、车串子	车前子	《回回药方》卷十二、卷三十四;《中国回族医药》第119页;《中国回族民间实用药方》第30页	叶、种子、全草	花期6~9月,果期7~10月,7~10月剪下黄色成熟果穗
66	车前科	平车前	Plantago depressa Willd.	小猪耳朵菜、小车轱辘菜	车前子	《回回药方》卷十二、卷三十四;《中国回族医药》第119页;《中国回族民间实用药方》第30页	叶、种子、全草	花期6~9月,果期7~10月,7~10月剪下黄色成熟果穗
67	茜草科	茜草	Rubia cordifolia L.	血茜草、拉拉菜	茜草	《回回药方》卷十二、卷三十四	根	花期7~8月,果期9月,春、秋季采挖
68	菊科	猪毛蒿	Artemisia scoparia Waldst. et Kit.	绵茵陈、米儿蒿	茵陈蒿	《宁夏中药资源》第180页	幼苗	花期7~8月,果期9~10月,春季幼苗高6~8时采挖全草
69	菊科	刺儿菜	Cirsium segetum Bunge	刺蓟盖	小蓟	《回族医方集粹》第323页;《中国回族医药》第123页	全草	花期6~7月,果期7~9月,花开时割取全草
70	菊科	刺儿菜	Cirsium arvense var. integrifolium Wimmer & Grabowski	刺蓟盖	大蓟	《中国回族民间药方》第345页;《中华本草·维吾尔药卷》第65页	种子、花	花期6~7月,果期7~10月,花开时割取全草
71	菊科	中华小苦荬	Ixeris chinensis (Thunb.) Tzvel.	黄鼠草、苦菜、兔兔草	苦荬	《回回药方》卷十二、卷三十	全草	花期6~7月,果期7~9月,夏、秋季采挖全草
72	菊科	丝叶山苦荬	Ixeris chinensis (Thunb.) Nakai subsp. graminifolia (Ledeb.) Kitag.	黄鼠草	苦荬	《回回药方》卷十二、卷三十	全草	花期6~7月,果期7~9月,夏、秋采采挖全草

续表

序号	科名	植物名	拉丁学名	别名	回药名	药物来源依据	药用部位	花、果期及采收加工
73	菊科	抱茎小苦菜	Ixeridium sonchifolium (Maxim.) Shih	抱茎苦荬菜、苦荬菜、苦碟子	苦荬	《回回药方》卷十二、卷三十	全草	花、果期6~8月，夏季刚开花时采集全草
74	菊科	牛蒡	Arctium lappa L.	鼠黏子、牛子、大力子	牛蒡子	《回回药方》卷十二、卷三十、卷三十四；《中国回族医药》第96页	果实、叶、根	花期6~8月，果期8~10月，总苞橘黄色成熟时采收
75	菊科	黄花蒿	Artemisia annua L.	臭蒿	青蒿	《中国回族医药》第105页；《回族医方集粹》第285页	地上全草	花、果期8~10月，秋季花盛开时采全草
76	菊科	小花鬼针草	Bidens parviflora Willd.	—	鬼针草	《中国回族医药》第102页；《回族医方集粹》第247页	地上全草	花期6~8月，果期8~9月，夏、秋季茂盛时割取全草
77	菊科	旋覆花	Inula japonica Thunb.	毛野人	旋覆花	《中国回族医药》第141页；《回族医方集粹》第19页	花序	花期9~10月，果期，夏、秋季花刚开放时采摘
78	菊科	苣荬菜	Sonchus arvensis L.	败酱草、北败酱、甜苣苦菜	败酱草	《中国回族医药》第101页；《回族医方集粹》第278页	带根全草	花、果期6~8月，4~6月花开放前挖取全草
79	菊科	蓼子朴	Inulasal soloides (Turcz.) Ostrnf.	秃女子草、苦蒿、黄蓬花、黄苦参、苦蒿	蓼子朴	《中国回族医药》第112页；《回族医方集粹》第12页	花及全草	花、果期6~9月，夏、秋季采收全草
80	菊科	苍耳	Xanthium sibiricum Patrin ex Widder	苍子、苍棱蛋	苍耳子	《中国回族医药》第129页；《回族医方集粹》第285页	带总苞的果实	花期7~9月，果期9~10月，秋季果实成熟时采收
81	菊科	蒙疆苓菊	Jurinea mongolica Maxim.	野棉花、地棉花	鸡毛狗	《中国回族民间实用药方》第549页；《回医医方集粹》第140页	茎叶基部之棉毛	花、果期6~9月，夏、秋季采集
82	菊科	黑沙蒿	Artemisia ordosica Krasch.	紫沙蒿	黑沙蒿	《宁夏中药资源》第180页	全草	花期7~8月，果期9~10月，夏、秋季采收茎叶、花、根，果实秋季采收

续表

序号	科名	植物名	拉丁学名	别名	回药药名	药物来源依据	药用部位	花、果期及采收加工
83	香蒲科	长苞香蒲	Typha angustata Bory et Chaubard	蒲草	蒲黄	《中国回族医药》第123页	花粉	花、果期6~8月，夏季雄花盛开时采收蒲棒上部黄色雄花序
84	香蒲科	小香蒲	Typha minima Funk.	蒲草	蒲黄	《中国回族医药》第123页	花粉	花、果期6~8月，夏季雄花盛开时采收蒲棒上部黄色雄花序
85	眼子菜科	眼子菜	Potamogeton distinctus A. Benn.	水案板	压水草	《中国回族医药》第121页；《回族医方集粹》第79页	全草	花、果期7~9月，夏、秋季采收带根全草
86	泽泻科	野慈姑	Sagittaria trifolia L.	慈果子	慈姑	《中国回族医药》第151页	球状茎	花期7月，果期8~9月，秋末挖取球茎
87	禾本科	冰草	Agropyron cristatum (L.) Gaertn.	滨草	冰草	《回回药方》卷十二；《中国回族医药》第121页	根	花、果期6~10月
88	禾本科	赖草	Leymus secalinus (Georgi) Tzvel.	滨草	赖草	《回回药方》卷十二	根茎及须根	花期6~7，果期7~8月
89	禾本科	狗尾草	Setaria viridis (L.) Beauv.	谷莠子	狗尾草	《回回药方》目录卷；《回族医方集粹》第9页	全草	花期6~7月，果期8~9月，夏、秋季割取地上部分
90	禾本科	芨芨草	Achnatherum splendens (Trin.) Nevski	积机草、席箕草	芨芨草	《中国回族医药》第122页；《回族医方集粹》第73页	茎基部及花分别入药	花、果期6~9月，夏、秋季割取茎基部、花开时割取花序
91	禾本科	野燕麦	Avena fatua L.	燕麦	野燕麦	《中国回族医药》第145页；《回族医方集粹》第89页	茎、叶、种子	花、果期5~9月，果实成熟时割取果穗
92	禾本科	小画眉草	Eragrostis minor Host	星星草	画眉草	《中国回族医药》第114页	全草、花序	花、果期7~9月，夏、秋季割取全草
93	禾本科	芦苇	Phragmites australis (Cav.) Trin. ex Steud.	苇子、芦草、芦根草	芦根	《中国回族医药》第104页	根茎和根	花、果期7~9月，夏、秋季采挖根茎

序号	科名	植物名	拉丁学名	别名	回药名	药物来源依据	药用部位	花、果期及采收加工
94	莎草科	水葱	*Scirpus tabernaemontani* Gmel.	蔍草	水葱	《中国回族医药》第119页	全草	花、果期6~9月
95	莎草科	扁秆蔍草	*Scirpus planiculmis* Fr. Schmidt	水莎草	三棱草	《中国回族医药》第133页	全草、块茎	花期5~6月，果期7~8月，秋季挖取块茎
96	百合科	薤白	*Allium macrostemon* Bunge	胡葱、胡蒜	野蒜	《回回药方》卷十二、卷三十	鳞茎	花、果期5~9月
97	百合科	山丹	*Lilium pumilum* DC.	山丹花	百合	《回回药方》卷十二、卷三十、卷三十四；《中国回族民间实用药方》第34页	鳞茎	花期6~7月，果期7~8月，秋季地上部分枯萎时挖取
98	百合科	攀缘天门冬	*Asparagus brachyphyllus* Turcz.	天冬、鸡麻抓	寄马桩	《中国回族民间实用药方》第483页；《中国回族医药》第153页	根、全草	花期6~7月，果期7~9月，夏季采全草，秋季挖块根
99	鸢尾科	马蔺	*Iris Lactea* Pall. var. *chinensis* (Fisch.) Koidz.	—	马蔺	《回回药方》卷十二、卷三十四；《中国回族医药》第106页	种子、根、花	花期4~6月，果期7~9月，秋季采收成熟植株

附录三 贺兰山蒙药植物资源名录

序号	中文名	拉丁名	别名	蒙名	药物来源依据	功效	药用部位	花、果期及采收加工
1	中华卷柏	Selaginella sinensis (Desv.) Spring	还阳草、长生不死草、散初斯仁—德日木	玛特仁—呼木斯—额布斯	《中国主要植物图说 蕨类植物门》	活血、止血、利尿、杀虫	全草	—
2	问荆	Equisetum arvense L.	节节草、接续草、苦朱格、呼呼格—额布斯	那日斯—额布斯	《中华本草》蒙药卷	利尿、止血、破瘀	全草	5~7月割取营养枝
3	大问荆	Equisetum palustre L.	—	那日斯—额布斯	《内蒙古植物志》	利尿、止血、破瘀	全草	6~8月割取地上部分
4	银粉背蕨	Aleuritopteris argentea (Gmél.) Fée.	通经草	孟根—散易玛	《内蒙古植物志》	明目、愈伤、止血	全草	春、秋采收
5	小五台瓦韦	Lepisorus hsiawutaiensis Ching et S. K. Wu	网眼瓦韦	苦苦格瓦日音—奥义玛	—	清热解毒、止血、消肿	—	—
6	油松	Pinus tabulaeformis Carr.	红皮松	那日斯	《内蒙古植物志》	燥"协日乌素"、消肿、杀虫	球果	花期5月，球果熟于次年9~11月
7	圆柏	Sabina chinensis (L.) Ant.	桧、刺柏、柏树	乌和日—阿日查	《内蒙古植物志》	清肝热、胆热、肺热、祛湿、利尿	叶	花期5月，球果成熟于次年10月
8	叉子圆柏	Sabina vulgaris Ant.	沙地柏、新疆圆柏、爬柏、臭柏	雅曼—阿日查	《内蒙古植物志》	清肝热、胆热、肺热、祛湿、利尿	叶	花期5月，球果成熟于次年10月
9	杜松	Juniperus rigida Sieb. et Zucc.	崩松、刚松、秀格刺尔	乌日格苏图—阿日查	《内蒙古植物志》	清热、利尿、燥"协日乌素"、愈伤、止血	叶和果实	花期5月，球果成熟于次年10月
10	斑子麻黄	Ephedra rhytidosperma Pachom.	—	朝和日—哲日	《内蒙古植物志》	根：止汗；草质茎：发汗平喘、利尿	根和草质茎	花期5~6月，种子成熟7~8月
11	木贼麻黄	Ephedra epuisetina Bunge	—	哈日—哲日根	—	根：止汗；草质茎：发汗	根和草质茎	花期6~7月，种子成熟8~9月

续表

序号	中文名	拉丁名	别名	蒙名	药物来源依据	功效	药用部位	花、果期及采收加工
12	中麻黄	Ephedra intermedia Schrenk ex Mey.	—	查干—哲日根	—	根：止汗；草质茎：发汗	根和草质茎	花期5~6月，种子成熟7~8月
13	山杨	Populus davidiana Dode	白杨、小叶杨、玛嘎勒	查干—乌里雅斯	《内蒙古植物志》	排脓、止咳、祛痰	树皮	花期4~5月，果期5~6月
14	蒙桑	Morus mongolica Schneid.	家桑、桑树、达尔	依拉	《内蒙古植物志》	清热、补益、止渴	根皮果实	花期5月，果期6~7月
15	大麻	Cannabis sativa L.	大麻子、火麻仁、木—纳格宝	敖老森—乌日扫日	《中华人民共和国药典》	燥"协日乌素"、通便、杀虫	果实	花期5~6月，果期为7月
16	麻叶荨麻	Urtica cannabina L.	焮麻、蝎子草、扫瓦	哈拉	《内蒙古植物志》	镇"赫依"、温胃、破痞	全草	花期7~8月，果期8~9月
17	贺兰山荨麻	Urtica helanshanica W. Z. Di et W. B. Liao	焮麻、蝎子草、萨布如木、萨高德	阿拉善—阿古林—哈拉盖	《内蒙古植物志》	镇"赫依"、温胃、破痞	全草	花期6~7月，果期7~8月
18	总序大黄	Rheum racemiferum Maxim.	曲札、亚大黄、蒙古大黄	查朝格—给西固讷	—	清腑热、消"粘"、消肿、愈伤	根及根状茎	花期5~6月，果期7~8月
19	皱叶酸模	Rumex crispus L.	羊蹄叶、土大黄、亚曼—爱日干纳、曲日苍	霍日根—其赫	《内蒙古植物志》	杀"粘"、下泻、消肿、愈伤	根	花、果期6~9月
20	巴天酸模	Rumex patientia L.	山荞麦、羊蹄叶、牛西西	乌和日—爱日干纳	《内蒙古植物志》	同皱叶酸模	根	花、果期6~10月
21	木藤蓼	Fallopia aubertii (L. Henry) Holub	鹿挂面	何首乌属藤斯力格—希没乐得格	—	清热、调元、燥"协日乌素"	—	花期7~8月，果期8~9月
22	萹蓄	Polygonum aviculare L.	扁竹竹、猪牙草、乌蓼、吉那萨	布敦讷音—苏勒	《内蒙古植物志》	清热利尿、通淋、杀虫	全草	花、果期6~9月
23	西伯利亚蓼	Polygonum sibiricum Laxm.	剪刀股、野荞、驴耳朵	希伯仁—锡米利德格	《内蒙古植物志》	清热、消渴、除烦、燥"协日乌素"、利水	根	花、果期6~7月，果期8~9月

续表

序号	中文名	拉丁名	别名	蒙名	药物来源依据	功效	药用部位	花、果期及采收加工
24	酸模叶蓼	*Polygonum lapathifolium* L.	乌和日—希没乐—得格、哈蟆腿、大马蓼、哈日初麻	乌和日—希没乐—得格、霍日根—锡米利德格	《内蒙古植物志》	利尿、消肿、燥"协日乌素"、止痛、止吐	全草	花、果期7~9月
25	珠芽蓼	*Polygonum viviparum* L.	壤百	莫和日	《内蒙古植物志》	清热解毒、散瘀	根状茎	花期5~7月，果期7~9月
26	拳参	*Polygonum bistorta* L.	那黑芽图—锡米利德格	乌和日—莫和日	《内蒙古植物志》	解毒、消肿、止泻	根茎	花期6~9月，果期9~11月
27	苦荞麦	*Fagopyrum tataricum* (L.) Gaertn.	苦荞头、荞叶七、野荞麦	萨嘎得苦	《内蒙古植物志》	祛"赫依"，消"奇哈"，治伤	种子	花、果期6~9月
28	驼绒藜	*Ceratoides latens* (J. F. Gmel.) Reveal et Holmgren	优若藜、其兴	特斯格	《内蒙古植物志》	清肺、止咳	花	花、果期6~9月
29	沙蓬	*Agriophyllum squarrosum* (L.) Moq.	沙米、东蔷子、苦刺日、灯相子	楚力给日沙	《本草纲目》	发表解热	种子	花期8月，果期9月
30	猪毛菜	*Salsola collina* Pall.	刺蓬、猪毛蒿	哈木呼勒猪	《内蒙古植物志》	清热、凉血、降血压	全草	花期7~9月，果期8~10月
31	地肤	*Kochia scoparia* (L.) Schrad.	扫帚菜、地菜、秀日—额布斯	秀日—淖高	《本草纲目》	清热解毒、利尿通淋	种子	花期6~9月，果期7~10月
32	盐爪爪	*Kalidium foliatum* (Pall.) Moq.	灰碱柴、呼日格	巴达日嘎纳	《内蒙古植物志》	温肾、缩尿	果实	花、果期7~8月
33	杂配藜	*Chenopodium hybridum* L.	血见愁、大叶灰菜、杂灰藜	额日力斯—诺衣乐	《内蒙古植物志》	调经、止血	地上部分	花期8~9月，果期9~10月
34	藜	*Chenopodium album* L.	灰菜、灰藜、灰条菜、劳力、尼莪	诺衣乐藜	《内蒙古植物志》	解表、止痒、解毒、愈伤	全草及果实	花期8~9月，果期9~11月
35	反枝苋	*Amaranthus retroflexus* L.	野苋菜、苋菜	阿日白—淖高	《内蒙古植物志》	清热解毒、利尿、止痛	全草	花期7~8月，果期8~9月

序号	中文名	拉丁名	别名	蒙名	药物来源依据	功效	药用部位	花、果期及采收加工
36	马齿苋	Portulaca oleracea L.	马齿草、长寿草、马苋菜	娜仁—淖高	《内蒙古植物志》	清热解毒、凉血止血	全草	花期7~8月，果期8~10月
37	麦蓝菜	Vaccaria hispanica (Mill.) Rauschert	王牡牛、苏布日嘎—淖高、鲁格苏格	苏久乐呼—乌日	《内蒙古植物志》	活血通经、下乳消肿	种子	花期6~7月，果期7~8月
38	女娄菜	Silene aprica Turczaninow ex Fisher et C. A. Meyer	哈日—道呼日、浩宁—苏格巴、日阿—苏格、罐罐花、对叶草	苏尼吉没乐—其其格	《中华本草》	清热、利胆、止血	全草	花期5~6月，果期7~8月
39	瞿麦	Dianthus superbus L.	野麦、洛阳花	高要—巴沙嘎	《内蒙古植物志》	凉血、止刺痛、解毒	地上部分	花、果期7~9月
40	耧斗菜	Aquilegia viridiflora Pall.	血见愁、漏斗菜、优瑁得金	乌日乐其—额布斯	《内蒙古植物志》	清热、止痛、止血、愈伤、调经、增强宫缩	全草	花期5~7月，果期7~8月
41	细叶白头翁	Pulsatilla turczaninovii Kryl. et Serg.	毛姑朵花、白头翁、那林—高乐	那林—伊日贵	《内蒙古植物志》	清热解毒、凉血止痢	根	花、果期5~6月
42	腺毛唐松草	Thalictrum foetidum L.	札格珠、马尾连、马尾黄连	乌努日图—查森—其其格	《内蒙古植物志》	清热、燥湿、解毒	根及根茎	花期8月，果期9月
43	高山唐松草	Thalictrum alpinum L.	—	塔给音—查森—其其格	《内蒙古植物志》	清热、燥湿、解毒	根	花、果期7~8月
44	细唐松草	Thalictrum tenue Franch.	—	好宁—查森—其其格	《内蒙古植物志》	清热、燥湿、解毒	全草	花期8月，果期9月
45	箭头唐松草	Thalictrum simplex L.	硬水黄边、水黄连、箭头白蓬草	希日—查森—其其格	《内蒙古植物志》	清热、燥湿、解毒	全草	花期7~8月，果期8~9月
46	欧亚唐松草	Thalictrum minus L.	小唐松草	夏日—查森—其其格	《内蒙古植物志》	清热、燥湿、解毒	根	花期7~8月，果期8~9月

续表

序号	中文名	拉丁名	别名	蒙名	药物来源依据	功效	药用部位	花、果期及采收加工
47	东亚唐松草	*Thalictrum minus* L. var. *hypoleucum* (Sieb. et Zucc.) Miq.	小果白蓬	阿孜亚—查森—其其格	《全国中草药汇编》	清热、燥湿、解毒	根	花期5月
48	水葫芦苗	*Halerpestes cymbalaria* (Pursh.) Green	圆叶碱毛茛、扫日—丹木巴	那木格音—车—其其格	《内蒙古植物志》	清热、续断、消肿	全草	花期5~7月，果期6~8月
49	黄戴戴	*Halerpestes ruthenica* (Jacq.) Ovcz.	乌日登木巴、金戴戴、长叶碱毛茛	乌日图—那布其特—那木根	《内蒙古植物志》	清热愈伤	全草	花期5~6月，果期7月
50	高原毛茛	*Ranunculus tanguticus* (Maxim.) Ovcz.	唐古特—好乐得存—其其格	塔格音—好乐得存—其其格	《内蒙古植物志》	破痞、燥"协日乌素"、消肿、祛腐	全草	花、果期7~8月
51	短尾铁线莲	*Clematis brevicaudata* DC.	林地铁线莲、红钉耙藤	奥日雅玛格	《内蒙古植物志》	同白花长瓣铁线莲	根及茎	花期8~9月，果期9~10月
52	长瓣铁线莲	*Clematis macropetala* Ledeb.	大瓣铁线莲、大萼铁线莲	呼和—奥日雅玛格	《内蒙古植物志》	祛风除湿、解毒、止痛、温胃、排脓	全草	花期6~7月，果期8~9月
53	白花长瓣铁线莲	*Clematis macropetala* Ledeb. var. *albiflora* (Maxim.) Hand.-Mazz.	查干—伊萌	查干—奥日雅玛格	《内蒙古植物志》	温胃、散寒、消食、散痞块、干"协日乌素"、渗湿利水	全草	花期6月，果期8月
54	芹叶铁线莲	*Clematis acethusifolia* Turcz.	细叶铁线莲、透骨草、断肠草、朝日—那布其特—奥日雅玛格、查干—伊萌	查干—特木日—散巴秧古	《内蒙古植物志》	破痞、助温、燥"协日乌素"、消肿、祛腐、止泻	全草	花期7~8月，果期9月
55	黄花铁线莲	*Clematis intricata* Bunge	狗豆蔓、萝萝蔓	夏日—奥日雅玛格	《内蒙古植物志》	祛风除湿、止痛、温胃、排脓	全草	花期7~8月，果期8月
56	甘青铁线莲	*Clematis tangutica* (Maxim.) Korsh.	唐古特铁线莲、哈日—奥日雅玛格、伊萌	哈日—奥日雅玛格	《内蒙古植物志》	祛风除湿、止痛、温胃、排脓	全草	花期6~8月，果期7~9月
57	白蓝翠雀花	*Delphinium albocoeruleum* Maxim.	—	阿拉格—伯日—其其格	《内蒙古植物志》	清热、止泻、疏肝、利胆	全草	花期7~8月，果期9月

续表

序号	中文名	拉丁名	别名	蒙名	药物来源依据	功效	药用部位	花、果期及采收加工
58	鄂尔多斯小檗	Berberis caroli Schneid.	刺小檗	奥尔道斯因—乌日格斯特—夏日—毛道	《内蒙古植物志》	清热解毒，燥"协日乌素"，止痛	根皮和茎皮	花期5~6月，果期8~9月
59	西伯利亚小檗	Berberis sibirica Pall.	刺叶小檗	西伯日—夏日—毛道	《内蒙古植物志》	清热解毒，燥"协日乌素"，止痛	根皮和茎皮	花期5~7月，果期8~9月
60	昆叶小檗	Berberis vernae Schneid.	西北小檗	哈拉巴根—夏日—毛道	《内蒙古植物志》	清热解毒，燥"协日乌素"，止痛	根皮及茎皮	花期5~6月，果期8~9月
61	白屈菜	Chelidonium majus L.	美道格—瑟日钦、山大烟、丽春花	哲日里格—阿木—其其格	《内蒙古植物志》	愈伤，干脓，止腐，清热	全草	花期6~7月，果期8月
62	角茴香	Hypecoum erectum L.	巴日巴达、野回香、黄草	麦嘎伦—塔巴	《内蒙古植物志》	杀"粘"，清热，解毒	全草	春季开花前采收
63	菥蓂	Thlaspi arvense L.	遏蓝菜、淘力都—额布斯	恒格日格—额布斯	《全国中草药汇编》	清热，利尿，强壮，消肿，开胃	种子	花期3~4月，果期5~6月
64	独行菜	Lepidium apetalum Willd.	腺茎独行菜、北葶苈子、辣辣麻、辣辣根	昌古	《内蒙古植物志》	清热利湿，止血	种子	花、果期5~7月
65	阿拉善独行菜	Lepidium alashanicum S. L. Yang	—	阿拉善—昌古	《内蒙古植物志》	清热利湿，止血	种子	花、果期6~8月
66	宽叶独行菜	Lepidium latifolium L.	羊辣辣	乌日根—昌古	《中国沙漠地区药用植物》	清热利湿，止血	全草	夏季采收
67	光果葶苈	Draba nemorosa L. var. leiocarpa Lindbl.	—	汉毕勒	《光果葶苈的资源学及化学成分研究》	清热，祛痰，平喘，利尿	全草	花期3~4月上旬，果期5~6月
68	播娘蒿	Descurainia sophia (L.) Webb. ex Prantl	葶苈子、野芥菜、南葶苈子、希热乐金—哈木白	嘎希昆—含毕勒	《内蒙古植物志》	利尿，消肿，止咳，平喘	种子	花、果期6~9月

续表

序号	中文名	拉丁名	别名	蒙名	药物来源依据	功效	药用部位	花、果期及采收加工
69	小花糖芥	*Erysimum cheiranthoides* L.	桂竹香糖芥	高恩淘	《内蒙古植物志》	清热解毒、消食、平喘、化痰	全草	花，果期7~8月
70	垂果南芥	*Arabis pendula* L.	野白菜、垂果南芥菜	文吉格日—少布都海	《内蒙古中草药》	清热解毒、消肿	果实	秋季采收
71	瓦松	*Orostachys fimbriatus* (Turcz.) Berger	石莲花、瓦花、瓦塔、酸溜溜	艾日格—额布斯	《内蒙古植物志》	清热解毒、止泻、止血、解毒	全草	花期8~9月，果期10月
72	小丛红景天	*Rhodiola dumulosa* (Franch.) S. H. Fu	凤尾七、凤尾草、凤凰草、香景天、雾灵景天、乌兰—扫日劳	全特日哈格—珀盖音—伊德	《内蒙古植物志》	清热、敛肺、生津	全草	花期7~8月，果期9~10月
73	费菜	*Sedum aizoon* L.	景天三七、见血散、土三七、血连根、血山草	瑞盖音—伊	《内蒙古植物志》	散瘀止血、消肿止痛	根及全草	花期6~8月，果期8~10月
74	爪瓣虎耳草	*Saxifraga unguiculata* Engl.	爪瓣虎耳草	乌日日—色日得格	《全国中草药汇编》	清肝胆热、健胃消食	全草	花期7~8月
75	灰栒子	*Cotoneaster acutifolius* Turcz.	尖叶栒子、萨尔布如木	牙日钙	《全国中草药汇编》	燥"协日乌素"	枝、叶、果实	花期5~6月，果期9~10月
76	黑果栒子	*Cotoneaster melanocarpus* Lodd.	黑灰栒子、黑果栒子木	牙日钙	《全国中草药汇编》	燥"协日乌素"	枝、叶、果实	花期5~6月，果期9~11月
77	蒙古绣线菊	*Spiraea mongolica* Maxim.	玛格莎得	蒙高乐—塔毕仍干	《内蒙古植物志》	生津止渴、止血、燥"协日乌素"	—	花期6~7月，果期8~9月
78	毛山楂	*Crataegus maximowiczii* Schneid.	—	道老纳	《内蒙古植物志》	健胃消食、生津止渴	果实	花期5~6月，果期8~9月
79	美蔷薇	*Rosa bella* Rehd. et Wils.	油瓶瓶	高优—扎木日—其其格	《内蒙古植物志》	干"协日乌素"、清热	花及果	花期6~7月，果期8~9月

续表

序号	中文名	拉丁名	别名	蒙名	药物来源依据	功效	药用部位	花、果期及采收加工
80	单瓣黄刺玫	Rosa xanthina Lindl. f. normalis Rehd. et Wils.	马茹茹、野生黄刺玫	希日－扎木尔	《内蒙古植物志》	干"协日乌素"，清热	花及果	花期5~6月，果期7~8月
81	刺蔷薇	Rosa acicularis Lindl.	大叶蔷	陶日格－扎木日	—	干"协日乌素"，清热	果实	花期6~7月，果期7~9月
82	山刺玫	Rosa davurica Pall.	重瓣黄刺莓、黄刺莓	夏日－扎木日－其其	《内蒙古植物志》	清"协日"依"，镇"赫依"，拢敛 消化 协日"	花及果	花期6~7月，果期8~9月
83	高山地榆	Sanguisorba alpina Bunge	山枣参、血箭草、黄瓜香	塔格音－苏图－额布斯	《新疆药用植物志》	凉血止血、解毒敛疮	根	花、果期7~8月
84	库页悬钩子	Rubus sachalinensis Levl.	悬钩子、珍珠杆、沙窝窝	博日乐吉根	《内蒙古植物志》	解表、止咳、调元	果	花期6~7月，果期8~9月
85	金露梅	Potentilla fruticosa L.	金老梅、扁麻	阿拉腾－乌日拉格	《内蒙古植物志》	消食、止咳、消肿、燥"协日乌苏"	花及叶	花期6~8月，果期8~10月
86	小叶金露梅	Potentilla parvifolia Fischer ex Lehmann	小叶金露梅	吉吉格－阿拉腾－乌日拉格	《内蒙古植物志》	消食、止咳、消肿、燥"协日乌苏"	花及叶	花期6~8月，果期8~10月
87	银露梅	Potentilla glabra Loddiges	银老梅、观音茶	孟根－乌日拉格	《内蒙古植物志》	固牙、洁齿、燥"协日乌素"	花及叶	花期6~8月，果期8~10月
88	蕨麻	Potentilla anserina L.	鹅绒委陵菜、人参果、延寿果、若玛、卓老、沙僧	陶来音－汤乃	《内蒙古植物志》	止血、止泻、清热、燥"协日乌素"	根及全草	花、果期5~9月
89	二裂委陵菜	Potentilla bifurca L.	叉叶委陵菜	阿叉－陶来音－汤乃	《全国中草药汇编》	止血、止痢、解毒	幼芽	花、果期5~9月
90	多裂委陵菜	Potentilla multifida L.	细叶委陵菜	敖尼图－陶来音－汤乃	《内蒙古植物志》	止血、止痢、解毒	全草	花、果期7~9月

续表

序号	中文名	拉丁名	别名	蒙名	药物来源依据	功效	药用部位	花、果期及采收加工
91	地蔷薇	*Chamaerhodos erecta* (L.) Bunge	直立地蔷薇、追风蒿、茵陈狼牙	图门—塔娜	《内蒙古植物志》	祛风湿	全草	花、果期7~9月
92	山杏	*Prunus sibirica* (L.) Lam.	山杏、哲日里格—归勒斯、堪布	合格仁仁—归勒斯	《内蒙古植物志》	止咳、祛痰、平喘，燥"协日乌素"，生发	种仁	花期5月，果期7~8月
93	蒙古扁桃	*Prunus mongolica* (Maxim.) Ricker	山桃、蒙古勒—布衣勒斯	乌兰—布衣勒斯	《内蒙古植物志》	通便、荣发	种仁	花期5月，果期8月
94	苦豆子	*Sophora alopecuroides* L.	苦甘草、苦豆根、浩仁	胡兰—布亚	《内蒙古植物志》	清热解毒、燥"协日乌素"，杀虫	根	花期5~6月，果期6~8月
95	沙冬青	*Ammopiptanthus mongolicus* (Maxim. ex Kom.) Cheng f.	蒙古沙冬青、蒙古黄花木、冬青	蒙赫—哈日干	《内蒙古植物志》	祛风湿、止痛、活血散瘀、愈疮、化痰、止咳	枝叶	花期4~5月，果期5~6月
96	披针叶野决明	*Thermopsis lanceolata* R. Br.	野决明、牧马豆、土马豆、萨斗格—嘎日格、面人眼睛	塔日巴根—希日	《内蒙古植物志》	止痛、愈疮、化痰、止咳	全草	花期5~7月，果期7~10月
97	贺兰山岩黄芪	*Hedysarum petrovii* Yakovl.	粗壮黄芪、黄芪、萨日德玛、阿拉善黄芪	乌日得普—好恩其日	《内蒙古岩黄芪属Hedysarum L植物的分类研究》	清热、止血、治伤、生肌	根	花期6~8月，果期8~9月
98	宽叶岩黄芪	*Hedysarum polybotrys* Hand.-Mazz. var. *alashanicum* (B. Fedtsch.) H. C. Fu et Z.Y.chu	红芪	萨日巴格日—他日波勒吉	《全国中草药汇编》	清热、止血、治伤、生肌	根	花期7月，种子8月
99	紫苜蓿	*Medicago sativa* L.	紫花苜蓿、光风草	宝日—查日嘎苏	《内蒙古植物志》	开胃、利尿、排石	全草	花期6~7月，果期7~8月
100	天蓝苜蓿	*Medicago lupulina* L.	黑荚苜蓿、杂花苜蓿	呼和—查日嘎苏	《内蒙古植物志》	舒筋活络、利尿	全草	花期7~8月，果期8~9月

续表

序号	中文名	拉丁名	别名	蒙名	药物来源依据	功效	药用部位	花、果期及采收加工
101	阿拉善苜蓿	*Medicago falcata* L.	—	阿拉善—查日嘎苏	—	舒筋活络、利尿	—	—
102	细齿草木樨	*Melilotus dentatus* (Waldet. et Kit.) Pers.	—	呼庆黑	《内蒙古植物志》	清热解毒	全草	花期6~8月，果期7~10月
103	苦马豆	*Sphaerophysa salsula* (Pall.) DC.	红花苦豆子、羊尿泡、羊卵蛋、乌兰—萨日德玛	洪呼图—额布斯	《内蒙古植物志》	消暑、利尿、消肿、止血	全草及果	花期6~7月，果期7~8月
104	甘草	*Glycyrrhiza uralensis* Fisch.	甜草苗、甜甘草、兴阿日	希和日—额布斯	《内蒙古植物志》	润肺、止咳、定喘、燥"协日乌素"	根	花期6~7月，果期7~9月
105	米口袋	*Gueldenstaedtia verna* (Georgi) Boriss. Subsp. *multiflora* (Bunge) Tsui	宝日—萨日得玛	肖布音—塔巴格	《内蒙古植物志》	清热解毒、利湿、散瘀消肿	全草	花期5月，果期6~7月
106	狭叶米口袋	*Gueldenstaedtia stenophylla* Bunge	地丁	那林—莎勒吉日	《内蒙古植物志》	清热解毒、利湿、散瘀消肿	全草	花期5月，果期5~7月
107	草木樨状黄芪	*Astragalus melilotoides* Pall.	扫帚苗、层头、小马层子	哲格仁—希勒比	《全国中草药汇编》	祛风除湿、止痛	根	花期7~8月，果期8~9月
108	阿拉善黄芪	*Astragalus alaschanus* Bunge et Maxim.	乌拉特黄芪	阿拉善—好恩其日	《全国中草药汇编》	清热、止血、治伤、生肌	根	花期6月
109	斜茎黄芪	*Astragalus adsurgens* Pall.	直立黄芪、马拌肠	毛日音—好恩其日	《中国植物志》	补肾、固精、清肝、明目	种子	花期6~8月，果期8~10月
110	猫头刺	*Oxytropis aciphylla* Ledeb.	鬼见愁、矛头刺、老虎爪子	奥日图哲	—	消肿、止痛	全草	花期5~6月，果期6~7月
111	贺兰山棘豆	*Oxytropis holanshanensis* H. C. Fu	—	阿拉善—奥日图哲	—	消肿、止痛	全草	花期7~8月
112	宽苞棘豆	*Oxytropis latibricteata* Jurtz.	查干—萨日达马	乌日根—奥日图哲	—	消肿、清热、止泻	全草	花期6~7月

续表

序号	中文名	拉丁名	别名	蒙名	药物来源依据	功效	药用部位	花、果期	采收加工
113	砂珍棘豆	Oxytropis racemosa Turcz.	泡泡草、砂棘豆	额勒苏音-奥日图哲、炮静额布斯	《内蒙古植物志》	消肿、止痛	全草	花期5~7月，果期6~9月	果期
114	牻牛儿苗	Erodium stephanianum Willd.	太阳花、狼怕怕、宝尔曼久务	宝哈-额布斯、曼久务	《内蒙古植物志》	燥"协日乌素"、调经、活血、明目、退翳	全草	花期6~8月，8~9月	果期
115	鼠掌老鹳草	Geranium sibiricum L.	鼠掌草、风露草、嘎都日-曼巴	西伯日-西木德格来	《内蒙古植物志》	活血、调经、退翳	茎干	花期6~7月，8~9月	果期
116	宿根亚麻	Linum perenne L.	—	麻领古	《全国中草药汇编》	祛"赫依"、排脓、润燥	花和果	花期6~7月，8~9月	果期
117	白刺	Nitraria tangutorum Bobr.	唐古特白刺、酸胖、白茨、策日吉-布如、胖佳	哈日莫格	《全国中草药汇编》	补肾、强壮、消食、明目	果实	花期5~6月，7~8月	果期
118	小果白刺	Nitraria sibirica Pall.	西伯利亚白刺、哈螓儿	哈日莫格	《全国中草药汇编》	补肾、强壮、消食、明目	果实	花期5~6月，7~8月	果期
119	骆驼蓬	Peganum harmala L.	骆驼蓬	乌没黑-额布苏	《全国中草药汇编》	清肺止咳、祛风湿、消肿止痛	种子和全草	花期7~8月，9~10月	果期
120	多裂骆驼蓬	Peganum multisectum (Maxim.) Bobr.	骆驼蓬、骆驼蒿、沙蓬豆豆、臭草、阿目嘎勒音-依德、阿达热木希、阿嘎-斗格勒	乌木赫易-额布斯	《全国中草药汇编》	清热解毒、杀"粘"、祛虫、燥"协日乌素"、止痛、镇静、调经、消肿、解毒	全草	花期7~8月，9~10月	果期
121	骆驼蒿	Peganum nigellastrum Bunge	匐根骆驼蓬	乌木赫易-额布斯	《内蒙古植物药志·第二卷》	清热解毒、杀"粘"、祛虫、燥"协日乌素"、止痛、镇静、调经、消肿、解毒	种子和全草	花期5~6月，7~8月	果期
122	蒺藜	Tribulus terrestris L.	刺蒺藜、白蒺藜、滨海、亚曼-章古音-阿日阿、色玛	—	《内蒙古植物志》	补肾、祛寒、利尿、消肿、强壮	果实	花期5~8月，6~9月	果期

续表

序号	中文名	拉丁名	别名	蒙名	药物来源依据	功效	药用部位	花、果期及采收加工
123	驼蹄瓣	*Zygophyllum fabago* L.	骆驼蹄草、蹄瓣根、豆叶霸王、宝特根—塔巴嘎	阿日嘎力音—温达	《全国中草药汇编》	止咳化痰、祛风止痛	根	夏、秋采挖
124	远志	*Polygala tenuifolia* Willd.	细叶远志、小草、巴稚格—萨瓦	吉如很—其其格	《中华本草蒙药卷》	润肺、排脓、祛痰、消肿	主根	花期 5~7 月，果期 7~9 月
125	西伯利亚远志	*Polygala sibirica* L.	西伯利亚—吉如很—其其格、乌那根—苏勒、巴亚格—嘞瓦、瓜子金	西伯利亚—吉如很—其其格	《全国中草药汇编》	排脓、化痰、消肿、愈伤	根	花期 5~7 月，果期 7~10 月
126	乳浆大戟	*Euphorbia esula* L.	猫儿眼、烂疤眼、鸡肠狼毒	查干—塔日努	《内蒙古植物志》	利尿消肿、拔毒止痒	全草	花、果期 4~10 月
127	地锦	*Euphorbia humifusa* Willd. ex Schlecht.	铺地锦、草血竭、血见愁、毕日达—萨	马拉盖音—扎拉—额布斯	《全国中草药汇编》	燥"协日乌素"、散瘀、排脓、止血、愈伤	全草	夏、秋采收
128	文冠果	*Xanthoceras sorbifolium* Bunge	文官果、文冠木、森登、希日森登、木瓜、赞丹森登	图来音—勃日	《全国中草药汇编》	燥"协日乌素"、清热、凉血、消肿止痛	果实	花、果期 5~8 月
129	酸枣	*Ziziphus jujuba* Mill. var. *spinosa* (Bunge) Hu ex H. F. Chow.	酸枣核、山酸枣、枣仁	哲日力格—其巴嘎	《全国中草药汇编》	安神、养心、敛汗	种仁	花期 5~7 月，果期 8~9 月
130	柳叶鼠李	*Rhamnus erythroxylon* Pall.	红米鼠李、黑格兰	哈日—牙西拉	《内蒙古中草药》	清热利湿、消积杀虫、止咳祛痰	果实	花期 4~5 月，果期 6~8 月
131	小叶鼠李	*Rhamnus parvifolia* Bunge	黑格兰同	牙黑日—牙西拉	《内蒙古中草药》	清热利湿、消积杀虫、止咳祛痰	果实	花期 4~5 月，果期 6~9 月
132	野西瓜苗	*Hibiscus trionum* L.	和尚头、山西瓜秧、香铃草	塔古—诺高	《全国中草药汇编》	清热解毒、祛风除湿、止咳	根或全草	夏、秋采收

续表

序号	中文名	拉丁名	别名	蒙名	药物来源依据	功效	药用部位	花、果期及采收加工
133	野葵	*Malva verticillata* L.	荍菜、芪菜粑粑叶、冬葵、冬葵菜、野冬苋菜、棋盘菜	哲日力格－萨日木格－江巴	《四部医典》	利尿通淋、清热消肿、止泻、止渴	全草或种子、茎及根	花期7~9月
134	多枝红柳	*Tamarix ramosissima* Ledeb.	红柳、山川柳、三春柳、西河柳、乌兰－苏海、玛日沙德	苏海	《新疆药材》	敛毒、清热、透疹、燥"协日乌素"	—	花期5~9月
135	宽苞水柏枝	*Myricaria bracteata* Royle	水柽柳、澳恩布	哈日－巴拉古纳	《全国中草药汇编》	清热、解毒、透疹、燥"协日乌素"	—	春、夏采收
136	宽叶水柏枝	*Myricaria platyphylla* Maxim.	喇嘛棍、沙红柳	乌日根－那布其图－巴拉古纳	—	祛湿止痒	枝叶	花期4~6月,果期7~8月
137	红砂	*Reaumuria songarica* (Pall.) Maxim.	枇杷柴、红凤	乌兰－布都日嘎纳	《中华本草》	祛湿止痒	枝叶	花期7~8月,果期8~9月。夏、秋两季采收,剪取枝叶
138	黄花红砂	*Reaumuria trigyna* Maxim.	黄花枇杷柴	陶木－乌兰－布都日嘎纳	—	祛湿止痒	枝叶	—
139	双花堇菜	*Viola biflora* L.	短距堇菜、孁仁乃－图布其格、达木格	蒙斯－尼勒－其其格	《长白山植物药志》	发汗、止痛、清热解毒	全草	花、果期5~9月
140	裂叶堇菜	*Viola dissecta* Ledeb.	疔毒草	奥尼图－尼勒－其其格	《全国中草药汇编》	清热解毒、消痈肿	全草	花期4~9月,果期5~10月
141	紫花地丁	*Viola philippica* Cav.	辽堇菜、光瓣堇菜	宝日－尼勒－其其格	《全国中草药汇编》	清热、解毒	全草	花、果期4~9月
142	狼毒	*Stellera chamaejasme* L.	断肠草、红头柴头花、热佳格、瑞香狼毒	达兰－图如	《全国中草药汇编》	杀"粘"虫、消"奇哈"、逐泻、消肿、祛腐生肌	根	花期4~6月,果期7~9月
143	杉叶藻	*Hippuris vulgaris* L.	日布嘎日阿	阿木塔图－吉格苏	《全国中草药汇编》	清热、排脓、润肺	全草	花期4~9月,果期5~10月

续表

序号	中文名	拉丁名	别名	蒙名	药物来源依据	功效	药用部位	花、果期及采收加工
144	锁阳	*Cynomorium songaricum* Rupr.	锁严、琐靖、玛格、地毛球、羊锁不拉、锈铁棒、铁棒槌	乌兰—高要	《全国中草药汇编》	平息"希拉"、消食、益精	肉质茎	花期5~7月，果期6~7月
145	红柴胡	*Bupleurum scorzonerifolium* Willd.	狭叶柴胡	希拉子拉	《全国中草药汇编》	清肺止咳	根	花、果期7~9月
146	硬阿魏	*Ferula bungeana* Kitag.	沙茴香、沙前胡、篦防风、假防风、牛叫磨	汗特木尔	《中国沙漠地区药用植物》	解表、清热、祛痰、止咳、抗结核	根	花期5~6月，果期6~7月
147	粉报春	*Primula farinosa* L.	黄报春、红花粉叶报春	嫩得格特—乌兰—哈布日—其其格	《内蒙古植物志》	祛痰、止咳、平喘	全草	花期5~6月，果期7~8月
148	樱草	*Primula sieboldii* E. Morren	翠南报春、翠蓝草、野白菜、乌兰—相日们	萨格萨嘎尔—哈布日希勒—其其格	《内蒙古植物志》	祛痰、止咳、平喘	根	花期5~6月，果期7月
149	北点地梅	*Androsace septentrionalis* L.	雪山点地梅、雅日瑂唐	达兰—套布其	《内蒙古植物志》	愈伤、消肿、燥"协日乌素"、清热解毒、生津	全草	花期6月，果期7月
150	大苞点地梅	*Androsace maxima* L.	—	伊和—套布其	《内蒙古植物志》	愈伤、消肿、燥"协日乌素"、清热解毒、生津	全草	花期5月，果期5~6月
151	西藏点地梅	*Androsace mariae* Kanitz	—	唐古特—套布其	《内蒙古植物志》	愈伤、消肿、燥"协日乌素"、清热解毒、生津	全草	花期5~6月，果期6~7月
152	阿拉善点地梅	*Androsaca alashanica* Maxim.	—	阿拉善—套布其	《内蒙古植物志》	愈伤、消肿、燥"协日乌素"、清热解毒、生津	—	花期6月，果期6~8月
153	黄花补血草	*Limonium aureum* (L.) Hill.	黄花矶松、金匙叶草、金色补血草	希日—依兰—其其格	《内蒙古植物志》	清热解毒、止痛、调经补血	花	花期6~8月，果期7~8月

续表

序号	中文名	拉丁名	别名	蒙名	药物来源依据	功效	药用部位	花、果期及采收加工
154	细枝补血草	*Limonium tenellum* (Turcz.) Kuntze	纤叶匙叶草、纤叶矶松	那林-依兰-其其格	《内蒙古植物志》	清热、解毒、止痛、调经补血	—	花期6~7月、果期7~9月
155	二色补血草	*Limonium bicolor* (Bunge) Kuntze	苍蝇花、蝇子草、补血草、匙叶草、矶松	依兰-其其格	《内蒙古植物志》	补血、止血、活血、调经	带根全草	花期5月下旬、果期6~8月
156	紫丁香	*Syringa oblata* Lindl.	丁香、华北紫丁香、高力得-宝日	高力得-宝日	《内蒙古植物志》	镇"赫依"、平喘、清热	花、叶	花期4~5月
157	白丁香	*Syringa oblata* Lindl. var. *alba* Hort. ex Rehd.	—	—	《内蒙古植物志》	镇"赫依"、平喘、清热	枝干	花期4~6月
158	羽叶丁香	*Syringa pinnatifolia* Hsmsl.	贺兰山丁香	阿拉善-阿嘎如	《宁夏中草药手册》	清热、镇静	根、枝	花期5~6月、果期8~9月
159	互叶醉鱼草	*Buddleja alternifolia* Maxim.	白箕稍	朝宝嘎-吉嘎存好日-其其格	《内蒙古植物志》	利咽解毒	根茎	花期5~6月
160	百金花	*Centaurium pulchellum* (Swartz) Druce var. *altaicum* Moench.	埃蕾、麦氏埃蕾	地格达	《内蒙古药用植物》	清热、消肿、退黄	全草	夏季开花时采收
161	鳞叶龙胆	*Gentiana squarrosa* Ledeb.	小龙胆、石龙胆	希日根-居力根-其木格	《内蒙古植物志》	清热、解毒、消痈	全草	花、果期6~8月
162	达乌里秦艽	*Gentiana dahurica* Fisch.	达乌里龙胆、达弗里亚龙胆、小叶秦艽、小秦艽、苦苷格-呼和-基立吉	达古日音-居力根-其木格	《内蒙古植物志》	清热、止咳、解毒、利咽	花	花、果期7~9月
163	秦艽	*Gentiana macrophylla* Pall.	大叶龙胆、鳞子艽、西秦艽、套日格-居力根-其木格	哈日-基立吉	《内蒙古植物志》	清热、利咽、消肿、燥"协日乌素"	花	花、果期7~10月
164	扁蕾	*Gentianopsis barbata* (Froel.) Ma	剪割龙胆	哈日-特木尔-地格达	《内蒙古植物志》	清热、利胆、退黄、健胃、治伤	全草	花、果期7~9月

续表

序号	中文名	拉丁名	别名	蒙名	药物来源依据	功效	药用部位	花、果期及采收加工
165	卵叶扁蕾	*Gentianopsis paludosa* (Hook. f.) Ma var. *ovatodeltoidea* (Burk.) Ma	—	—	—	清热，利胆，退黄，健胃，治伤	全草	花、果期 7~9 月
166	镰萼喉毛花	*Comastoma falcatum* (Turcz.) Toyokuni	镰萼龙胆、镰萼假龙胆、哲斯—地格达	浩来嘎纳	《内蒙古植物志》	清热，利胆，退黄，健胃	全草	花、果期 7~9 月
167	皱边喉毛花	*Comastoma polycladum* (Diels et Gilg) T. N. Ho	皱萼喉毛花	—	《内蒙古植物志》	清热，利胆，退黄，健胃	全草	花期 8 月
168	罗布麻	*Apocynum venetum* L.	茶叶花、红麻、野麻、哲日立格茶	乌兰—奥鲁斯	《内蒙古植物志》	清热平肝，止渴提神，利水消肿	叶	花期 6~7 月，果期 8 月
169	地梢瓜	*Cynanchum thesioides* (Freyn) K. Schum.	沙奶奶、沙奶草、老瓜瓢、地瓜瓢、澳—都格姆宁	乌布笋—特莫讷—呼呼	《中华本草·蒙药卷》	清热利胆，止泻	种子	花期 6~7 月，果期 7~8 月
170	鹅绒藤	*Cynanchum chinense* R. Br.	羊奶角角、中皮消、牛皮消、澳—都格姆宁、祖子花	亚曼—呼呼	《内蒙古植物志》	清热利胆，止泻	根及茎的乳汁	花期 6~7 月，果期 8~9 月
171	白首乌	*Cynanchum bungei* Decne.	柏氏白前	查干—特木根—呼呼	《内蒙古植物志》	补肝肾，益精血，强筋骨	块根	花期 6~7 月，果期 8~9 月
172	田旋花	*Convolvulus arvensis* L.	中国旋花、箭叶旋花、野牵牛、宝尔	塔拉音—色得日根讷	《内蒙古植物志》	祛风，止痒，止痛	全草、花及根	花期 6~8 月，果期 7~9 月
173	银灰旋花	*Convolvulus ammannii* Desr.	阿氏旋花、小旋花、沙地小旋花、宝尔	宝日日—额力根讷	《内蒙古植物志》	解表，止渴	全草	花期 7~9 月，果期 9~10 月
174	菟丝子	*Cuscuta chinensis* Lam.	金丝藤、无根草、布如仍—夏格、古古萨赞	希日—奥日阳古	《内蒙古植物志》	清热解毒	种子	花期 7~8 月，果期 8~10 月
175	欧洲菟丝子	*Cuscuta europaea* L.	—	希日—奥日阳古	《内蒙古植物志》	清热解毒	种子	花期 7~8 月，果期 8~9 月
176	黄花软紫草	*Arnebia guttata* Bunge	假紫草、滴紫筒草	希日—伯日琪格	《内蒙古植物志》	清热，止血	根	花期 6~7 月，果期 8~9 月

续表

序号	中文名	拉丁名	别名	蒙名	药物来源依据	功效	药用部位	花、果期及采收加工
177	灰毛软紫草	*Arnebia fimbriata* Maxim.	灰毛假紫草	紫布日—希日—伯日嘎格	《内蒙古植物志》	清热解毒	根	花期5~6月
178	紫筒草，	*Stenosolenium saxatile* (Pall.) Turcz.	紫根根、蒙紫草	敏吉音—扫日	《内蒙古植物志》	清热、止血、止咳	全草	花期5~6月，果期6~8月
179	石生齿缘草	*Eritrichium rupestre* (Pall.) Bunge	齿缘草、乌布森—得瓦、蓝梅	哈日苍—巴特哈	《内蒙古植物志》	杀"粘"、清热、解毒	带花全草	花、果期7~8月
180	北齿缘草	*Eritrichium borealisinense* Kitag.	齿缘草、大叶蓝梅	宝日—巴沙嘎	《内蒙古植物志》	杀"粘"、清热、解毒	全草	花、果期7~9月
181	附地菜	*Trigonotis peduncularis* (Trev.) Benth. ex Baker et Moore	地胡椒、伏地菜、鸡肠草	特莫根—浩来	《内蒙古植物志》	清热解毒、消肿止痛、缩尿、止痢	全草	花期5月，果期8月
182	蒙古莸	*Caryopteris mongholica* Bunge	蓝花茶、阿嘎如—夏巴嘎、普日纳格	道嘎日嘎那	《内蒙古植物志》	祛寒、健胃、止咳、强壮	花、枝、叶	花期7~8月，果期8~9月
183	益母草	*Leonurus japonicus* Houtt.	益母草蒿、龙昌菜、兴木特格来	那林—都日伯乐吉—额布斯	《内蒙古植物志》	活血调经、拨云退翳	全草	花期6~9月，果期9~10月
184	细叶益母草	*Leonurus sibiricus* L.	益母草蒿、龙昌菜、兴木特格来	那林—都日伯乐吉—额布斯	《内蒙古植物志》	活血调经、拨云退翳	全草	花期7~9月，果期9月
185	夏至草	*Lagopsis supina* (Steph.) Ik.-Gal.	小益母草、白花夏枯草、套来音—奥如乐	查干—西莫体格	《内蒙古植物志》	活血调经、拨云退翳	全草	花期7~9月，果期10月
186	脓疮草	*Panzeria alaschanica* Kupr.	白花益母草、白龙昌菜、白龙芽彩、查干—都日伯仿吉—额布斯、阿拉善脓疮草	特木根—昂嘎拉扎古日	《中国植物志》	活血、调经、拨云退翳	全草	花期7~9月
187	阿拉善黄芩	*Scutellaria rehderiana* Diels	黄芩、希日—巴布	阿拉善黄芩	《内蒙古植物志》	清热解毒	根	花期6~8月
188	薄荷	*Mentha haplocalyx* Briq.	野薄荷、苏薄荷、香薷草、呼和—吉如格	巴得—日阿希	《内蒙古植物志》	疏风散热、清头目、透疹、止痒、杀虫	地上部分	花期7~8月，果期9月

续表

序号	中文名	拉丁名	别名	蒙名	药物来源依据	功效	药用部位	花、果期及采收加工
189	香青兰	Dracocephalum moldavica L.	枝子花、山薄荷	毕日阳古	《内蒙古植物志》	泻肝火、泻胃热、燥"协日乌素"、止血、愈伤	地上部分	夏、秋季采收
190	白花枝子花	Dracocephalum heterophyllum Benth.	异叶青兰、白花蜜蜜、昔查干-比日阳古、郁妓-嘎日保	昔查干-比日阳古、郁妓-嘎日保	《内蒙古植物志》	清肺止咳、清肝泻火	全草	花期7~8月
191	灌木青兰	Dracocephalum fruticulosum Steph. ex Willd.	沙地青兰	鄂尔多斯-毕日阳古	《内蒙古植物志》	清肺止咳、清肝泻火	全草	花期8月，果期9月
192	黑果枸杞	Lycium ruthenicum Murr.	苏枸杞、黑枸杞	哈日-朝嫩日莫格	《内蒙古植物志》	清热、活血、调经、催乳、散瘀	果实	花期6~7月
193	枸杞	Lycium chinese Mill	中宁枸杞、枸杞、旁米-巴米不、白疙针	朝嫩-哈日莫格	《内蒙古植物志》	清热、活血、调经、催乳、散瘀	果实及根皮	花期7~8月，果期8~10月
194	青杞	Solanum septemlobum Bunge	蜀羊泉、野茄子、野狗杞、红葵	洪-赫日彦-尼都	《内蒙古植物志》	清热解毒、消肿止痛	地上部分	花期7~8月，果期8~9月
195	龙葵	Solanum nigrum L.	天茄子、天天	阿海音-乌吉乌	《内蒙古植物志》	清热解毒、利尿消肿、活血散瘀、止咳化痰	全草	花期7~9月，果期8~10月
196	天仙子	Hyoscyamus niger L.	莨菪子、山烟子、薰牙子、牙痛子、朗唐孜	特讷格-额布斯	《内蒙古植物志》	杀虫、止痛、镇静	种子	花期6~8月，果期8~10月
197	曼陀罗	Datura stramonium L.	洋金花、风茄花、达图日阿	满达仍持-其其格	《内蒙古植物志》	止痛、杀虫、燥"协日乌苏"	花	花期7~9月，果期8~10月
198	砾玄参	Scrophularia incisa Weinm.	叶日兴、叶日兴瓦	海日音-哈日-奥日浩代	《内蒙古植物志》	清热、解毒、透疹、通脉	全草	花期6~7月，果期7月
199	野胡麻	Dodartia orientalis L.	多德草、紫花草、紫花秧、倒打草	呼热立格-其其格	《内蒙古植物志》	清热解毒、祛风止痒	全草	花期5~7月，果期8~9月
200	小米草	Euphrasia pectinata Ten.	芒小米草、药用小米草	巴希干那	《内蒙古植物志》	清热、除烦、利尿	全草	花期7~8月，果期9月

续表

序号	中文名	拉丁名	别名	蒙名	药物来源依据	功效	药用部位	花、果期及采收加工
201	疗齿草	Odontites serotina (Lam.) Dum.	齿叶草，哈仍塔日－其其格	宝日－巴夏嘎	《内蒙古植物志》	清热、凉血、止痛	地上部分	花期7~8月，果期8~9月
202	红纹马先蒿	Pedicularis striata Pall.	细叶马先蒿、鲁格如色日保，希日－浩宁额孛日－其其格	乌兰－苏达拉图－浩宁额孛日－其其格	《内蒙古植物志》	清热、解毒、消肿、涩精	全草	花期6~7月，果期8月
203	藓生马先蒿	Pedicularis muscicola Maxim.	—	呼伯特立格－浩宁额孛日 阿拉善－其其格	《内蒙古植物志》	清热、解毒、消肿、涩精	带根全草	花期6~7月，果期8月
204	阿拉善马先蒿	Pedicularis alaschanica Maxim.	—	阿拉善－浩宁额孛日－其其格	《内蒙古植物志》	清热、解毒、消肿、涩精	全草	花期7~8月，果期8~9月
205	蒙古芯芭	Cymbaria mongolica Maxim.	光药大黄花	哈吞－额布斯	《内蒙古植物志》	燥"协日乌素"、消肿、止痒、止血、治伤	全草	花期5~8月
206	婆婆纳	Veronica didyma Tenore	—	侵达干－额布斯	《内蒙古植物志》	凉血、止血、止痛	全草	花、果期5~8月
207	长果婆婆纳	Veronica ciliata Fisch.	纤毛婆婆纳、冬纳格、都莫日	乌日都－侵达干	《内蒙古植物志》	清热解毒、祛风湿	全草	花期7~8月，果期8~9月
208	光果婆婆纳	Veronica rockii Li	—	冬那端迟	《内蒙古植物志》	生肌愈伤	地上部分	花期7月，果期8月
209	北水苦荬	Veronica anagallis-aquatica L.	水苦荬、仙桃草、珍珠草、秋麻子、查干－初麻孜	乌森－钦达干	《内蒙古植物志》	利尿、消肿、止痛、祛"协日乌素"	全草	花、果期7~9月
210	长果水苦荬	Veronica anagalloides Gussone	水苦荬、查干－初麻孜	乌日图－乌森－钦达干	《内蒙古植物志》	利尿、消肿、止痛、祛"协日乌素"	全草	花、果期7~9月
211	角蒿	Incarvillea sinensis Lam.	羊角蒿、羊角草、乌格曲、透骨草	乌兰－套鲁木	《内蒙古植物志》	愈伤、解毒、杀虫	种子及全草	花期6~8月，果期7~9月
212	列当	Orobanche coerulescens Steph.	兔子拐棍、独根草、萨日玛格－查干高腰	特木根－苏乐－高腰	《内蒙古植物志》	抑"协日"、补肝肾、强筋骨	全草	花期6~8月，果期8~9月

续表

序号	中文名	拉丁名	别名	蒙名	药物来源依据	功效	药用部位	花、果期及采收加工
213	沙苁蓉	Cistanche sinensis G. Beck	—	都木都音－查干高腰	《内蒙古植物志》	清"协日"，消食，壮身	肉质茎	花期5~6月，果期6~7月
214	车前	Plantago asiatica L.	车轱辘菜、车串串、塔日莫、大车前	乌和日－乌日根讷	《内蒙古植物志》	清热，止泻，利尿，止血，愈伤	种子及全草	花、果期6~10月
215	平车前	Plantago depressa Willd.	车轱辘菜、车串串、塔日莫、大车前	乌和日－乌日根讷	《内蒙古植物志》	清热，止泻，利尿，止血，愈伤	种子及全草	花、果期6~10月
216	茜草	Rubia cordifolia L.	红丝线、玛日纳、旱得、粘粘草	纳玲海－额布斯	《内蒙古植物志》	清热，凉血，活血，祛瘀，止血，止泻	根	花期7月，果期9月
217	小缬草	Valeriana tangutica Batal.	西北缬草	古特－居力根－呼吉	《内蒙古植物志》	清热，解毒，镇静，消肿，止血，止泻	根及根茎	花期6月
218	赤瓟	Thladiantha dubia Bunge	赤包、气包、敖鲁毛色	闹海音－好格	《内蒙古植物志》	活血，破瘀，增强宫缩	果	花期7~8月，果期9月
219	宁夏沙参	Adenophora ningxiaenica Hong	南沙参、哈日－鲁都得－道尔吉、鲁都得－道尔吉－曼巴	宁夏音－哄呼－其其格	《内蒙古植物志》	消肿，燥"协日乌素"，解痉，止痛	根	花期7~8月，果期9月
220	阿尔泰狗娃花	Heteropappus altaicus (Willd.) Novopokr.	阿尔泰紫菀、鲁格琼	巴嘎－浩宁－尼都－其其格	《内蒙古植物志》	清热，解毒，杀"粘"	全草及根	花、果期7~10月
221	火绒草	Leontopodium leontopodioides (Willd.) Beauv.	火绒蒿、老头草、薄雪草、巴日阿－套格巴	乌拉－额布斯	《内蒙古植物志》	清肺止咳，祛痰	地上部分	花、果期7~10月
222	旋覆花	Inula japonica Thunb.	日本旋覆花、金沸草、阿尔格－色日胶木	阿拉坦－导苏乐－其其格	《内蒙古植物志》	镇刺痛，杀"粘"，燥"协日乌素"，愈伤	花	花、果期7~10月
223	蓼子朴	Inula salsoloides (Turcz.) Ostenf.	沙地旋覆花	额乐存－阿拉坦－导苏乐	《内蒙古植物志》	镇刺痛，杀"粘"，燥"协日乌素"，愈伤	花及全草	花、果期6~9月

续表

序号	中文名	拉丁名	别名	蒙名	药物来源依据	功效	药用部位	花、果期及采收加工
224	苍耳	Xanthium sibiricum Patrin ex Widder	刺儿苗、老苍子、棘刺日	浩宁—章古	《内蒙古植物志》	愈伤、止痛	带总苞的果实	花期7~8月，果期9~10月
225	大籽蒿	Artemisia sieversiana Ehrhart ex Willd.	白蒿、蓬蒿、查干—阿给、坎佳要格木	额热木	《内蒙古植物志》	清热、止血、消肿、排脓、消"奇哈"	全草	花、果期7~10月
226	冷蒿	Artemisia frigida Willd.	小白蒿、坎嘎蒿、兔毛蒿	查干—阿格	《内蒙古植物志》	清热、止血、消肿、排脓、消"奇哈"	全草	花、果期8~10月
227	黄花蒿	Artemisia annua L.	青蒿、臭黄蒿、繁日邦	毛仁—希日勒吉	《内蒙古植物志》	清热、利昭、消肿	全草	花、果期8~10月
228	猪毛蒿	Artemisia scoparia Waldst. et Kit.	东北茵陈蒿、滨蒿、臭蒿、玛仿图茵、坎巴—阿荣	亚曼—夏日乐吉	《新疆中草药手册》	清肺、止咳、排脓	幼苗	花、果期7~10月
229	艾	Artemisia argyi Levl. et Van.	艾蒿、家艾、艾叶、乌拉、坎巴	娑哈	《内蒙古植物志》	消肿、消"奇哈"、止血	叶	花、果期7~10月
230	砂蓝刺头	Echinops gmelini Turcz.	刺头、火绒草	额乐森—扎日阿—敖拉	《内蒙古植物志》	清热、解毒、愈伤、接骨、镇痛	根	花期6月，果期8~9月
231	刺儿菜	Cirsium arvense var. integrifolium Wimmer & Grabowski	大刺儿菜、刻叶刺儿菜、江刺日—嘎日保	阿古拉音—阿扎日干那	《内蒙古植物志》	催吐、消"奇哈"、消肿、止血	全草或根	夏、秋平花前采收
232	丝毛飞廉	Carduus crispus L.	老牛錯、飞蓬、江刺日—高得巴	哈日—朝奴音—乌日格斯	《内蒙古植物志》	催吐、消"奇哈"、消肿	地上部分	花、果期6~8月
233	牛蒡	Arctium lappa L.	鼠粘草、大力子、恶实	西伯日—额布斯	《内蒙古植物志》	化痰、利尿	瘦果	花、果期6~8月
234	漏芦	Stemmacantha uniflora (L.) Dittrich	祁州漏芦、邦孜道布、和尚头、大口袋花、牛馒头	洪古乐—珠日	《蒙药正典》	清热、解毒、止痛、杀"粘"	头状花序	花、果期5~7月
235	蒙古鸦葱	Scorzonera mongolica Maxim.	羊角菜	蒙古乐—哈比斯干那	《内蒙古植物志》	清热解毒、利尿	全草	花期6~7月

续表

序号	中文名	拉丁名	别名	蒙名	药物来源依据	功效	药用部位	花、果期及采收加工
236	鸦葱	Scorzonera austriaca Willd.	奥国鸦葱、羊奶子、哈毕日一哈布斯一干那	塔拉音－哈毕斯一干那	《内蒙古植物志》	清热解毒，消肿，通乳	全草	花、果期5~7月
237	蒲公英	Taraxacum mongolicum Hand.-Mazz.	婆婆丁、姑姑英、黄花地丁、羊奶奶草、库日孟格图一那布其	巴嘎巴盖一其其格	《中华本草蒙药卷》	清热解毒，平息"希拉"	全草	花期4~6月，果期3~6月
238	亚洲蒲公英	Taraxacum asiaticum Dahlst.	—	巴嘎巴盖一其其格	《中华本草蒙药卷》	清热解毒，平息"希拉"	全草	花期4~6月，果期4~6月
239	多裂蒲公英	Taraxacum dissectum (Ledeb.) Ledeb.	—	巴嘎巴盖一其其格	《中华本草蒙药卷》	清热解毒，平息"希拉"	全草	花期4~6月，果期5~6月
240	东北蒲公英	Taraxacum ohwianum Kitam.	—	巴嘎巴盖一其其格	《中华本草蒙药卷》	清热解毒，平息"希拉"	全草	花期4~6月，果期6~7月
241	华蒲公英	Taraxacum borealisinense Kitam.	—	巴嘎巴盖一其其格	《中华本草蒙药卷》	清热解毒，平息"希拉"	全草	花期4~6月，果期6~7月
242	苣荬菜	Sonchus arvensis L.	取麻菜、甜苣、苦苣、苦菜	嘎乌一淖高	《内蒙古植物志》	平息"希拉"，清热解毒，开胃	全草	花、果期6~9月
243	苦苣菜	Sonchus oleraceus L.	苦菜、尖叶苦菜、苦苣、苦苣菜	嘎乌一淖高	《内蒙古植物志》	平息"希拉"，清热解毒，开胃	全草	花、果期6~9月
244	中华小苦荬	Ixeris chinense (Thunb.) Tzvel.	苦菜、燕儿尾	陶来音一伊达日阿	《中华本草蒙药卷》	清热解毒，平"协日"	全草	6~7月带花采收
245	抱茎小苦荬	Ixeris sonchifolia (Maxim) Shih.	苦荬菜、苦碟子	陶日格一陶来音一伊达日阿	《蒙药正典》	清热解毒，平"协日"	全草	花期4~6月，果期5~6月
246	小香蒲	Typha minima Funk.	—	好宁一哲格斯	—	止血，祛瘀，利尿	花粉及全草或根状茎	花、果期5~7月
247	长苞香蒲	Typha angustata Bory et Chaubard	—	好宁一哲格斯	《内蒙古植物志》	止血，祛瘀，利尿	全草	花、果期6~8月

续表

序号	中文名	拉丁名	别名	蒙名	药物来源依据	功效	药用部位	花、果期及采收加工
248	芦苇	*Phragmites australis* (Cav.) Trin. ex Steud.	芦草、苇子	呼鲁斯	《内蒙古植物志》	清热、止呕、利尿	根茎、茎干、叶和花序	花、果期7~9月
249	野燕麦	*Avena fatua* L.	燕麦草、野麦子、乌麦	哲日利格－胡西古－布达	《内蒙古植物志》	敛汗止血	全草	花、果期4~9月
250	醉马草	*Achnatherum inebrians* (Hance) Keng	药老、醉针茅	德日森－浩日	《内蒙古植物志》	清热、解毒、消肿、止痛	根或全草	花、果期7~9月
251	狗尾草	*Setaria viridis* (L.) Beauv.	谷莠子、莠、毛莠莠、光明草、乌仁素勒、那	西日－达日 日本	《内蒙古植物志》	止泻、清热	种子	谷粒成熟时割去
252	戈壁天门冬	*Asparagus gobicus* Ivan. ex Grub.	寄马桩、鸡麻抓	高比音－赫日－眼－努都	《内蒙古植物志》	祛风、杀虫、止痒	块根	花期5月，果期6~9月
253	青海天门冬	*Asparagus przewalskyi* Ivanova	—	高比音－赫日－眼－努都	《宁夏中草药手册》	祛风、杀虫、止痒	块根	花期5月，果期6~10月
254	西北天门冬	*Asparagus persicus* Baker	—	巴日棍乃－和日－音－努都	—	祛风、杀虫、止痒	块根	花期6~7月，果期7~8月
255	山丹	*Lilium pumilum* DC.	百合、细叶百合、山丹丹花	萨日娜	《中华本草蒙药卷》	清热、解毒、清"协日乌素"、接骨、愈伤、止咳	花及鳞茎	花期7~8月，果期9~10月
256	野韭	*Allium ramosum* L.	—	哲日勒格－高戈得	《内蒙古植物志》	祛"巴达干赫依"、温胃、健胃、消积、杀虫、祛"协日乌素"和"巴木"病	叶	花、果期7~9月
257	蒙古葱	*Allium mongolicum* Regel	蒙古韭、沙葱	呼木勒	《内蒙古植物志》	开胃、消食、杀虫	地上部分	花、果期7~10月
258	玉竹	*Polygonatum odoratum* (Mill.) Druce	铃铛菜、葳蕤、鲁格尼	毛浩日－查干	《内蒙古植物志》	滋补、强壮、祛肾寒、健胃、燥"协日乌素"	根茎	花期6月

续表

序号	中文名	拉丁名	别名	蒙名	药物来源依据	功效	药用部位	花、果期及采收加工
259	黄精	*Polygonatum sibiricum* Delar. ex redoute	鸡头黄精	冒呼日—查干	《内蒙古植物志》	温中、开胃、排脓、清"协日乌素"、强壮、生津、祛"巴干达"	根茎	果期9月
260	热河黄精	*Polygonatum macropodium* Turcz.	多花黄精	陶木—毛浩日—查干	《内蒙古植物志》	温中、开胃、排脓、清"协日乌素"、强壮、生津、祛"巴干达"	根茎	花期5~6月，果期7~8月
261	野鸢尾	*Iris dichotoma* Pall.	射干鸢尾、歧花鸢尾、白花射干、芭蕉扇	海其—额布苏	《内蒙古植物志》	止吐、清"巴达干"热	根状茎	花期7月，果期8~9月
262	天山鸢尾	*Iris loczyi* Kanitz	—	腾日音—查黑乐得格	《内蒙古植物志》	杀虫、解毒、解痉、助消化、退黄、愈伤、燥"协日乌素"	根状茎	花期5~6月，果期7月
263	大苞鸢尾	*Iris bungei* Maxim.	—	好宁—查黑乐得格	《内蒙古植物志》	杀虫、解毒、解痉、助消化、退黄、愈伤、燥"协日乌素"	根状茎	花期5月，果期7月
264	马蔺	*Iris lactea* Pall. var. *chinensis* (Fisch.) Koidz.	马莲、蠡实、热玛、米格斯尔	查黑乐得格	《内蒙古植物志》	杀虫、解毒、解痉、助消化、退黄、愈伤、燥"协日乌素"	花、种子及根	花期5月，果期6~7月

附录四　药典所载贺兰山植物药用资源名录

序号	药名	基源种	学名	科名	属名	入药部位	功能	备注
1	松花粉	油松	*Pinus tabuliformis* Carr.	松科	松属	花粉	收敛止血，燥湿敛疮	—
2	油松节	油松	*Pinus tabuliformis* Carr.	松科	松属	瘤状节或分节枝	祛风除湿，通络止痛	—
3	麻黄	木贼麻黄	*Ephedra equisetina* Bunge	麻黄科	麻黄属	草质茎	发汗散寒，宣肺平喘，利水消肿	—
4	麻黄根	木贼麻黄	*Ephedra equisetina* Bunge	麻黄科	麻黄属	根和根茎	固表止汗	—
5	麻黄	中麻黄	*Ephedra intermedia* Schrenk ex Mey.	麻黄科	麻黄属	草质茎	发汗散寒，宣肺平喘，利水消肿	—
6	麻黄根	中麻黄	*Ephedra intermedia* Schrenk ex Mey.	麻黄科	麻黄属	根和根茎	固表止汗	—
7	火麻仁	大麻	*Cannabis sativa* L.	桑科	大麻属	果实	润肠通便	—
8	萹蓄	萹蓄	*Polygonum aviculare* L.	蓼科	蓼属	地上部分	利尿通淋，杀虫，止痒	—
9	地肤子	地肤	*Kochia scoparia* (L.) Schrad.	藜科	地肤属	果实	清热利湿，祛风止痒	—
10	马齿苋	马齿苋	*Portulaca oleracea* L.	马齿苋科	马齿苋属	地上部分	清热解毒，凉血止血，止痢	—
11	银柴胡	银柴胡	*Stellaria dichotoma* L. var. *lanceolata* Bunge	石竹科	繁缕属	根	清虚热，除疳热	—
12	太子参	孩儿参	*Pseudostellaria heterophylla* (Miq.) Pax	石竹科	孩儿参属	块根	益气健脾，生津润肺	—
13	王不留行	麦蓝菜	*Vaccaria hispanica* (Mill.) Rauschert	石竹科	麦蓝菜属	种子	活血通经，下乳消肿，利尿通淋	—
14	瞿麦	瞿麦	*Dianthus superbus* L.	石竹科	石竹属	地上部分	利尿通淋，活血通经	—

续表

序号	药名	基源种	学名	科名	属名	入药部位	功能	备注
15	白屈菜	白屈菜	*Chelidonium majus* L.	罂粟科	白屈菜属	全草	解痉止痛、止咳平喘	—
16	葶苈子	播娘蒿	*Descurainia sophia* (L.) Webb. ex Prantl	十字花科	播娘蒿属	种子	泻肺平喘、行水消肿	—
17	葶苈子	独行菜	*Lepidium apetalum* Willd.	十字花科	独行菜属	种子	泻肺平喘、行水消肿	—
18	菥蓂	菥蓂	*Thlaspi arvense* L.	十字花科	菥蓂属	地上部分	清肝明目、和中利湿、解毒消肿	—
19	瓦松	瓦松	*Orostachys fimbriatus* (Turcz.) Berger	景天科	瓦松属	地上部分	凉血止血、解毒、敛疮	—
20	苦杏仁	山杏	*Armeniaca sibirica* (L.) Lam.	蔷薇科	杏属	种子	降气止咳平喘、润肠通便	药典学名为异名
21	甘草	甘草	*Glycyrrhiza uralensis* Fisch. ex Dc.	豆科	甘草属	根和根茎	补脾益气、清热解毒、祛痰止咳、缓急止痛、调和诸药	—
22	炙甘草	甘草	*Glycyrrhiza uralensis* Fisch. ex Dc.	豆科	甘草属	甘草炮制品	补脾和胃、益气复脉	—
23	老鹳草	牻牛儿苗	*Erodium stephanianum* Willd.	牻牛儿苗科	牻牛儿苗属	地上部分	祛风湿、通经络、止泻痢	—
24	椿皮	臭椿	*Ailanthus altissima* (Mill.) Swingle	苦木科	臭椿属	根皮或干皮	清热燥湿、收涩止带、止泻、止血	—
25	远志	西伯利亚远志	*Polygala sibirica* L.	远志科	远志属	根	安神益智、交通心肾、祛痰、消肿	药典名为卵叶远志
26	远志	远志	*Polygala tenuifolia* Willd.	远志科	远志属	根	安神益智、交通心肾、祛痰、消肿	—
27	地锦草	地锦	*Euphorbia humifusa* Willd. ex Schlecht.	大戟科	大戟属	全草	清热解毒、凉血止血、利湿退黄	—
28	冬葵果	野葵	*Malva verticillata* L.	锦葵科	锦葵属	果实	清热利尿、消肿	药典学名为野葵

续表

序号	药名	基源种	学名	科名	属名	入药部位	功能	备注
29	锁阳	锁阳	*Cynomorium songaricum* Rupr.	锁阳科	锁阳属	肉质茎	补肾阳，益精血，润肠通便	—
30	秦艽	达乌里秦艽	*Gentiana dahurica* Fisch.	龙胆科	秦艽属	根	祛风湿，清湿热，止痹痛，退虚热	—
31	秦艽	秦艽	*Gentiana macrophylla* Pall.	龙胆科	秦艽属	根	祛风湿，清湿热，止痹痛，退虚热	—
32	罗布麻叶	罗布麻	*Apocynum venetum* L.	夹竹桃科	罗布麻属	叶	平肝安神，清热利水	—
33	菟丝子	菟丝子	*Cuscuta chinensis* Lam.	旋花科	菟丝子属	种子	补益肝肾，固精缩尿，安胎，明目，止泻；外用消风祛斑	—
34	紫草	黄花软紫草	*Arnebia guttata* Bunge	紫草科	软紫草属	根	清热凉血，活血解毒，透疹消斑	药典名为内蒙紫草
35	薄荷	薄荷	*Mentha haplocalyx* Briq.	唇形科	薄荷属	地上部分	疏散风热，清利头目，利咽，透疹，疏肝行气	—
36	茺蔚子	益母草	*Leonurus japonicus* Houtt.	唇形科	益母草属	果实	活血调经，清肝明目	药典学名为异名
37	益母草	益母草	*Leonurus japonicus* Houtt.	唇形科	益母草属	地上部分	活血调经，利尿消肿，清热解毒	—
38	地骨皮	枸杞	*Lycium chinense* Mill.	茄科	枸杞属	根皮	凉血除蒸，清肺降火	—
39	天仙子	天仙子	*Hyoscyamus niger* L.	茄科	天仙子属	种子	解痉止痛，平喘，安神	药典名为莨菪
40	地黄	地黄	*Rehmannia glutinosa* (Gaetn.) Libosch. ex Fisch. et Mey.	玄参科	地黄属	块根	清热生津，凉血，止血；鲜地黄清热，生津，凉血，止血；生地黄清热凉血，养阴生津	—
41	熟地黄	地黄	*Rehmannia glutinosa* (Gaetn.) Libosch. ex Fisch. et Mey.	玄参科	地黄属	块根的炮制品	补血滋阴，益精填髓	—

续表

序号	药名	基源种	学名	科名	属名	入药部位	功能	备注
42	车前子	车前	*Plantago asiatica* L.	车前科	车前属	种子	清热利尿通淋，渗湿止泻，明目，祛痰	—
43	车前草	车前	*Plantago asiatica* L.	车前科	车前属	全草	清热利尿通淋，祛痰，凉血，解毒	—
44	车前子	平车前	*Plantago depressa* Willd.	车前科	车前属	种子	清热利尿通淋，渗湿止泻，明目，祛痰	—
45	车前草	平车前	*Plantago depressa* Willd.	车前科	车前属	全草	清热利尿通淋，祛痰，凉血，解毒	—
46	茜草	茜草	*Rubia cordifolia* L.	茜草科	茜草属	根和根茎	凉血，祛瘀，止血，通经	—
47	苍耳子	苍耳	*Xanthium sibiricum* Patrin ex Widder	菊科	苍耳属	果实	散风寒，通鼻窍，祛风湿	—
48	青蒿	黄花蒿	*Artemisia annua* L.	菊科	蒿属	地上部分	清虚热，除骨蒸，解暑热，截疟，退黄	—
49	小蓟	刺儿菜	*Cirsium arvense* var. *integrifolium* Wimmer & Grabowski	菊科	蓟属	地上部分	凉血止血，散瘀解毒消痈	—
50	牛蒡子	牛蒡	*Arctium lappa* L.	菊科	牛蒡属	果实	疏散风热，宣肺透疹，解毒利咽	—
51	蒲公英	蒲公英	*Taraxacum mongolicum* Hand.–Mazz.	菊科	蒲公英属	全草	清热解毒，消肿散结，利尿通淋	—
52	蒲黄	水烛	*Typha angustifolia* L.	香蒲科	香蒲属	花粉	止血，化瘀，通淋	药典名为水烛香蒲
53	芦根	芦苇	*Phragmites australis* (Cav.) Trin. ex Steud.	禾本科	芦苇属	根茎	清热泻火，生津止渴，除烦，止呕，利尿	—
54	天南星	一把伞南星	*Arisaema erubescens* (Wall.) Schott	天南星科	天南星属	块茎	散结消肿	药典名为天南星

续表

序号	药名	基源种	学名	科名	属名	入药部位	功能	备注
55	制天南星	一把伞南星	*Arisaema erubescens* (Wall.) Schott	天南星科	天南星属	天南星炮制品	燥湿化痰，祛风止痉，散结消肿	药典名为天南星
56	薤白	薤白	*Allium macrostemon* Bunge	百合科	葱属	鳞茎	通阳散结，行气导滞	药典名为小根蒜
57	玉竹	玉竹	*Polygonatum odoratum* (Mill.) Bruce	百合科	黄精属	根茎	养阴润燥，生津止渴	—
58	黄精	黄精	*Polygonatum sibiricum* Delar. ex redoute	百合科	黄精属	根茎	补气养阴，健脾，润肺，益肾	—

附录五　贺兰山珍稀濒危与国家重点保护植物名录

序号	种名	拉丁名	保护级别	特有性	IUCN
1	斑子麻黄	*Ephedra Lepidosperma* C.Y. Cheng	II 级	中国特有	EN
2	木贼麻黄	*Ephedra equisetina* Bunge	II 级	—	—
3	中麻黄	*Ephedra intermedia* Schrenk	II 级	—	NT
4	蒙古扁桃	*Amygdalus mongolica* (Maxim.) Ricker	II 级	—	VU
5	沙冬青	*Ammopiptanthus mongolicus* (Maxim. ex Kom.) Cheng f.	II 级	—	VU
6	野大豆	*Glycine soja* Sieb.	II 级	中国特有	—
7	四合木	*Tetraena mongolica* Maxim.	I 级	中国特有	VU
8	革苞菊	*Tugarinovia mongolica* Iljin	I 级	—	—
9	沙芦草	*Agropyron mongolicum* Keng	II 级	—	—
10	绶草	*Spiranthes sinensis* (Pers.) Ames Orch.	II 级	—	LC
11	甘草	*Glycyrrhiza uralensis* Fisch.	II 级	—	—
12	珊瑚兰	*Corallorhiza trifida* Chat.	II 级	—	NT
13	裂瓣角盘兰	*Herminium alaschanicum* Maxim.	II 级	—	NT
14	半日花	*Helianthemum songaricum* Schrenk	II 级	—	EN
15	裸果木	*Gymnocarpos przewalskii* Maxim.	I 级	—	LC

植物中文名笔画索引

植物拉丁名索引